光宽带
接入技术

GUANG KUANDAI JIERU JISHU

张伟斌　刘海亮　袁　彬◎编著

中国铁道出版社有限公司
CHINA RAILWAY PUBLISHING HOUSE CO., LTD.

内 容 简 介

本书是面向新工科5G移动通信"十三五"规划教材中的一种,全面介绍了光宽带接入技术的基本概念、原理及业务应用。全书分为理论篇、实战篇、工程篇三大篇,共五个项目。主要内容包括光宽带接入网基本原理、xDSL技术原理、PON产品技术原理、PON产品语音业务技术应用、PON产品组播业务技术应用、网管系统操作、PON产品维护处理、未来光宽带接入网展望。从知识点讲解到教学案例分析,再从案例分析到工程项目实践,全面阐述了光宽带接入网技术所涉及的各个领域,使学习者掌握当今主流的光宽带接入网技术。

本书内容翔实,理论与实践紧密联系,突出实践,适合作为高等院校通信工程、计算机通信专业的教材,也可作为从事通信工程技术工作的相关人员的参考读物。

图书在版编目(CIP)数据

光宽带接入技术/张伟斌,刘海亮,袁彬编著.—北京:中国铁道出版社有限公司,2020.3(2024.12重印)

面向新工科5G移动通信"十三五"规划教材

ISBN 978-7-113-26366-9

Ⅰ.①光… Ⅱ.①张…②刘…③袁… Ⅲ.①宽带接入网-高等学校-教材 Ⅳ.①TN915.6

中国版本图书馆CIP数据核字(2019)第272722号

书　　名:光宽带接入技术
作　　者:张伟斌　刘海亮　袁　彬

策　　划:韩从付　　**编辑部电话:**(010)63549501
责任编辑:周海燕　刘丽丽　李学敏
封面设计:MXK DESIGN STUDIO
责任校对:张玉华
责任印制:赵星辰

出版发行:中国铁道出版社有限公司(100054,北京市西城区右安门西街8号)
网　　址:https://www.tdpress.com/51eds
印　　刷:北京铭成印刷有限公司
版　　次:2020年3月第1版　2024年12月第3次印刷
开　　本:787 mm×1 092 mm　1/16　**印张:**13.5　**字数:**307千
书　　号:ISBN 978-7-113-26366-9
定　　价:49.00元

编委会

序 1

FOREWORD

全球经济一体化促使信息产业高速发展，给当今世界人类生活带来了巨大的变化，通信技术在这场变革中起着至关重要的作用。通信技术的应用和普及大大缩短了信息传递的时间，优化了信息传播的效率，特别是移动通信技术的不断突破，极大地提高了信息交换的简洁化和便利化程度，扩大了信息传播的范围。目前，5G通信技术在全球范围内引起各国的高度重视，是国家竞争力的重要组成部分。中国政府早在“十三五”规划中已明确推出“网络强国”战略和“互联网＋”行动计划，旨在不断加强国内通信网络建设，为物联网、云计算、大数据和人工智能等行业提供强有力的通信网络支撑，为工业产业升级提供强大动力，提高中国智能制造业的创造力和竞争力。

近年来，为适应国家建设教育强国的战略部署，满足区域和地方经济发展对高学历人才和技术应用型人才的需要，国家颁布了一系列发展普通教育和职业教育的决定。2017年10月，习近平总书记在党的十九大报告中指出，要提高保障和改善民生水平，加强和创新社会治理，优先发展教育事业。要完善职业教育和培训体系，深化产教融合、校企合作。2010年7月发布的《国家中长期教育改革和发展规划纲要（2010—2020年）》指出，高等教育承担着培养高级专门人才、发展科学技术文化、促进社会主义现代化建设的重大任务，提高质量是高等教育发展的核心任务，是建设高等教育强国的基本要求。要加强实验室、校内外实习基地、课程教材等基本建设，创立高校与科研院所、行业、企业联合培养人才的新机制。《国务院关于大力推进职业教育改革与发展的决定》指出，要加强实践教学，提高受教育者的职业能力，职业学校要培养学生的实践能力、专业技能、敬业精神和严谨求实作风。

现阶段，高校专业人才培养工作与通信行业的实际人才需求存在以下几个问题：

一、通信专业人才培养与行业需求不完全适应

面对通信行业的人才需求，应用型本科教育和高等职业教育的主要任务是培养更多更好的应用型、技能型人才，为此国家相关部门颁布了一系列文件，提出了明确的导向，但现阶段高等职业教育体系和专业建设还存在过于倾向学历化的问题。通信行业因其工程性、实践性、实时性等特点，要求高职院校在培养通信人才的过程中必须严格落实国家制定的“产教融合，校企合作，工学结合”的人才培养要求，引入产业资源充实课程内容，使人才培养与产业需求有机统一。

二、教学模式相对陈旧，专业实践教学滞后比较明显

当前通信专业应用型本科教育和高等职业教育仍较多采用课堂讲授为主的教学模式，学生很难以“准职业人”的身份参与教学活动。这种普通教育模式比较缺乏对通信人才的专业技能培训。应用型本科和高职院校的实践教学应引入“职业化”教学的理念，使实践教学从课程实验、简单专业实训、金工实训等传统内容中走出来，积极引入企业实战项目，广泛采取项目式教学手段，根据行业发展和企业人才需求培养学生的实践能力、技术应用能力和创新能力。

三、专业课程设置和课程内容与通信行业的能力要求多有脱节，应用性不强

作为高等教育体系中的应用型本科教育和高等职业教育，不仅要实现其“高等性”，也要实现其“应用性”和“职业性”。教育要与行业对接，实现深度的产教融合。专业课程设置和课程内容中对实践能力的培养较弱，缺乏针对性，不利于学生职业素质的培养，难以适应通信行业的要求。同时，课程结构缺乏层次性和衔接性，并非是纵向深化为主的学习方式，教学内容与行业脱节，难以吸引学生的注意力，易出现“学而不用，用而不学”的尴尬现象。

新工科就是基于国家战略发展新需求、适应国际竞争新形势、满足立德树人新要求而提出的我国工程教育改革方向。探索集前沿技术培养与专业解决方案于一身的教程，面向新工科，有助于解决人才培养中遇到的上述问题，提升高校教学水平，培养满足行业需求的新技术人才，因而具有十分重要的意义。

本套书是面向新工科5G移动通信“十三五”规划教材，第一期计划出版15本，分别是《光通信原理及应用实践》《数据通信技术》《现代移动通信技术》《通信项目管理与监理》《综合布线工程设计》《数据网络设计与规划》《通信工程设计与概预算》《移动通信室内覆盖工程》《光传输技术》《光宽带接入技术》《分组传送技术》《WLAN无线通信技术》《无线网络规划与优化》《5G移动通信技术》《通信全网实践》。套书整合了高校理论教学与企业实践的优势，兼顾理论系统性与实践操作的指导性，旨在打造为移动通信教学领域的精品图书。

本套书围绕我国培育和发展通信产业的总体规划和目标，立足当前院校教学实际场景，构建起完善的移动通信理论知识框架，通过融入中兴教育培养应用型技术技能专业人才的核心目标，建立起从理论到工程实践的知识桥梁，致力于培养既具备扎实理论基础又能从事实践的优秀应用型人才。

本套书的编者来自中兴通讯股份有限公司、广东省新一代通信与网络创新研究院、南京理工大学、中兴教育管理有限公司等单位，包括广东省新一代通信与网络创新研究院院长朱伏生、中兴通讯股份有限公司牟永建、中兴教育管理有限公司常务副总裁吕其恒、中兴

教育管理有限公司舒雪姣、兰剑、刘拥军、阳春、蒋志钊、陈程、徐志斌、胡良稳、黄丹、袁彬、杨晨露等。

本套书如有不足之处，请各位专家、老师和广大读者不吝指正。希望通过本套书的不断完善和出版，为我国通信教育事业的发展和应用型人才培养做出更大贡献。

张光义

2019年8月

序 2
FOREWORD

现今，ICT（信息、通信和技术）领域是当仁不让的焦点。国家发布了一系列政策，从顶层设计引导和推动新型技术发展，各类智能技术深度融入垂直领域为传统行业的发展添薪加火；面向实际生活的应用日益丰富，智能化的生活实现了从"能用"向"好用"的转变；"大智物云"更上一层楼，从服务本行业扩展到推动企业数字化转型。中央经济工作会议在部署2019年工作时提出，加快5G商用步伐，加强人工智能、工业互联网、物联网等新型基础设施建设。5G牌照发放后已经带动移动、联通和电信在5G网络建设的投资，并且国家一直积极推动国家宽带战略，这也牵引了运营商加大在宽带固网基础设施与设备的投入。

5G时代的技术革命使通信及通信关联企业对通信专业的人才提出了新的要求。在这种新形势下，企业对学生的新技术和新科技认知度、岗位适应性和扩展性、综合能力素质有了更高的要求。为此，2015年在世界电信和信息社会日以及国际电信联盟成立150周年之际，中兴通讯隆重地发布了信息通信技术的百科全书，浓缩了中兴通讯从固定通信到1G、2G、3G、4G、5G所有积累下来的技术。同时，中兴教育管理有限公司再次出发，面向教育领域人才培养做出规划，为通信行业人才输出做出有力支撑。

本套书是中兴教育管理有限公司面向新工科移动通信专业学生及对通信感兴趣的初学人士所开发的系列教材之一。以培养学生的应用能力为主要目标，理论与实践并重，并强调理论与实践相结合。通过校企双方优势资源的共同投入和促进，建立以产业需求为导向、以实践能力培养为重点、以产学结合为途径的专业培养模式，使学生既获得实际工作体验，又夯实基础知识，掌握实际技能，提升综合素养。因此，本套书注重实际应用，立足于高等教育应用型人才培养目标，结合中兴教育管理有限公司培养应用型技术技能专业人才的核心目标，在内容编排上，将教材知识点项目化、模块化，用任务驱动的方式安排项目，力求循序渐进、举一反三、通俗易懂，突出实践性和工程性，使抽象的理论具体化、形象化，使之真正贴合实际、面向工程应用。

本套书编写过程中，主要形成了以下特点：

（1）系统性。以项目为基础、以任务实战的方式安排内容，架构清晰、组织结构新颖。先让学生掌握课程整体知识内容的骨架，然后在不同项目中穿插实战任务，学习目标明确，实战经验丰富，对学生培养效果好。

(2)实用性。本套书由一批具有丰富教学经验和多年工程实践经验的企业培训师编写,既解决了高校教师教学经验丰富但工程经验少、编写教材时不免理论内容过多的问题,又解决了工程人员实战经验多却无法全面清晰阐述内容的问题,教材贴合实际又易于学习,实用性好。

(3)前瞻性。任务案例来自工程一线,案例新、实践性强。本套书结合工程一线真实案例编写了大量实训任务和工程案例演练环节,让学生掌握实际工作中所需要用到的各种技能,边做边学,在学校完成实践学习,提前具备职业人才技能素养。

本套书如有不足之处,请各位专家、老师和广大读者不吝指正。以新工科的要求进行技能人才培养需要更加广泛深入的探索,希望通过本套书的不断完善,与各界同仁一道携手并进,为教育事业共尽绵薄之力。

2019 年 8 月

前言

PREFACE

本书内容由浅入深、循序渐进，选取案例贴近生活实际，是一部实用性很强的介绍光宽带接入技术的教材。

本书共五个项目。项目一，初识基础光宽带网络组网，主要介绍了基础网络技术、xDSL产品、PON产品等知识。项目二，光宽带网络语音及数据业务实现，主要介绍PON语音业务及配置、PON组播业务及配置等内容。项目三，维护光宽带网络基础及技术展望，主要讲解了光宽带接入网机房设备的维护、故障处理的方法，光宽带接入网技术展望等内容。项目四，光宽带设备业务开通，主要介绍了xDSL设备业务开通、EPON、GPON设备业务开通的方法。项目五，某小区PON设备工程业务开通，主要对某小区PON设备业务项目进行了深入分析，讲解了项目实施的流程、各类准备、工程优化方案、网络维护等内容。

本书可以作为通信工程、计算机通信专业的教材，也可作为从事通信工程技术工作的相关人员的参考书。同时，本书的编写得到了中兴通讯企业专家的大力协助，他们不仅根据企业对人才岗位技能的要求，对编写大纲提出了很多宝贵的意见，而且提供了大量丰富的现实案例、设计文档、图片等，使本书内容更加贴近实际。在此，也向为本书的编写提供了帮助的有关专家们表示衷心的感谢！

由于光宽带接入技术的发展迭代迅速，加之编者水平有限、时间仓促，本书难免有不当和不妥之处，敬请广大读者批评指正。

编　者

2019年8月

目 录

CONTENTS

理 论 篇

实 战 篇

工 程 篇

理论篇

引言

接入网是电信网的组成部分，负责将电信业务透明传送到用户。宽带接入业务作为多项增值业务的承载网和业务基础，成为全球宽带革命中的“蒸汽机”。大力发展宽带接入业务对实现当代“信息高速公路”具有基础性、全局性的战略意义。

光宽带接入网是国家经济社会发展的重要基础，是国家工业化与信息化融合的重要纽带，也是三大运营商各种业务的承载。“十三五”期间，“宽带中国·光网城市”工程在全国各地全面实施，构建“百兆进户、千兆进楼、太级出口”的智能宽带网络，将打造一个以宽带化、IP化、扁平化、融合化为核心特征的可管、可控、绿色高性能数据通信网。光宽带接入网对国民经济和社会各领域的应用效果及辐射作用将日渐显著，为进一步推动社会信息化进程，实现国家“十三五”战略发展目标做出应有贡献。

学习目标

1. 熟悉光宽带接入网的概念及相关知识，掌握接入网系统标准、相关应用以环境及光宽带接入网最新的技术发展。

2. 掌握xDSL网络的基础技术、网络结构、各节点设备的作用、网络维护方法，局点设备的调试、升级、排障方法。

3. 掌握PON产品的组网方式和方法，PON组成的网络中各节点设备的作用。熟悉各重要节点设备的调试及业务开通的方法。

4. 掌握PON设备的基本语音业务开通的方式方法。了解语音相关协议的通信流程及步骤。

5. 掌握PON设备数据业务的开通方法。了解相关数据协议的通信流程及步骤。

6. 了解未来光宽带网络的发展方向。

知识体系

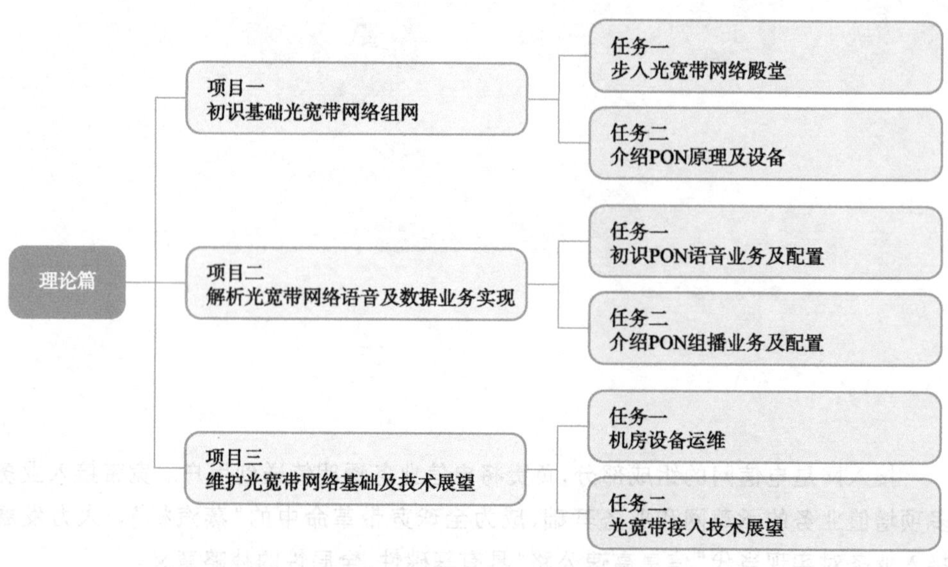
理论篇
项目一
初识基础光宽带网络组网
任务一
步入光宽带网络殿堂
任务二
介绍PON原理及设备
项目二
解析光宽带网络语音及数据业务实现
任务一
初识PON语音业务及配置
任务二
介绍PON组播业务及配置
项目三
维护光宽带网络基础及技术展望
任务一
机房设备运维
任务二
光宽带接入技术展望

项目一

初识基础光宽带网络组网

任务一　步入光宽带网络殿堂

任务描述

本任务主要介绍接入网的概念和组成。了解 TCP/IP 网络模型和各层的功能。熟悉 DHCP、PPPoE 协议。熟悉 VLAN 和二层交换的基本原理。为后面章节光接入通信系统网管和相关接入网设备的学习打下基础。

任务目标

1. 了解光接入网的概念和主要接入技术。
2. 熟悉光宽带业务介绍。
3. 熟悉数据光宽带网络协议及相关标准。

任务实施

一、接入网技术及业务概述

(一)接入网技术概述

1. 接入网

接入网是电信网的组成部分,负责将电信业务透明传送到用户。也就是说,用户通过接入网的传输,能灵活地接入到不同的电信业务节点上。而电信网包含了各种电信业务的所有传输及复用设备、交换设备及各种线路设施等。整个电信网按功能可分为三个部分,即传输网、交换网和接入网。

这种网络划分方式称为“水平方向”上的划分,在水平方向上,接入网位于用户驻地网和核心网之间,如图 1-1-1 所示,是整个公用网络的边缘部分,是公用网中与用户距离最近的一部分，负责使用有线或无线连接，将广大用户一级一级地汇接到核心网中，常被形象地称作通信网的“最后一公里”。

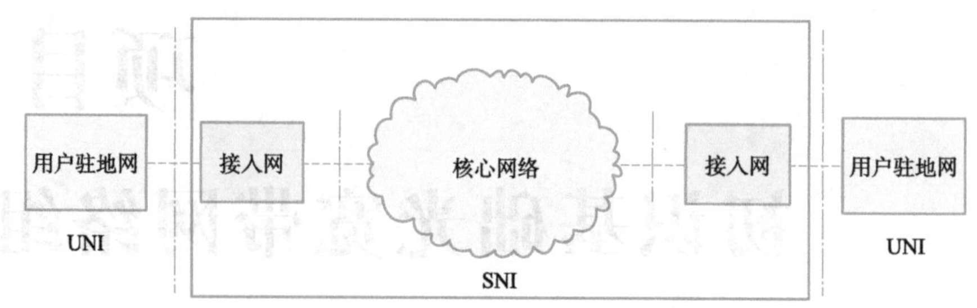

图 1-1-1 接入网在电信网中的位置

从实现的功能上，通信网自上而下可分成应用层、业务层、核心层和传送层，如图 1-1-2 所示。应用层是利用各种业务网络实现的信息服务网络，如远程教育、会议电视、文件传送、远程监控和影视点播等。业务层是基于核心层实现的各种业务网络，如电话网、非 IP 数据网、IP 网和其他业务网络等。核心层是基于传送层传输功能实现用户驻地网（或用户终端）和业务网络之间的连接，核心层主要实现的是交换功能。传送层实现业务信息的传输功能，即承载网。每一层的功能都要在下层功能实现的基础上完成，比如一个具备核心层交换功能的网络，首先要具备传送层的承载功能。传统电话接入网实现本地业务节点到用户驻地网之间的传输功能，位于通信网的传送层；实现数据业务的 IP 网，除了传输功能，还具备部分交换功能，位于通信网的传送层和核心层。

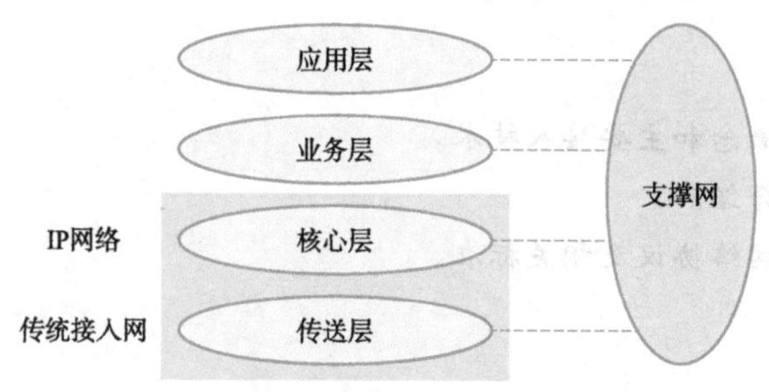

图 1-1-2 接入网在电信网中功能上的划分

根据国际电联关于接入网框架建议（G. 902），接入网是指在用户驻地网和核心网之间所有机线设备组成的网络，它通过用户网络接口实现用户语音、数据、图像、视频等多综合业务的接入，向核心网提供一系列标准化的业务节点接口，并通过 Q3 接口受电信管理网的管理控制，如图 1-1-3 所示。接入网（AN）是在业务节点接口（SNI）和用户网络接口（UNI）之间的一系列为传送实体提供所需传送能力的实施系统，可经由管理接口（Q3）配置和管理。因此，接入网可由三个接口界定，接入网有三种主要接口，即业务节点接口 SNI、用户网络接口 UNI 和维护管理接口 Q3。

（1）业务节点接口

SNI 是接入网和核心网中的业务节点（SN）的接口，可以提供规定业务的 SN 有本地交换机、IP路由器或点播电视和广播电视业务节点等。对于不同的业务，接入网提供相应的SNI与实现业务的SN相连。SNI有通用的国际标准，如V1、V3、V5等。

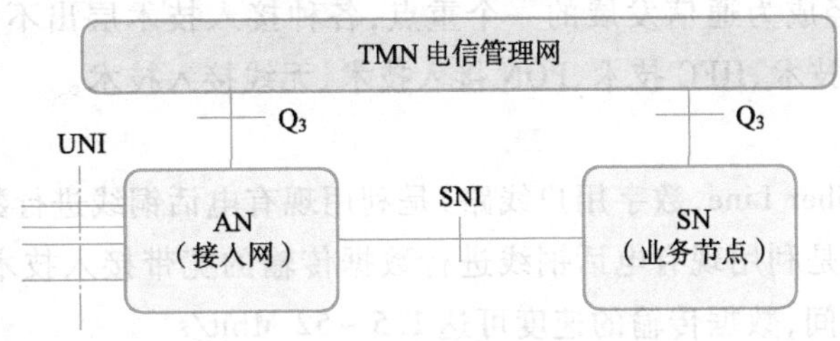

图1-1-3　接入网的定义

(2)用户网络接口

UNI是用户设备或用户驻地网和接入网之间的服务控制接口。UNI直接面向用户，UNI接口定义了物理传输线路的接口标准，即用户可以通过怎样的物理线路和接口与接入网相连，该接口支持各种用户业务的接入，如模拟电话接入、N-ISDN业务接入、B-ISDN业务接入，以及数字或模拟的租用线业务的接入。对不同的业务，采用不同的接入方式，对应不同的接口类型。

(3)维护管理接口

Q3接口是电信管理网(TMN)与电信网各部分相连的标准接口。接入网经Q3接口与TMN相连，以统一协调接入网内部各设备功能的管理。Q3接口的功能主要分为告警监测和性能管理两方面。其中告警监测包括告警报告、告警总结、确立告警事件准则、管理告警指示及运行日志控制；性能管理功能包含对性能管理数据的收集、存储、报告及对性能管理门限设定。

上述基于三种接口的定义带有传统电信网络的特点，随着计算互联网的发展，传统电信网的框架结构从电路交换及其组网技术逐步转向以分组交换，特别是IP为基础的新框架。随着IP化的趋势从核心网逐渐延伸到接入网，一种新的接入网模型应运而生——IP接入网。IP接入网位于用户驻地网和IP核心网之间，它与用户驻地网和IP核心网之间的接口均为通用的参考点(RP)。RP可以是两台设备间的接口，也可以是系统逻辑上的接口，逻辑接口连接的两个部分可以位于一台设备中，如图1-1-4所示。

图1-1-4　接入网的接口和定义

IP接入网是实现各种用户IP终端(如计算机、IP电话等)或用户IP终端组成的网络(用户驻地网)与IP核心网之间接入能力的系统。其中，IP核心网中实现IP业务的节点称为IP业务提供者，它可以是业务提供商提供的服务器或服务器群。

IP接入网在IP网络中的位置由参考点及与电信管理网的接口Q3所界定。RP是指逻辑上的参考连接；而传统电信接入网则是由UNI、SNI和Q3接口来界定的。

电信接入网包含交叉连接、复用和传输功能，一般不含交换功能；而IP接入网包含交换或选路功能，另外根据需要，IP 接入网还可以增加动态分配 IP 地址、地址翻译、计费和加密等功能。

2. 接入网技术

近年来，接入网已经成为通信发展的一个重点，各种接入技术层出不穷。主要的技术有：xDSL 技术、以太网接入技术、HFC 技术、PON 接入技术、无线接入技术。

(1) xDSL 技术

DSL(Digital Subscriber Line，数字用户线路)是利用现有电话铜线进行数据传输的技术。

数字用户线路技术是利用现有电话铜线进行数据传输的宽带接入技术。数据传输的距离通常在 300 m ~7 km 之间，数据传输的速度可达 1.5 ~52 Mbit/s。

xDSL 是各种 DSL 类型的总称，包括 HDSL、SDSL、ADSL、VDSL 和 RADSL 等，其中“x”由取代的字母而定。

xDSL 的接入结构如图 1-1-5 所示，它由局端设备和远端设备(用户端设备)组成。xTU-R 是 DSL 远端传输单元，xTU-C 是 DSL 局端传输单元。远端设备与局端设备之间通过铜线传输信息，具体的 xDSL 接入结构会有所差别。

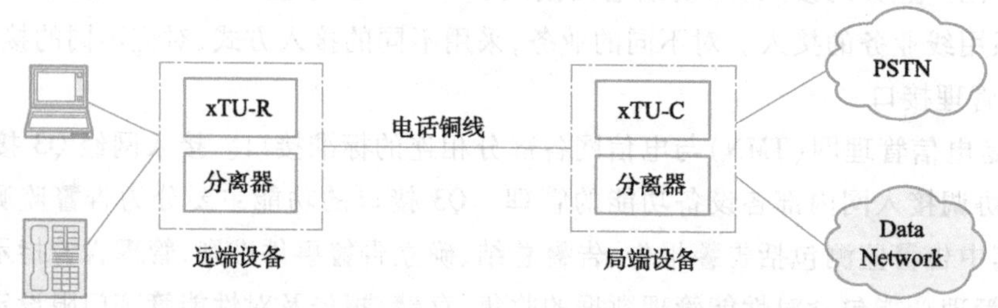

图 1-1-5　xDSL 的接入结构

(2) 以太网接入技术

以太网是目前使用最广泛的局域网技术。以太网接入是指将以太网技术与综合布线相结合，作为公用电信网的接入网，直接向用户提供基于 IP 的多种业务的传送通道。以太网技术的实质是一种二层的媒质访问控制技术，可以在五类线上传送，也可以与其他接入媒质相结合，形成多种宽带接入技术，如图 1-1-6 所示。

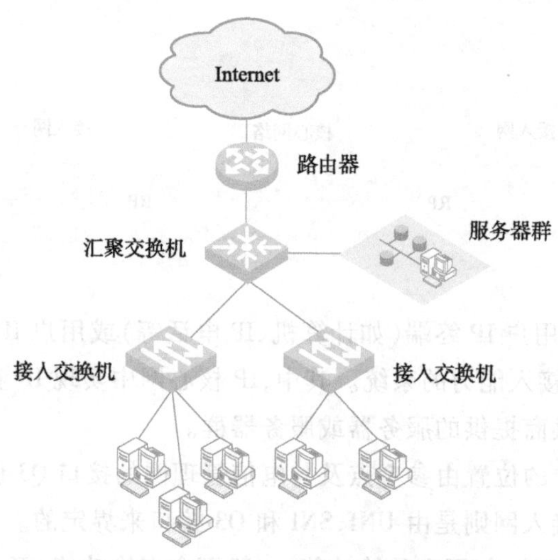

图 1-1-6　以太网接入结构图

(3)HFC技术

HFC(Hybrid Fiber-optic Cable,混合光纤/同轴电缆接入网技术)是把光缆敷设到居民小区,然后通过光电转换节点,利用有线电视(CATV)的同轴电缆网连接到用户,提供综合电信业务的技术。目前通过HFC网络可实现电话、有线电视、视频点播、宽带数据业务等,HFC接入结构如图1-1-7所示。

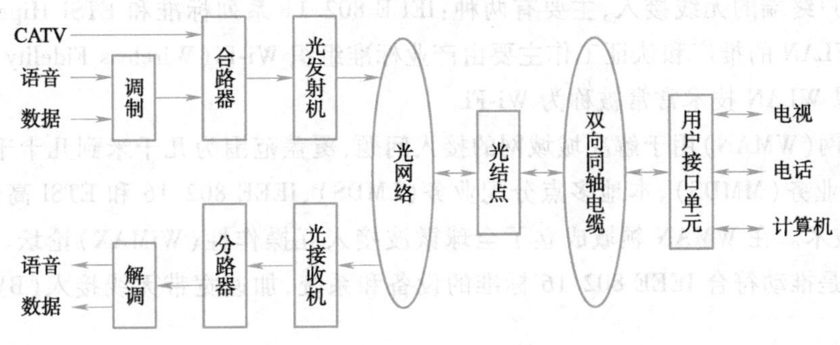

图1-1-7 HFC接入结构图

(4)光接入技术

光接入是指通信公司的局端与用户之间部分或全部采用光纤作为传输介质,可分为有源光网络和无源光网络。无源光网络的室外传输设施中不含有有源设备(器件和电源),因此具有可避免电磁和雷电影响及投资维护成本低的优点。基于此特点,无源光网络技术发展迅猛,无源光网络接入结构图如图1-1-8所示。

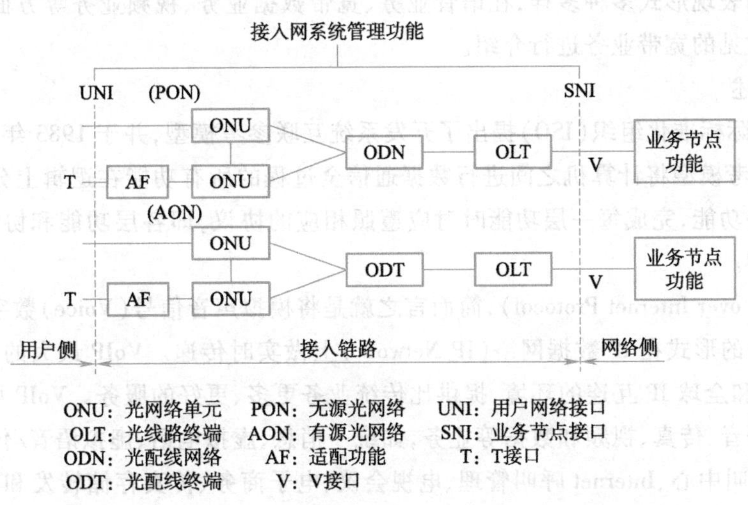

图1-1-8 无源光网络接入结构图

无源光网络技术主要分为APON、EPON、GPON等。目前,在中国市场主要采用EPON、GPON技术。

(5)无线接入技术

无线接入技术是指接入网全部或部分采用无线传输方式,为用户提供固定或移动的接入服务的技术。按照覆盖范围划分,宽带无线接入技术一般包括无线个域网(WPAN),无线局域网

(WLAN),无线城域网(WMAN),无线广域网(WWAN)。

无线个域网(WPAN)工作于10 m范围内的“个人区域”,用于组成个人网络,能够提供无线终端之间的短程通信。无线个域网主要包括蓝牙、ZigBee、超宽带(UWB)和ETSI高性能个域网(HiperPAN)等技术。

无线局域网(WLAN)的覆盖范围约为100 m,主要用于解决会场、校园、厂区、公共休闲区域等区间的用户终端的无线接入,主要有两种:IEEE 802.11系列标准和ETSI Hiper LAN系列标准。目前,WLAN的推广和认证工作主要由产业标准组织Wi-Fi(Wireless Fidelity,无线保真)联盟完成,所以WLAN技术常常被称为Wi-Fi。

无线城域网(WMAN)用于解决城域网的接入问题,覆盖范围为几千米到几十千米。包括:多路多点分配业务(MMDS)、本地多点分配业务(LMDS)、IEEE 802.16和ETSI高性能城域网(HiperMAN)技术。在WMAN领域成立了全球微波接入互操作性(WiMAX)论坛。WiMAX论坛的主要任务是推动符合IEEE 802.16标准的设备和系统,加速宽带无线接入(BWA)的部署和应用。

无线广域网(WWAN)主要用于覆盖全国或全球范围内的无线网络,提供更大范围内的接入,具有移动、漫游、切换等特征。WWAN技术主要包括IEEE 802.20技术及2G、3G、4G和4G+等。

以上主要对接入网技术进行了简要介绍。各种技术的接入环境差异很大,接入需求差异也很大,没有哪一种技术能满足各种需求,各种接入技术互为补充。接入网正向着光进铜退,无线宽带移动,有线无线相互补充的方向演进。

(二)介绍宽带业务

宽带业务的表现形式多种多样,在语音业务、宽带数据业务、视频业务等方面都有所应用。下面列举几种常见的宽带业务进行介绍。

1. VoIP概述

1977年,国际标准化组织(ISO)提出了开发系统互联参考模型,并于1983年定义为正式国际标准。OSI参考模型将计算机之间进行数据通信全过程的所有功能在逻辑上分为若干层,每一层对应有一些功能,完成每一层功能时对应遵照相应的协议,即各层功能和协议的集合构成了OSI参考模型。

VoIP(Voice over Internet Protocol),简而言之就是将模拟声音信号(Voice)数字化,以数据封包(Data Packet)的形式在IP数据网络(IP Network)上做实时传递。VoIP最大的优势是能广泛地采用Internet和全球IP互连的环境,提供比传统业务更多、更好的服务。VoIP可以在IP网络上便宜地传送语音、传真、视频和数据等业务,如统一消息、虚拟电话、虚拟语音/传真邮箱、查号业务、Internet呼叫中心、Internet呼叫管理、电视会议、电子商务、传真存储转发和各种信息的存储转发等。

VoIP是一种以IP电话为主,并推出相应的增值业务的技术。从本质上说,VoIP电话与电子邮件,即时信息或者网页没有什么不同,它们均能在经过互联网连接的机器间进行传输。这些机器可以是计算机,或者无线设备,比如手机或者掌上设备等。VoIP服务不仅能够沟通VoIP用户,而且也可以和电话用户通话,比如使用传统固话网络及无线手机网络的用户。对这部分通话,VoIP服务商必须要给固话网络运营商以及无线通信运营商支付通话费用。这部分的收费就会转到VoIP用户。

VoIP 的基本原理是:通过语音的压缩算法对语音数据编码进行压缩处理,然后把这些语音数据按 TCP/IP 标准进行打包,经过 IP 网络把数据包送至接收地,再把这些语音数据包串起来,经过解压处理后,恢复成原来的语音信号,从而达到由互联网传送语音的目的。IP 电话的核心与关键设备是 IP 网关,它把各地区电话区号映射为相应的地区网关 IP 地址。这些信息存放在一个数据库中,数据接续处理软件将完成呼叫处理、数字语音打包、路由管理等功能。在用户拨打长途电话时,网关根据电话区号数据库资料,确定相应网关的 IP 地址,并将此 IP 地址加入 IP 数据包中,同时选择最佳路由,以减少传输时延、IP 数据包经 Internet 到达目的地的网关。在一些 Internet 尚未延伸到或暂时未设立网关的地区设置路由,由最近的网关通过长途电话网转接,实现通信业务。

目前常用的协议如 H.323、SIP、Megaco 和 MGCP。H.323 是一种 ITU-T 标准,最初用于局域网(LAN)上的多媒体会议,后来扩展至覆盖 VoIP。该标准既包括了点对点通信也包括了多点会议。H.323 定义了四种逻辑组成部分:终端、网关、关守及多点控制单元(MCU)。终端、网关和 MCU 均被视为终端点。会话发起协议(SIP)是建立 VoIP 连接的 IETF 标准。SIP 是一种应用层控制协议,用于和一个或多个参与者创建、修改和终止会话。SIP 的结构与 HTTP(客户机-服务器协议)相似。客户机发出请求,并发送给服务器,服务器处理这些请求后给客户机发送一个响应。该请求与响应形成一次事务。媒体网关控制协议(MGCP)是由思科和 Telcordia 提议的 VoIP 协议,它定义了呼叫控制单元(呼叫代理或媒体网关)与电话网关之间的通信服务。MGCP 属于控制协议,允许中心控制台监测 IP 电话和网关事件,并通知它们发送内容至指定地址。在 MGCP 结构中,智能呼叫控制置于网关外部并由呼叫控制单元(呼叫代理)来处理。同时呼叫控制单元互相保持同步,发送一致的命令给网关。媒体网关控制协议(Megaco)是 IETF 和 ITU-T(ITU-TH.248 建议)共同努力的结果。Megaco/H.248 是一种用于控制物理上分开的多媒体网关的协议单元的协议,从而可以从媒体转化中分离呼叫控制。Megaco/H.248 说明了用于转换电路交换语音到基于包的通信流量的媒体网关(MG)和用于规定这种流量的服务逻辑的媒介网关控制器之间的联系。Megaco/H.248 通知媒体网关将来自于数据包或单元数据网络之外的数据流连接到数据包或单元数据流上,如实时传输协议(RTP)。从 VoIP 结构和网关控制的关系来看,Megaco/H.248 与 MGCP 在本质上相似,但是 Megaco/H.248 支持更广泛的网络,如 ATM 网。

VoIP 的媒体编码技术包括流行的 G.723.1、G.729、G.729A 话音压缩编码算法和 MPEG 多媒体压缩技术。涉及的分组传输技术:主要采用实时传输协议 RTP。涉及的业务质量保障技术包括采用资源预留协议 RSVP、服务质量 QoS 和用于业务质量监控的实时传输控制协议 RTCP 来避免网络拥塞,保障通话质量。涉及的网络传输技术主要是 TCP 和 UDP。此外还涉及分组重建技术和时延抖动平滑技术、动态路由平衡传输技术、网关互联技术(包括媒体互通和控制信令互通)、网络管理技术(SNMP)、安全认证和计费技术、IVR 交互式语音响应技术等。

VoIP 的发展很快,特别是语音质量提升、服务质量保障、增值业务扩展、产业链产品兼容性、安全可靠、与传统 PSTN 的集成融合、电信级性能提升和电信级管理完善等方面,都将 VoIP 业务带入更广泛的领域。

2. 专线业务

专线业务是指用户通过各类专线接入互联网。用户通过申请专线将其计算机网络或专用服务器连接到Internet上,从而用户可拥有公网固定IP地址,通过这条专线,用户可以访问Internet,同时全世界的用户也可以访问该用户的服务器,这种方式入网,用户的服务器就放在自己的机房中,维护和管理十分方便。

专线业务可以分为专线接入和专线互联。专线接入一般指租用一定速率的端口或带宽,一个或多个固定IP地址。专线互联一般指采用VPN专线。

常见的专线业务有DDN数字数据网、FR帧中继、ATM专线、SDH/MSTP/PTN专线等。

(1)DDN数字数据网

它是利用数字信道提供永久性连接电路,用来传输数据信号的数字传输网络。可提供速率为$N \times 64$ Kbit/s($N=1、2、3,\cdots,31$)和$N \times 2$ Mbit/s的国际、国内高速数据专线业务。可提供的数据业务接口有:V. 35、RS-232、RS-449、RS-530、X. 21、G. 703、X. 50等。DDN专线接入向用户提供的是永久性的数字连接,沿途不进行复杂的软件处理,因此延时较短,避免了传统的分组网中传输协议复杂、传输时延长且不固定的缺点;DDN专线接入采用交叉连接装置,可根据用户需要,在约定的时间内接通所需带宽的线路,信道容量的分配和接续均在计算机控制下进行,具有极大的灵活性和可靠性,使用户可以开通各种信息业务,传输任何合适的信息,因此,DDN专线接入在多种接入方式中深受用户的青睐。它的主要作用是向用户提供永久性和半永久性连接的数字数据传输信道,既可用于计算机之间的通信,也可用于传送数字化传真、数字话音、数字图像信号或其他数字化信号。

DDN数字数据网主要特点是传输质量高,信道利用率高,数据传输速率高,网络时延小,数据信息传输透明度高,可支持任何规程,可传输语音、数据、传真、图像等多种业务,适用于数据信息流量大的场合,网络运行管理简便,对数据终端的数据传输速率没有特殊要求。

(2)FR帧中继

帧中继业务是由FR网络承载,利用统计复用等技术实现带宽资源动态分配,为客户提供突发性数据传输服务的数据传输产品。帧中继技术是在分组技术充分发展,数字与光纤传输线路逐渐替代已有的模拟线路,用户终端日益智能化的条件下诞生并发展起来的。帧中继只完成OSI物理层和数据链路层的功能,将流量控制、纠错等留给智能终端完成,大大简化了节点机之间的协议;它采用虚电路技术,充分利用网络资源。FR帧中继适用于局域网互连、虚拟专用网、其他应用,如传输高分辨率可视图文等;技术特点是吞吐量大,时延小,适合突发性业务,端口类型丰富,速率广泛,用户接入方式多样;采用ATM技术平台,提供ATM、帧中继业务,信息传输速度快。

(3)ATM专线

ATM(Asynchronous Transfer Mode,异步传输模式),实现OSI物理层和链路层功能。ATM以独有的ATM信元进行数据传输,每个ATM信元53个字节。ATM不严格要求信元交替地从不同的源到来,每一列从各个源来的信元,没有特别的模式,信元可以从任意不同的源到来,而且,不要求从一台计算机来的信元流是连续的,数据信元可以有间隔,这些间隔由特殊的空闲信元(idle cell)填充。信元可以被装入到T1,T3,SONET或FDDI(光纤LAN)线路上发送。ATM网络根据VPI和VCI进行寻址。

在ATM层,有两个接口是非常重要的,即UNI(User-Network Interface,用户-网络接口)和NNI(Network-Network Interface,网络-网络接口)。前者定义了主机和ATM网络之间的边界(在很多情况下是在客户和载体之间),后者应用于两台 ATM 交换机(ATM 意义上的路由器)之间。ATM 的传输介质常常是光纤,但是 100 m 以内的同轴电缆或 5 类双绞线也是可以的。光纤可达数千米远。

与其他传输网络相比,ATM 最大的特点是有服务质量的保证(QoS)。服务质量在 ATM 网络中是一个重要的话题,因为 ATM 网络大都是用作实时传输的,比如音频和视频。当一条虚电路建立时,传输层(典型的为主机中的一个进程,“客户”)和 ATM 网络层(例如:一个网络操作者,也即“运载提供者”)都要遵守一个定义服务的协定。ATM 的服务质量分以下几个等级。

①恒定比特率(Constant Bit Rate,CBR)。

它主要用来模仿铜线或者光导纤维。没有差错校验,没有流量控制,也没有其余的处理。这个类别在当前的电话系统和将来的 B-ISDN 系统中作了一个比较圆滑的过渡,因为话音级的 PCM 通道、T1 电路,以及其余的电话系统都使用恒定速率的同步数据传输。

②可变比特率(Variable Bit Rate,VBR)

被划分为两个子组别,分别是为实时传输和非实时传输而设立的。RT-VBR(实时)主要用来描述具有可变数据流并且要求严格实时的服务,比如交互式的压缩视频(如电视会议)。NRT-VBR(非实时)主要用于定时发送的通信场合,在这种场合下,一定数量的延迟及其变化是可以被应用程序所忍受的,如电子邮件。

③可用比特率(Available Bit Rate,ABR)。

它是为带宽范围已大体知道的突发性信息传输而设计的。ABR 是唯一一种网络会向发送者提供速度反馈的服务类型。当网络中拥塞发生时会要求发送者减小发送速率。假设发送者遵守这些请求,采用 ABR 通信的信元丢失就会很低。运行着的 ABR 有点像等待机会的机动旅客:如果有空余的座位(空间),机动的旅客就会无延迟地被送到空余座位处;如果没有足够的容量,他们就必须等待(除非有些最低带宽是可用的)。

④未指定比特率(Unspecified Bit Rate,UBR)。

它不做任何承诺,对拥塞也没有反馈,这种类型很适合于发送 IP 数据报。如果发生拥塞,UBR 信元也会被丢弃,但是并不给发送者发送反馈,也不给发送者希望放慢速度的期望。

客户可以根据实际应用选择不同的 QoS 保证。相同的速率,不同的 QoS 保证,月租费也不同。目前专线主要应用于国内企业组网中,在银行业和对网络要求比较高的企业中使用较多,但是相对 MPLS VPN 组网和 IP VPN 专线服务成本较高,组网相对不灵活。

(4)SDH/MSTP/PTN 专线

SDH 是基于时分复用的同步数字技术,提供透明的物理通道,业务质量能得到严格的保证。但不能统计复用,网络利用率低。MSTP 基于 SDH 平台,同时实现 TDM、ATM、以太网等业务的接入。TDM 内核不适合分组业务为主的需求处理和传送。PTN 分组传送网采用面向连接的标签交换,分组交换内核,适合 IP 和 TDM 业务并重的网络。

(5)xDSL 专线

双绞线作为接入介质,有固定 IP 地址。业务申请开通后,运营商事先分配好固定 IP 地址,在用户侧,连接和配置好 modem 后将分配好的 IP 地址信息配置在用户侧的设备中,实现用户和网络的连接。目前应用于网吧等商业用户和接入带宽要求不高的用户。

(6)LAN 专线

五类线作为接入介质,以太网接入作为接入手段,实现专线用户的高速接入。LAN 专线有固定 IP 地址。业务申请开通后,运营商事先分配好固定 IP 地址,在用户侧将 IP 地址信息配置在用户侧的设备中,实现用户和网络的连接。目前应用在上网要求不高的地域或者基本被淘汰。

(7) VPN 专线

VPN 即虚拟专用网络(Virtual Private Network,VPN),指的是在公用网络上建立专用网络的技术。其之所以称为虚拟网,主要是因为整个 VPN 网络的任意两个节点之间的连接并没有传统专网所需的端到端的物理链路,而是架构在公用网络服务商所提供的网络平台,如 Internet、ATM(异步传输模式)、Frame Relay(帧中继)等之上的逻辑网络,用户数据在逻辑链路中传输。它涵盖了跨共享网络或公共网络的封装、加密和身份验证链接的专用网络的扩展。VPN 主要采用了隧道技术、加解密技术、密钥管理技术和使用者与设备身份认证技术。MPLS VPN 是目前主流的 VPN 方案。特别适合办公地点分散,在各地有分支机构、合作伙伴,以及较多的员工或客户出差或在外单独接入的客户。

3. 视频通信业务

随着现代通信技术和业务的发展,人们对通信的需求已经由最初的单一语音需求转变为对视频和音频的通信需求。以传送语音、数据、视频为一体的视频通信业务成为通信领域发展的热点,以点到点或多点视音频通信为主要形式的视频会议、远程医疗、远程教育等服务得到越来越多的使用。

随着通信网络技术的不断发展,视频通信系统的承载网从电路交换网向灵活、扩展性强的 IP 网络演进,视频通信的框架协议因此产生了 H. 320、H. 323、IETF SIP 标准。

视音频的编解码技术是视频通信中的关键技术。1988 年 ITU-T 颁布了 H. 261 建议草案,该建议以混合编码为核心,后期陆续制定出一系列的视频编码标准,如 ITU-T 的 H. 262 和 H. 263、ISO 的 MPEG-1 和 MPEG-2 等。常用音频标准有 ITU-T G. 711、G. 722、G. 729 等。视频通信主要应用在视频会议、可视通信、应急指挥、远程教育、远程医疗、监控等领域。在运营商、政府、军队、公安、电力、金融等有广泛的需求。

4. 视频监控业务

随着人们对社会安全的重视,视频监控系统已经开始广泛地应用到各个领域、各行各业。国内视频监控市场近几年增长势头强劲。视频监控主要有模拟视频监控、数字视频监控、网络视频监控等技术。随着技术的发展及市场需求的进一步趋广,视频监控市场正快速发展,传统的模拟监控市场基本退出历史舞台,数字监控逐步成为主流,网络监控稳步增长。伴随着无线技术的飞速发展,无线视频监控市场进入了飞速发展的时代。视频监控主要应用在行业监控、中小企业监控、家庭监控、大众监控等领域。

5. IPTV 业务

IPTV(Internet Protocol Television,网际协议电视)即交互式网络电视,是一种利用宽带网,集互联网、多媒体、通信等技术于一体,向家庭用户提供包括数字电视在内的多种交互式服务的崭新技术。利用计算机或机顶盒 + 电视完成接收视频点播节目、视频广播及网上冲浪等功能。IPTV 是利用宽带有线电视网的基础设施,以家用电视机作为主要终端电器,通过互联网络协议来提供包括电视节目在内的多种数字媒体服务。特点表现在:

①用户可以得到高质量(接近 DVD 水平的)数字媒体服务。

②用户可有极为广泛的自由度选择宽带 IP 网上各网站提供的视频节目。

③实现媒体提供者和媒体消费者的实质性互动。IPTV 采用的播放平台将是新一代家庭数字媒体终端的典型代表,它能根据用户的选择配置多种多媒体服务功能,包括数字电视节目、可视 IP 电话、DVD/VCD 播放、互联网浏览、电子邮件,以及多种在线信息咨询、娱乐、教育及商务功能。

④为网络发展商和节目提供商提供了广阔的新兴市场。当前中国通信事业正在迅猛地发展,用户对信息服务的要求越来越高,特别是宽带视频信息。可以说中国已基本具备了大力发展 IPTV 的技术条件和市场条件。

IPTV 涉及的主要技术包括:视频编解码、流媒体、数字版权管理、CDN、组播、电子节目单和中间件技术等;视频编解码技术是 IPTV 的关键技术之一,国际上主流的视频编解码标准有 WMV、MPEG-2、MPEG-4、H. 264 等。目前对 IPTV 业务而言,最佳的编解码标准是 MPEG-4,随着 H. 264 技术的进一步成熟,将逐步过渡到 H. 264。

IPTV 网络大致可分家庭网络、内容承载及分发网络、内容制作及管理中心平台三个部分。

(1)家庭网络

由电视机、PC、STB(机顶盒)、DSL Modem、家庭网关等组成。DSL Modem 通常工作于桥接方式,提供多个接口分别连接 PC、STB 等终端。也可以使用单口的 Modem,再通过 HUB 连接终端。

(2)内容承载及分发网络

内容承载及分发网络包括 IP 骨干网、城域网、宽带接入网络、内容分发网络等几个部分。内容承载及分发网络主要实现内容从节目源到用户层的分发,以实现 IPTV 的各类点播及广播业务。

(3)内容制作及管理平台

实现视频业务管理、用户管理、EPG 发布、视频编码、数字版权管理等功能。

IPTV 已经在公众中形成一定的知名度,包括运营商、内容提供商、设备商、终端厂商在内的产业链各个环节均在积极推动 IP 产业的发展。IPTV 是未来的发展趋势。

二、了解网络技术基础

(一)认识 TCP/IP 网络模型

1. TCP/IP 网络模型

1977 年,国际标准化组织(ISO)提出了开放系统互联参考模型,并于 1983 年定义为正式国际标准。OSI 参考模型将计算机之间进行数据通信全过程的所有功能逻辑上分为若干层,每一层对应一些功能,完成每一层功能时对应遵照相应的协议。即各层功能和协议的集合构成了 OSI 参考模型。

OSI 参考模型共分 7 层,图 1-1-9 表示了两个计算机通过交换网络相互连接和它们对应的 OSI 参考模型分层的例子。

2. TCP/IP 分层模型

TCP/IP 分层模型与 OSI 参考模型的对应关系如图 1-1-10 所示。数据链路层传送的数据单位为帧,网络层数据传送的单位为分组。

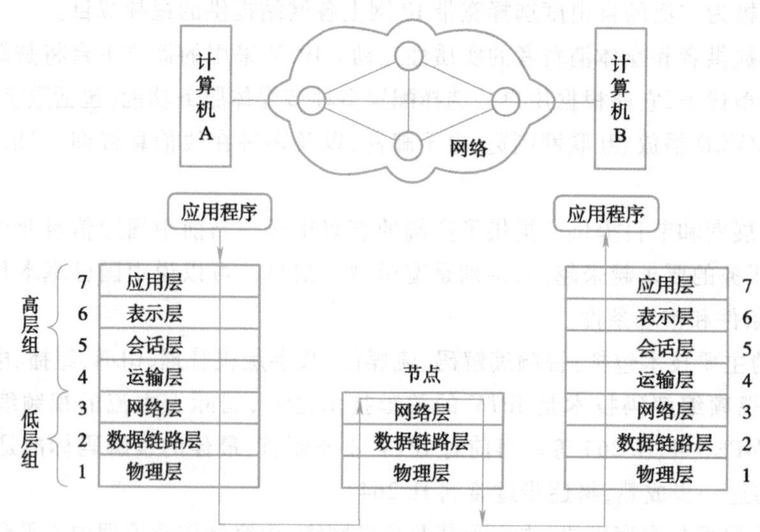

图 1-1-9　OSI 参考模型分层结构

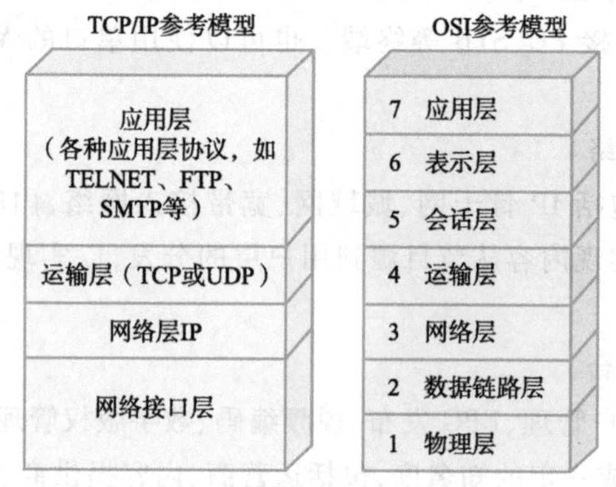

图 1-1-10　TCP/IP 模型与 OSI 参考模型的对应关系

应用层为用户提供访问 Internet 的高层应用服务。应用层的协议是一种应用高层协议，如：FTP，TELNET，SMTP，HTTP 等。运输层的作用是提供应用程序间（端到端）的通信服务，确保源主机传送的数据正确到达目的主机，提供了 TCP，UDP 协议。网络层是提供主机间的数据传送能力，其数据传送单位是 IP 数据报，主要有 ARP，RARP，ICMP，IGMP 等协议。网络接口层对应 OSI 参考模型的物理层和数据链路层，不同的物理网络对应不同的网络接口层协议。发送端负责接收来自网络层的 IP 数据报，将其封装成物理帧并且通过特定的网络进行传输；接收端从网络上接收物理帧，抽出 IP 数据报，上交给网络层。

（二）理解 IP 地址

IP 地址作为计算机或网络设备在网络上的唯一标识，能够保证互联网上千千万万的计算机寻找到自己的目标。在互联网上的计算机不但要有属于自己用于身份标识的 IP 地址，还必须遵循网络中的 IP 协议。目前正在使用的 IP 协议为 IPv4 版本。IPv4 协议规定 IP 地址由 32 位二进制数组成，分成 4 组，每组 8 位。组和组之间由“ - ”隔开，并且每组的 8 位二进制数采用十进制表示,如:192.168.1.3。为了满足不同规模网络的需求,ICANN(互联网名称与数字地址分配机构)将所有的IP地址按一个网络内所容纳的主机数进行分类,包括A、B、C、D、E五类网络,如图1-1-11所示。

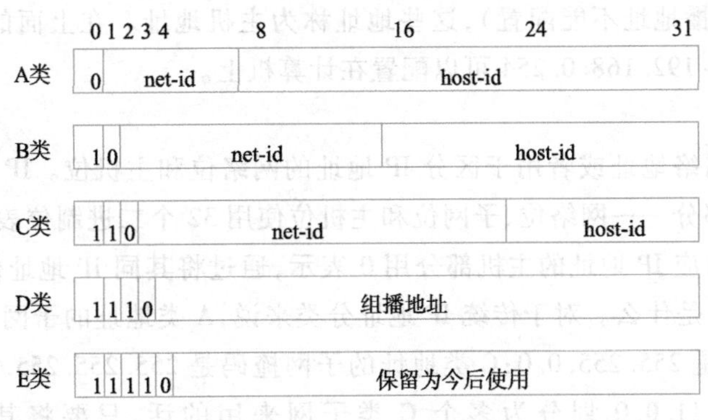

图1-1-11　IP地址分类

1. IP地址

它分为两个部分,网络地址和主机地址。

①A类地址规定最高1位为0且固定不变。

0×××××××,最小值为00000000=0,最大值为01111111=127,范围是0~127。全0不能使用,127作为测试地址,如127.0.0.1,A类地址可以正常使用的范围是1~126。

②B类地址规定最高2位为10且固定不变。

10××××××,最小值为10000000=128,最大值为101111111=191,范围是128~191。B类地址可以正常使用的范围是128~191。

③C类地址规定最高3位为110且固定不变。

110×××××,最小值为11000000=192,最大值为110111111=223,范围是192~223。C类地址可以正常使用的范围是192~223。

④D类地址规定最高4位为1110且固定不变。

⑤E类地址规定最高4位为1111且固定不变。

A、B、C三类IP地址的组成:网络部分(NETWORK),主机部分(HOST)。

A类地址:第1个8位组为网络部分,其余3个8位组为主机部分。

B类地址:前2个8位组为网络部分,后2个8位组为主机部分。

C类地址:前3个8位组为网络部分,最后一个8位组为主机部分。

私有地址:满足企业用户在内部网络中使用的需求,私有地址不能在Internet上使用。私有地址包括三组:

A类:10.0.0.0/8~10.255.255.255/8

B类:172.16.0.0/16~172.31.255.255/16

C类:192.168.0.0/24~192.168.255.255/24

说明:IP地址后面的8/16/24代表子网掩码长度。

在一个局域网中,有两个IP地址比较特殊,一个是网络号,一个是广播地址。网络号是用于三层寻址的地址,它代表了整个网络本身;另一个是广播地址,它代表了网络全部的主机。网络号是网段中的第一个地址,广播地址是网段中的最后一个地址,这两个地址是不能配置在计算机主机上的。例如在 192.168.0.0,255.255.255.0 这样的网段中,网络号是 192.168.0.0,广播地址是 192.168.0.255。因此,在一个局域网中,能配置在计算机中的地址比网段内的地址要少两个(网络号、广播地址不能配置),这些地址称为主机地址。在上面的例子中,主机地址就只有 192.168.0.1 ~ 192.168.0.254 可以配置在计算机上。

2. 子网掩码

用来确定 IP 的网络地址或者用于区分 IP 地址的网络位和主机位。IP 地址经过一次子网划分后,被分成三个部分——网络位、子网位和主机位使用 32 个二进制位表示:对应 IP 地址的网络部分用 1 表示,对应 IP 地址的主机部分用 0 表示,通过将其同 IP 地址做“与”运算来指出一个 IP 地址的网络号是什么。对于传统 IP 地址分类来说,A 类地址的子网掩码是 255.0.0.0;B 类地址的子网掩码是 255.255.0.0;C 类地址的子网掩码是 255.255.255.0。例如,如果要将一个 B 类网络 166.111.0.0 划分为多个 C 类子网来用的话,只要将其子网掩码设置为 255.255.255.0 即可,这样 166.111.1.1 和 166.111.2.1 就分属于不同的网络了。像这样,通过较长的子网掩码将一个网络划分为多个网络的方法称为划分子网(Subnetting)。

VLSM(可变长子网掩码)是为了有效地使用无类别域间路由(CIDR)和路由汇聚(Route Summary)来控制路由表的大小,网络管理员使用先进的 IP 寻址技术,VLSM 就是其中的常用方式,可以对子网进行层次化编址,以便最有效地利用现有的地址空间。VLSM(Variable Length Subnet Mask,可变长子网掩码)规定了如何在一个进行了子网划分的网络中的不同部分使用不同的子网掩码。这对于网络内部不同网段需要不同大小子网的情形来说很有效。VLSM 其实就是相对于类的 IP 地址来说的。A 类的第一段是网络号(前八位),B 类地址的前两段是网络号(前十六位),C 类的前三段是网络号(前二十四位)。而 VLSM 的作用就是在类的 IP 地址的基础上,从它们的主机号部分借出相应的位数来做网络号,也就是增加网络号的位数。各类网络可以用来再划分子网的位数为:A 类有二十四位可以借,B 类有十六位可以借,C 类有八位可以借(可以再划分的位数就是主机号的位数。实际上不可以都借出来,因为 IP 地址中必须要有主机号的部分,而且主机号部分剩下一位是没有意义的,所以在实际中可以借的位数是在上面那些数字中再减去 2,借的位作为子网部分)。这是一种产生不同大小子网的网络分配机制,指一个网络可以配置不同的掩码。开发可变长度子网掩码的想法就是在每个子网上保留足够的主机数的同时,把一个子网进一步分成多个小子网时有更大的灵活性。如果没有 VLSM,一个子网掩码只能提供给一个网络。这样就限制了要求的子网数上的主机数。另外,VLSM 是基于比特位的,而类网络是基于 8 位组的。

3. 无类域间路由(Classless Inter-Domain Routing,CIDR)

由于因特网上主机数量的爆炸性增长,传统 IP 地址分类的缺陷使得大量空置 IP 地址浪费,造成 IP 地址资源出现了匮乏,同时网络数量的增长使路由表太大而难以管理。对于不少拥有数百台主机的公司而言,分配一个 B 类地址太浪费,而分配一个 C 类地址又不够,因此只能分配多个 C 类地址,但这又加剧了路由表的膨胀。在这样的背景下,出现了无类域间路由,以解决这一问题。在 CIDR 中,地址根据网络拓扑来分配,可以将连续的一组网络地址分配给一家公司,并使整组地址作为一个网络地址(比如使用超网技术),在外部路由表上只有一个路由表项。这样既解决了地址匮乏问题,又解决了路由表膨胀的问题。另外,CIDR 还将整个世界分为四个地区,给每个地区分配了一段连续的 C 类地址,分别是:欧洲(194.0.0.0～195.255.255.255)、北美(198.0.0.0～199.255.255.255)、中南美(200.0.0.0～201.255.255.255)和亚太(202.0.0.0～203.255.255.255)。这样,当一个亚太地区以外的路由器收到前 8 位为 202 或 203 的数据报时,它只需要将其放到通向亚太地区的路由即可,而对后 24 位的路由则可以在数据报到达亚太地区后再进行处理,这样就大大缓解了路由表膨胀的问题。

(三)探究二层交换和 VLAN 技术

1. 局域网概述

局域网又称局部区域网,一般我们把通过通信线路将较小地理区域范围内的各种数据通信设备连接在一起的通信网络称为局域网。局域网可以从不同的角度分类,如果根据是否共享带宽,局域网可以分为共享式(各个站点共享传输介质的带宽,同一时间只允许一个站点发送数据)和交换式。局域网主要工作在数据链路层,其参考模型如图 1-1-12 所示。

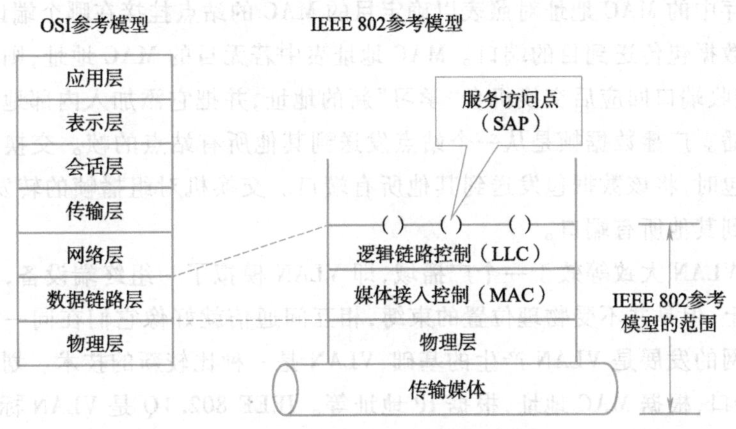

图 1-1-12　数据链路层的参考模型

局域网只有低二层的功能。局域网所采用的标准是 IEEE 802 标准,主要标准有 802.3、802.6、802.11 和 802.1Q。以太网是总线型局域网的一种典型应用。IEEE 802 标准为局域网规定了一种 48bit 的全球地址,即 MAC 地址。

以太网的 MAC 地址有两种标准,IEEE 802.3 标准,和 DIX Ethernet V2 标准,DIX Ethernet V2 标准 MAC 帧格式如图 1-1-13 所示。

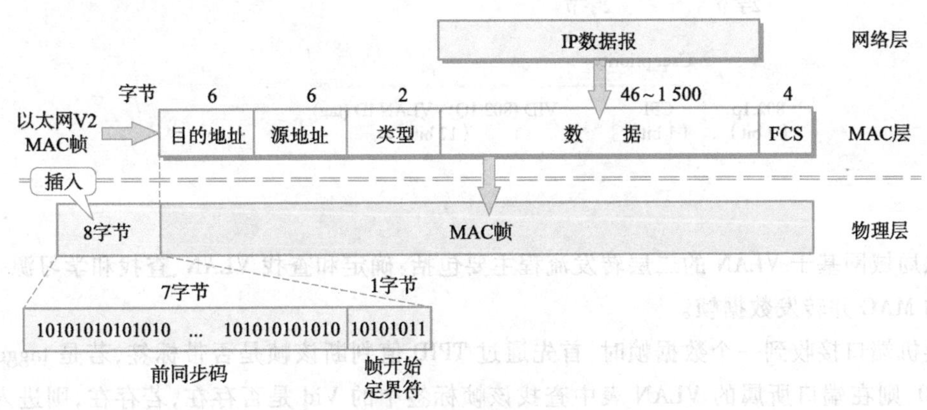

图 1-1-13　DIX Ethernet V2 标准的 MAC 帧格式

共享式局域网其介质的容量由网上的各个站点共享。在网络负荷较重时,网络效率急剧下降,不适合传送时间性要求强的业务。交换式局域网的出现解决了这个问题。

交换局域网所有站点都连接到一个交换式集线器或局域网交换机上。交换式集线器或局域网交换机具有交换功能,它们的特点是:所有端口平时都不连通,当工作站需要通信时,交换式集线器或局域网交换机能同时连通许多对端口,使每一对端口都能像独占通信媒体那样无冲突地传输数据,通信完成后断开连接。由于消除了公共的通信媒体,每个站点独自使用一条链路,不存在冲突问题,可以提高用户的平均数据传输速率,即容量得以扩大。

2. 二层交换技术

局域网交换机(以太网交换机)从功能的角度可以分为二层交换和三层交换。二层交换是根据 MAC 地址转发数据,三层交换是根据 IP 地址转发数据。二层交换机内部有一个反映各站的 MAC 地址与交换机端口对应关系的 MAC 地址表。当交换机的控制电路收到数据包以后,处理端口会查找内存中的 MAC 地址对照表以确定目的 MAC 的站点挂接在哪个端口上,通过内部交换矩阵迅速将数据包传送到目的端口。MAC 地址表中若无目的 MAC 地址,则将数据包广播到所有的端口,接收端口回应后交换机会“学习”新的地址,并把它添加入内部地址表中。交换机支持广播或组播。广播数据帧是从一个站点发送到其他所有站点的帧。交换机收到目的地址为全 1 的数据包时,将该数据包发送到其他所有端口。交换机对组播帧的转发与广播类似,将该数据包发送到其他所有端口。

虚拟局域网 VLAN 大致等效于一个广播域,即 VLAN 模拟了一组终端设备,虽然它们位于不同的物理网段上,但是并不受物理位置的束缚,相互间通信就好像它们在同一个局域网中一样。交换式局域网的发展是 VLAN 产生的基础,VLAN 是一种比较新的技术。划分 VLAN 的方法主要有:根据端口,根据 MAC 地址,根据 IP 地址等。IEEE 802.1Q 是 VLAN 标准,带 802.1Q 标签的以太网帧如图 1-1-14 所示。

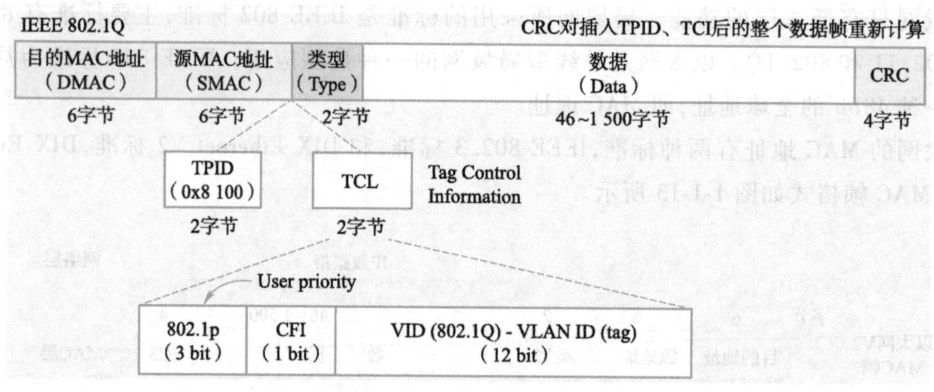

图 1-1-14 带 802.1Q 标签的以太网帧格式

虚拟局域网基于 VLAN 的二层转发流程主要包括:确定和查找 VLAN、查找和学习源 MAC、查找目的 MAC 并转发数据帧。

交换机端口接收到一个数据帧时,首先通过 TPID 值判断该帧是否带标签,若是 tagged 帧,且 Vid≠0,则在端口所属的 VLAN 表中查找该帧标签中的 Vid 是否存在,若存在,则进入下一步,否则丢弃该帧(或提交 CPU 处理);若是 untagged 帧,则对该帧附加端口 PVid 并指定优先级使之成为 tagged 帧。

查找和学习源 MAC：交换机在 MAC 转发表(Mac + Vid + Port)中查找收帧 Vid 对应的源 MAC 表项，未找到则学习收帧源 MAC(将"源 MAC + Vid + Port"添加到 MAC 表中)；若找到则更新该表项的老化时间。

查找目的 MAC：若目的 MAC 是广播或组播，则在所属的 VlAN 中广播或组播；否则在 MAC 表中查找是否存在 Vid 对应的目的 MAC 表项。

转发数据帧：若在 MAC 表中查找到完全匹配的 DMAC + Vid 表项，则将该帧转发到表项中的相应端口(若相应端口为收帧端口，则应丢弃该帧)；否则向所属 VlAN 内除收包端口外的其他所有端口洪泛该帧(洪泛广播的是未知单播帧而不是广播帧)。

(四)了解 DHCP 协议

正如同传统的电话网中要为每个电话分配一个电话号码以唯一标识这个电话一样，在 IP 网络中，每一台终端要想与其他的终端进行通信，也需要为每一个接入终端分配一个唯一标识号，这就是 IP 网络上的地址——IP 地址。给终端分配 IP 地址的方法有多种方式，其中通过 DHCP 协议来获取 IP 地址就是其中的一种。

DHCP(Dynamic Host Configuration Protocol，动态主机分配协议)，它的前身是 BOOTP 协议。BOOTP 原本是用于无盘工作站连接的网络上：网络主机使用 BOOT ROM 而不是磁盘起动并连接上网络，需要通过 BOOTP 协议自动地为那些主机设定 TCP/IP 环境。但是 BOOTP 协议有一个缺点：在设定前必须事先获得客户端的 MAC 地址，而且与 IP 地址的对应是静态的。即 BOOTP 非常缺乏"动态性"，不但配置起来非常麻烦，而且在有限的 IP 地址资源环境中，BOOTP 协议要求的地址一一对应关系会造成非常可观的浪费。DHCP 协议可以说是 BOOTP 协议的增强版本，提供了一种动态指定 IP 地址和配置参数的机制，使网络管理员能够集中管理和自动分配 IP 网络地址。当某台计算机移到网络中的其他位置时，能自动收到新的 IP 地址。

DHCP 由两个部分组成：一个是服务器端，另一个是客户端。所有的 IP 网络设定参数都由 DHCP 服务器集中管理，并负责处理客户端的 DHCP 请求；而客户端则会使用从服务器分配下来的 IP 环境数据。相对于 BOOTP，DHCP 透过"租约"的概念，有效且动态的分配客户端的 TCP/IP 环境设定，而且作为兼容考虑，DHCP 也完全照顾了 BOOTP Client 的需求。DHCP 分配 IP 地址的租期从 1 分钟到 100 年不定，当租期到了的时候，服务器可以把这个 IP 地址分配给别的机器使用。

DHCP 协议是基于 UDP 层之上的应用，DHCPCLIENT 采用端口号为 68，DHCPSERVER 采用端口号为 67。其报文内容的封装如图 1-1-15 所示。DHCP 协议的报文格式如图 1-1-16 所示。

图 1-1-15　DHCP 报文封装格式

DHCP 协议采用 CLIENT-SERVER(服务机-客户机，C/S)方式进行交互，其报文格式共有 8 种，由"选项"字段中的"Dhcp message type"选项的 value 值来确定，后面括号中的值即为相应类型的值，具体含义如下：

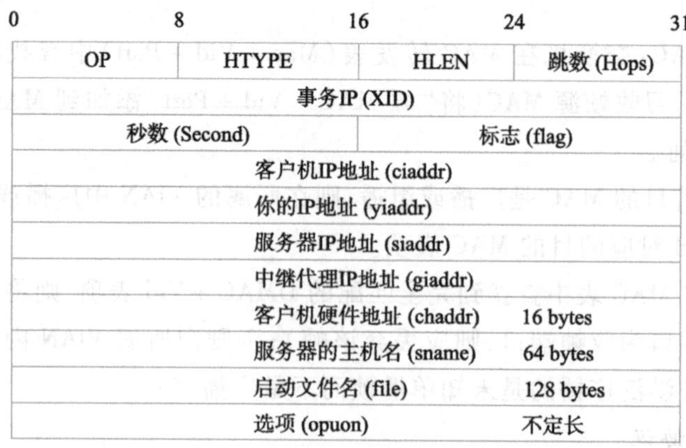

OP (0–7)	HTYPE (8–15)	HLEN (16–23)	跳数 (Hops) (24–31)
事务IP (XID)			
秒数 (Second)		标志 (flag)	
客户机IP地址 (ciaddr)			
你的IP地址 (yiaddr)			
服务器IP地址 (siaddr)			
中继代理IP地址 (giaddr)			
客户机硬件地址 (chaddr) 16 bytes			
服务器的主机名 (sname) 64 bytes			
启动文件名 (file) 128 bytes			
选项 (opuon) 不定长			

图 1-1-16　DHCP 协议的报文格式

①DHCPDISCOVER(0x01),此为 Client 开始 DHCP 过程的第一个报文。

②DHCPOFFER(0x02),此为 Server 对 DHCPDISCOVER 报文的响应。

③DHCPREQUEST(0x03),此报文是 Client 开始 DHCP 过程中对 Server 的 DHCPOFFER 报文的回应,或者是 Client 续延 IP 地址租期时发出的报文。

④DHCPDECLINE(0x04),当 Client 发现 Server 分配给它的 IP 地址无法使用,如 IP 地址冲突时,将发出此报文,通知 Server 禁止使用 IP 地址。

⑤DHCPACK(0x05),Server 对 Client 的 DHCPREQUEST 报文的确认响应报文,Client 收到此报文后,才真正获得了 IP 地址和相关的配置信息。

⑥DHCPNAK(0x06),Server 对 Client 的 DHCPREQUEST 报文的拒绝响应报文,Client 收到此报文后,一般会重新开始新的 DHCP 过程。

⑦DHCPRELEASE(0x07),Client 主动释放 Server 分配给它的 IP 地址的报文,当 Server 收到此报文后,就可以回收这个 IP 地址,能够分配给其他的 Client。

⑧DHCPINFORM(0x08),Client 已经获得了 IP 地址,发送此报文,只是为了从 DHCP SERVER 处获取其他的一些网络配置信息,如 Route IP,DNS IP 等,这种报文的应用非常少见。

DHCP 协议工作原理过程如图 1-1-17 所示。

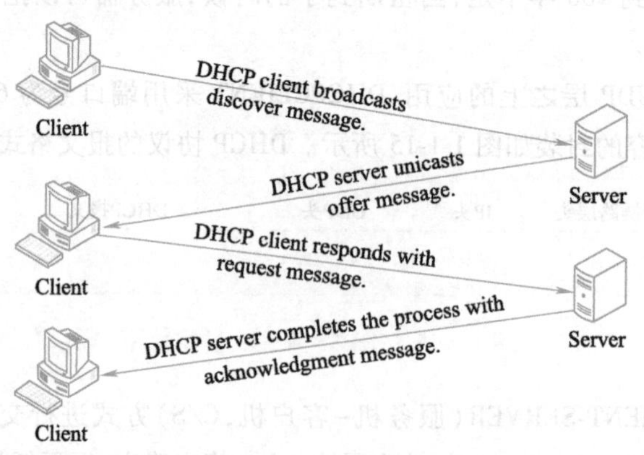

图 1-1-17　DHCP 协议的工作流程

(1)发现阶段

发现阶段即DHCP客户机寻找DHCP服务器的阶段。

DHCP客户机以广播方式(因为DHCP服务器的IP地址对于客户机来说是未知的)发送DHCPDISCOVER发现报文来寻找DHCP服务器。

(2)提供阶段

提供阶段即DHCP服务器为DHCP客户机提供IP地址的阶段。

在网络中接收到DHCP DISCOVER报文的DHCP服务器都会做出响应,它从尚未出租的IP地址中挑选一个地址分配给DHCP客户机,向DHCP客户机发送一个包含出租的IP地址和其他设置的DHCPOFFER提供报文。

(3)请求阶段

请求阶段即DHCP客户机选择某台DHCP服务器提供的IP地址的阶段。

如果有多台DHCP服务器向DHCP客户机发来DHCPOFFER报文,则DHCP客户机只接受第一个收到的DHCP OFFER报文,然后它就以广播方式回答一个DHCP REQUEST请求报文,该报文中包含向它所选定的DHCP服务器请求IP地址的内容。之所以要以广播方式回答,是为了通知所有的DHCP服务器,它将选择某台DHCP服务器所提供的IP地址。

(4)确认阶段

确认阶段即DHCP服务器确认所提供的IP地址的阶段。

当DHCP服务器收到DHCP客户机回答的DHCP REQUEST报文之后,它便向DHCP客户机发送一个包含它所提供的IP地址和其他设置的DHCP ACK确认报文,告诉DHCP客户机可以使用它所提供的IP地址。然后DHCP客户机便将其TCP/IP协议与网卡绑定,另外,除DHCP客户机选中的服务器外,其他的DHCP服务器都将收回曾提供的IP地址。

(5)重新登录

以后DHCP客户机每次重新登录网络时,就不需要再发送DHCP DISCOVER报文了,而是直接发送包含前一次所分配的IP地址的DHCP REQUEST报文。当DHCP服务器收到这一报文后,它会尝试让DHCP客户机继续使用原来的IP地址,并回答一个DHCP ACK报文。如果此IP地址已无法再分配给原来的DHCP客户机使用时(比如此IP地址已分配给其他DHCP客户机使用),则DHCP服务器给DHCP客户机回答一个DHCP NACK否认报文。当原来的DHCP客户机收到此DHCP BACK报文后,它就必须重新发送DHCP DISCOVER发现报文来请求新的IP地址。

(6)更新租约

DHCP服务器向DHCP客户机出租的IP地址一般都有一个租借期限,期满后DHCP服务器便会收回出租的IP地址。如果DHCP客户机要延长其IP租约,则必须更新其IP租约。DHCP客户机启动时和IP租约期限过一半时,DHCP客户机都会自动向DHCP服务器发送更新其IP租约的报文。

(五)熟悉PPPoE协议

1. PPPoE协议概述

为保证每一个网络使用者都是合法用户,需要限制用户访问网络的权限,因而要对用户进行接入认证。目前常用的认证技术之一就是PPPoE技术。点对点协议PPP在1994年成为IP

网的正式标准 RFC1661,是一种数据链路层协议。由将 IP 数据报封装到串行链路 PPP 帧的方法,一套链路控制协议 LCP,一套网络控制协议 NCP 三部分组成。PPP 帧格式如图 1-1-18 所示。

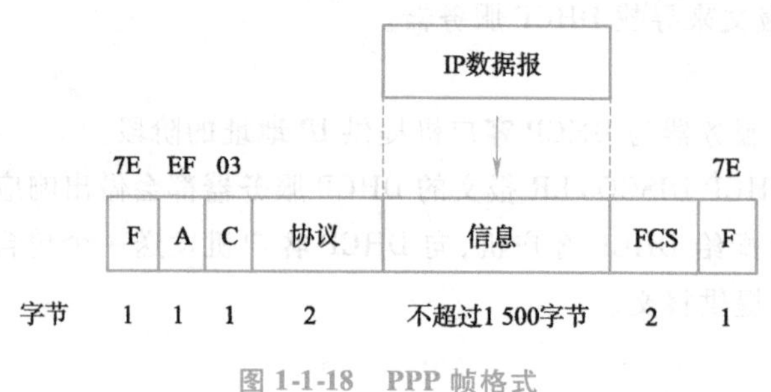

图 1-1-18 PPP 帧格式

PPP 工作过程如下:

①链路的建立与配置协商:这主要是 LCP 的功能,在连接建立阶段,通信的发起方发送 LCP 帧来配置和测试数据链路。这些 LCP 帧中包含配置选项字段,允许他们利用这些选项协商压缩和验证协议。如果 LCP 帧里不包含配置选项,则使用配置选项的默认值。

②验证及确认阶段:这属于 LCP 的可选功能。LCP 在初始建立连接时根据协商可进行验证,而且必须在网络层协议配置前完成。PPP 连接有两种可用的验证类型:PAP 和 CHAP。在进入网络层协议阶段之前根据 LCP 协商结果,也可以执行链路质量测试等选项。检测主要是测试链路的质量能否满足要求。如果链路质量不能满足要求,则建立链路失败。

③网络层协议配置阶段:本阶段主要是 NCP 的功能。LCP 初步建立好链路后,通信双方开始交换一系列 NCP 分组,为上层不同协议数据包配置不同的环境。比如上层传下 IP 协议数据包,则由 NCP 的 IPCP 负责完成这部分配置。当 NCP 配置完后,双方的通信链路才完全建立好,双方可以在链路上交换上层数据。期间,任何阶段的协商失败都将导致链路的失败。

④链路终止:当数据传输完成后或一些外部事件发生(如空闲时间超长或用户打断)时,一方会发出断开连接的请求。这时,首先 NCP 来释放网络层的连接,然后 LCP 来关闭数据链路层的连接;最后,双方的通信设备或模块关闭物理链路回到空闲状态。

2. PPPoE 协议工作流程

PPPoE 通过把以太网和点对点协议 PPP 的可扩展性及管理控制功能结合在一起(它基于两种广泛采用的标准:以太网和 PPP),实现对用户的接入认证和计费等功能。PPPoE 的工作过程如图 1-1-19 所示。

PPPoE 协议的工作流程包含发现和会话两个阶段。其中发现阶段是无状态的,目的在于用户主机和接入集中器都获得对方的以太网 MAC 地址,并建立一个唯一的 PPPoE SESSION-ID。发现阶段结束后,就进入第二阶段即会话阶段。

在发现阶段中,用户主机会发送广播信息来寻找所连接的所有接入集中器(或交换机),并获得其以太网 MAC 地址,接入集中器同时也获得了用户主机的 MAC 地址。然后选择需要连接的认证服务器(提供 PPPoE 接入服务的主机),并确定所要建立的 PPP 会话标识号码。发现阶段有以下 4 个步骤:

①主机广播发起分组(PADI);

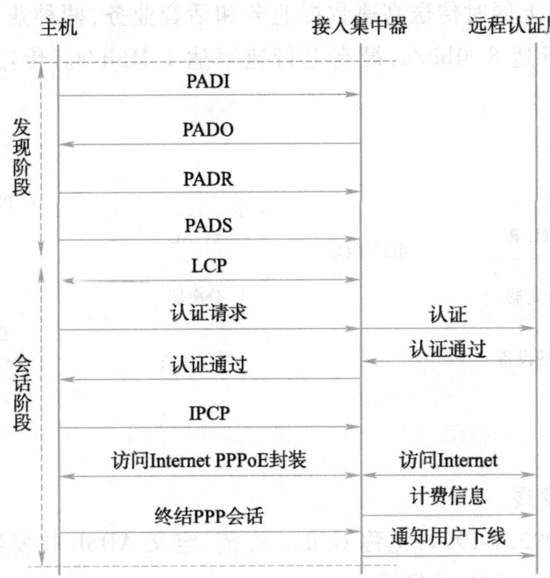

图 1-1-19　PPPoE 流程图

②接入集中器响应请求；

③主机选择一个合适的 PADO 分组；

④准备开始 PPP 会话。

发现阶段完成后，就进入了会话阶段。会话阶段首先要建立连接，其次要对用户进行认证，然后给通过认证的用户授权，最后还要给用户分配 IP 地址，这样用户主机就能够访问 Internet。会话阶段有以下 4 个步骤：

①发现阶段建立连接；

②认证；

③授权；

④分配 IP 地址。

三、认识 xDSL 技术

（一）探究 xDSL 技术原理

电信网包含了各种电信业务的所有传输及复用设备、交换设备、以及各种线路设施等。整个电信网按功能可分为三个部分，即传输网、交换网和接入网。

数字用户环路（DSL）技术是利用现有电话铜线进行数据传输的宽带接入技术。数据传输的距离通常在 300m ~ 7km 之间，数据传输的速率可达 1.5 Mbit/s ~ 52 Mbit/s。xDSL 是各种类型 DSL 的总称，包括 HDSL，SDSL，ADSL，VDSL 和 RADSL 等。其中“x”由取代的字母而定。xDSL 的接入结构如图 1-1-20 所示。

1. ADSL

（1）ADSL 的概念

非对称数字用户线路（ADSL）的概念于 1989 年提出，1998 年开始广泛用于互联网接入，可实现在一对普通电话双绞线上同时传送高速数据业务和话音业务，两种业务相互独立、互不影响。数据业务速率最高下行达 8 Mbit/s，最高上行速率达 1 Mbit/s。传输距离最大可达 4 ~ 5 km。

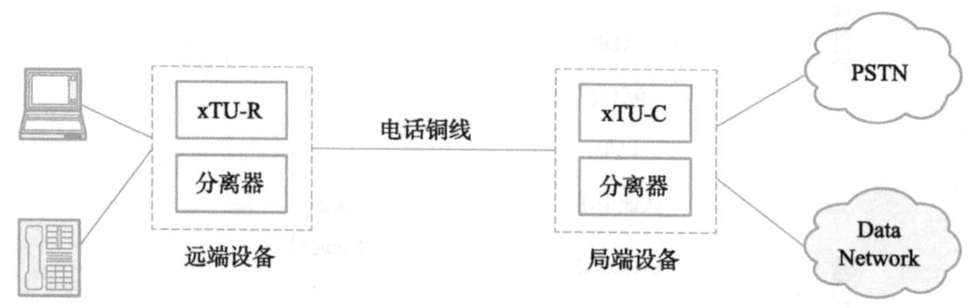

图 1-1-20 xDSL 的接入结构

(2) ADSL 技术标准及发展

第一代 ADSL 技术：G. 992. 1-1999，也称 G. dmt 规范，定义 ADSL 收发器；G. 992. 2-1999 也称 G. lite 规范，定义无分离器 ADSL 收发器。

第二代 ADSL 技术：G. 992. 3-2002，也称 ADSL2，定义了 ADSL2 收发器；G. 992. 4-2002，定义了无分离器的 ADSL2 收发器；G. 992. 5-2003，也称 ADSL2 +，定义了增强功能的 ADSL2 收发器。

(3) ADSL 接入网功能

ADSL 接入网功能如图 1-1-21 所示。

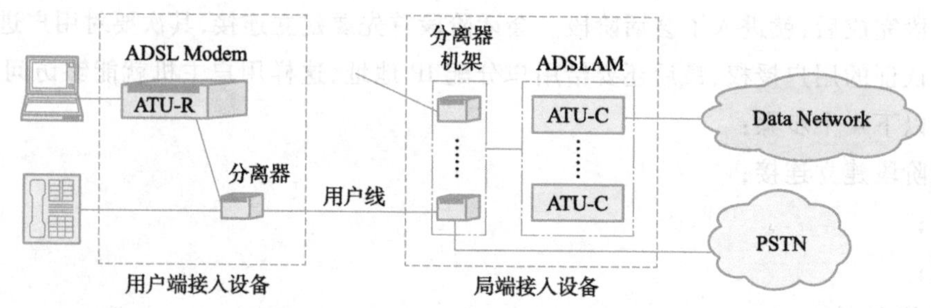

图 1-1-21 接入网在电信网中功能上的划分

ADSLAM：ADSL Access Multiplexing，ADSL 接入复用器；ATU-C：ADSL Transmission Unit-CO side，ADSL 局端传输单元；ATU-R：ADSL Transmission Unit-Remote side，ADSL 远端传输单元。

用户端接入设备：ADSL Modem 对数据信号进行调制/解调，实现 ADSL 数据的正确收发分离器，由低通滤波器和高通滤波器组成，实现 POTS 与 ADSL 业务的分路。

局端接入设备：分离器机架：由多个分离器构成，将分离后的话音接入程控交换机；将分离的数据接入 ADSLAM，ADSLAM：ADSL 接入复用器实现各路 ADSL 数据的复用和解复用，有些 DSLAM 具有局部管理和网关的功能。

(4) ADSL 的相关重要概念

①ADSL 频谱划分。

ADSL 的工作频率范围是 0 ~ 1 104 kHz。ADSL 采用 FDM(频分复用)技术为用户提供了 3 个信道：语音信道、上行数据信道和下行数据信道，以实现语音、数据信号相互独立传输，互不影响。

②DMT 调制技术。

ADSL 通常采用三种基本的调制技术：QAM（Quadrature Amplitude Modulation，正交幅度调制）；DMT（Discrete multi-Tone，离散多音频调制）；CAP（Carrierless Amplitude-Phase Modulation，无载波幅相调制）。ITU-T G. 992. 1（即 ITU-T G. DMT）采用 DMT 调制技术。

ADSL 中的 DMT 基本思想：将 0 ~ 1. 104 MHz 的频带分成 256 个子信道，每个子信道带宽 4. 3 kHz，每个子信道单独进行 QAM 调制，根据子信道受损情况采用不同的 QAM 技术，降低调制速率以提高抗干扰能力。

③速率调整方式。

初始化速率调整：启动初始化阶段，通过收发器训练和信道分析过程，测量各子信道的信噪比，确定各个子信道所调制的比特数、相对功率电平等传输参数，以保证各子信道传输容量和可靠性最优。在通信过程中，将保持恒定速率。如果线路特性发生了变化，为提高系统的可靠性，需要重新进行同步。在通信过程中的这种速率调整方式可能会导致用户的频繁掉线。

快速学习过程：在传输过程中当线路质量改变达到一定程度时，为了不使用户的通信中断，可通过快速学习过程来实现传输速率的动态调整。具体做法是：当线路质量降低到一定的程度时，马上启动快速学习程序，降低传输速率；而当线路质量提高到一定程度时，启动快速学习程序，提高传输速率。

④信道类型。

交织信道：对数据进行交织处理，传输可靠性高，但交织的过程会带来一定的时延，适于传输时延不敏感但可靠性要求高的业务，如数据传输。

快速信道：不对数据进行交织处理，其时延较小，适合传输实时性要求高、可靠性要求较低的业务，如视频、话音等。

2. ADSL2

在第一代 ADSL 的基础上发展起来。提高了数据速率和距离：ADSL2 最高下行速率可达 12 Mbit/s，最高上行速率 1. 2 Mbit/s 左右，传输距离接近 7 km。

增强的功率管理：L0，正常工作下的满功率模式，用于高速率连接；L2，低功耗模式，用于低速率连接；L3，休眠模式（空闲模式），用于间断离线。

增强的抗噪声能力，更快的比特交换，无缝的速率调整，动态的速率分配，故障诊断和线路测试，增加了对线路诊断功能的规范，提供比较完整的宽带线路参数。

3. ADSL2 +

ADSL2 + 是在 ADSL2 的基础上发展起来，频谱加倍，最高调制频点扩展至 2. 208 MHz，子载波数达 512 个，更高的下行速率——24 Mbit/s，上行速率与 ADSL2 相同。

4. VDSL

VDSL 是 ADSL 技术的发展，是 DSL 中速率最快的接入技术，最高上/下速率达 6. 4/52 Mbit/s。

VDSL 频带理论范围：300 kHz ~ 30 MHz，实际规定的上限频率为 12 MHz，上下行频率可根据需要灵活分配。

VDSL 的基本特点：与 POTS 业务共享同一电话线，同时工作，速率更高，最高上/下速率达 6. 4/52 Mbit/s。

可提供不对称和对称业务。短距离高速非对称业务：如 300 m 以内，下行传输速率

26 Mbit/s 以上。中距离对称或接近对称业务:如 1 km 左右对称 10 Mbit/s。较长距离非对称业务:这时因高频部分衰减很大,上行速率较低。

传输距离受业务速率和铜线本身特点的限制,距离小于 ADSL,1 km ~ 3 km(一般在 1.5 km 内)。

5. VDSL2

第二代 VDSL(超高比特速率数字用户线),支持语音、视频、数据、HDTV(高清电视)和互动游戏等业务,它可以提供最高上行/下行各 100 Mbit/s 的速度(300 m 内),因此被很多运营商视为 FTTH 光纤到户的补充物,遵循协议为 G993.2 协议。

VDSL2 主要技术特点有:高速传输速率 VDSL2 规定 6 波段高达 30 MHz 带宽,在 300 m 距离以内,实现 100 Mbit/s 的传输速率;更远的传输距离,受到双绞线的高频衰减的物理特性的限制,传输速率会受到影响,VDSL2 通过增强发送发射功率和回波抑制的方法提高传输距离,使传输距离高达 4.5 km 左右;PSD 管理技术(Power Spectral Density,PSD)。

VDSL2 频率范围由于覆盖了中波、短波广播,以及业余无线电的频率,因此将受到这些无线电波信号的干扰,以及传输线之间的串扰,这些干扰会对 VDSL2 应用阻碍。

VDSL2 采用 UPBO(上行功率衰减)等 PSD 管理技术,完成功率的管理,消除减小这些干扰对传输线影响来提高对接入环境的适应能力;多模板 Profile 配置,在不同的组网环境下,VDSL2 受到的干扰因素是不一样的。为支持各种应用,VDSL2 标准定义了 8 种 profile(8a,8b,8c,8d,12a,12b,17a,30a),支持多种应用减少了开发的复杂性和成本;在线重配(OLR)功能可以增强 VDSL2 适应线路变化的能力。当线路或环境发生变化时,OLR 能够在不中断业务和不产生传输错误和延迟的情况下,在允许的范围能进行在线重配。在初始化过程中,由于训练时间短,只能进行一些粗糙的线路配置,OLR 功能可以进行一些在线优化功能,采用 DMT 调制方式,DMT(Discrete Multi-Tone,离散多音频)。

将整个 30 M 区间分成多个子通道,每个子通道使用的载波频率不同。不同的子信道发送不同长度的比特,比特位的多少由这个子通道的信噪比来决定。

6. SHDSL

SHDSL(Single-pair High bit rate Digital Subscriber Line,单对线高速数字用户线),遵循 ITU-T G991.2,G994.2 等协议标准。近年来协议一直在补充。SHDSL 是在 HDSL 技术上发展而来,由于 SHDSL 只需要一对电话线,可以大大减少运营商和用户的铜线资源的消耗。SHDSL 采用 TC-PAM16/32/64/编码方式,编码越高,传输速度越快。SHDSL 能够用于语音、数据和视频等多种通信传输类型。

SHDSL 的传输距离与用户电话线的线径(即粗细)成正比,电话线越粗,传输距离越远;电话线越细,传输距离越近。SHDSL 的传输距离与传输带宽成反比,要求的传输带宽越高,传输距离越近,要求的传输带宽越低,传输距离越远。

SHDSL 可以支持多种协议,目前主要是 ATM 和 TDM 两种,最新的 SHDSL 支持 EFM 协议,支持多对线传输,ATM 主要接口有以太网接口,目前也有 V35、E1 的 ATM 设备,但是出货量比较少。TDM 有 E1、V35、以太网 3 种接口,TDM 设备造价高于 ATM,目前用户群越来越少。

SHDSL 产品特性:在电话线上实现高速对称传输,采用 PAM16、PAM32 编码,兼容 G.991.2 和 G.994.1 标准,支持 Annex. A、B、G、F、AF、BG 模式,带 1 个可用于 PC 或 LAN 的互连,支持端口自动翻转，可提供的对称传输速率范围为 192 Kbit/s～15.4 Mbit/s。

SHDSL 一般可以提供 E1/T1、V.35 和 10/100M Base-T 接口。SHDSL 主要应用在电信运营商向客户提供 2M 数据专线，数字交换机的连接，高带宽视频会议远程教学，蜂窝电话基站连接，专用网络建立，企业内部网络的建设，作为对称的高速数字用户线。SHDSL 以高速宽带商用业务为主，其优越性能主要体现在：

（1）支持对称双向通信

与传统的 ADSL 技术不同，SHDSL 所提供的是双向对称业务。典型的 SHDSL 收发器采用 16 级 TC-PAM 线路编码，每对双绞线可提供从 192 kbit/s～2.312 Mb/s 的对称速率，而对于扩展应用所支持的 4 线捆绑传输模式提供相应加倍的带宽，这大大提升了服务范围，改善了服务质量。在没有中继器的情况下，在性能允许的范围内传输最大可达 2.5 km。以使用 24 AWG（American Wire Gauge，美国线缆规程）电话线（相当于 0.51 mm）为例，当传输带宽设定为 2 Mbit/s 时，传输距离可以达到 5 km 左右，当传输带宽设定为 192 Kbit/s 时，传输距离可以达到 8 km。

（2）兼容性好

为数据专线设备的线路接口提供了统一的方案，可以和接入网中包括 DSL 技术在内的其他传输技术兼容，这大大提高了传输距离。同时由于标准的统一，推进了 SHDSL 局端与终端设备的互通性测试工作，为 DSL 进一步发展壮大用户群铺平了道路。

（3）高速传输

支持可变速率管理和服务级规约，SHDSL 能够自动适应各种传输速率，用户可以方便地在各类新旧应用模式中灵活配置，满足他们多样化的需求，让用户能真正享受到沟通“零距离”的乐趣。

（4）经济利用带宽

SHDSL 的对称带宽支持在上行和下行方向上高性能的应用，其单线对设计（具双线对选项）和速率适应能力可确保服务提供商最经济地利用带宽。

（5）远距离传输

由于 TC-PAM 调制方式的优点，在同样的速率时，可得到更长的传输距离；在同样的长度时，可提高传输速率；在同样的长度和速率时，可提高信噪比容限。

（6）综合性能强大

服务范围广，SHDSL 既能为中小型企业以及大型企业的分支机构提供各种全面的解决方案，满足各种业务需求，如安全、VPN 和业务延展规划，也可为服务供应商提供解决语音、视频、视频会议等各种集成通信问题的方案。SHDSL 技术自 2001 年 2 月 ITU 发布 G.SHDSL 标准后才得以发展成熟，并能实现在数字用户线接入复用器设备和宽窄带综合接入设备中实现与 ADSL、VDSL 等业务板的任意混插。SHDSL 技术与 ADSL、VDSL 技术的不同之处在于，传送数据业务时不能同时提供话音业务，支持的是双向对称业务，因此主要面向中小型企业或商业用户、高档家庭提供高性价比的专线业务。根据 SHDSL 的技术特点，其主要用于点对点的高速数据传输，远距离局域网的连接，以及满足商业用户的远程的较小传输容量的企业网专线互联和对称带宽的 Internet 接入等。在少数经济发达地区 SHDSL 技术已有尝试。

(二)介绍 xDSL 技术应用

1. xDSL 的典型应用模式

ADSL 宽带接入网的网络结构,它可以简单用图 1-1-22 来描述,在此网络结构中,xDSL 技术可以变化多种接入的方式。

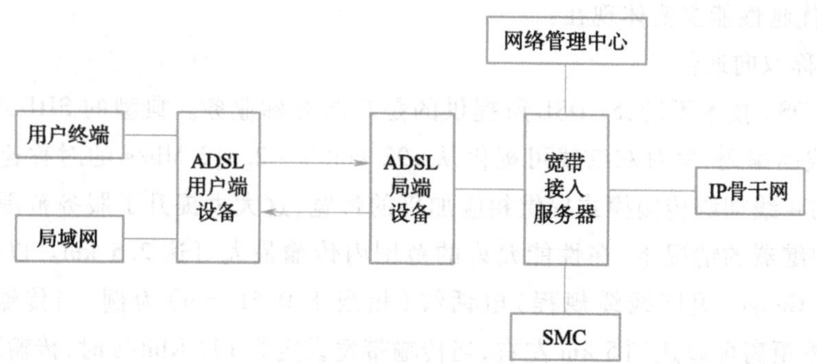

图 1-1-22　接入网的网络结构

(1)ADSL 接入方式

ADSL 的接入方式有专线接入、PPPoA 接入、PPPoE 接入和路由接入四种。

①专线接入。

ADSL 专线接入是采用一种类似于专线的接入方式,专线接入方式如图 1-1-23 所示,用户连接和配置好 ADSL Modem 后,在自己 PC 的网络设置里设置好相应的 TCP/IP 协议及网络参数(IP 和掩码、网关等都由局端事先分配),开机后,用户端和局端会自动建立起一条链路。所以,ADSL 的专线接入方式是以有固定 IP、自动连接等特点的类似专线的方式。早期国内的 ADSL 都是采用专线接入,这属于一种桥接方式。PC 网卡将发送的 IP 包封装到以太网包中,通过 ADSL Modem 支持的 RFC1483-Bridge 将以太网包直接打到 ATM 信元中,经 DSLAM 和 ATM 交换机透传到具有 ATM 接口的路由器上,再通过这个路由器从收到的 ATM 包中取出以太网包,再从以太网包中取出 IP 包转发到 Internet。但是这样在用户不开机上网时,IP 不会被利用,会造成目前日益缺少的公网 IP 资源的浪费。

图 1-1-23　专线接入

②PPPoA 接入。

在 PPPoA 接入方式中,由装有 ATM 网卡的 PC 客户机(需要安装客户软件)或支持 PPPoA 的 ADSL Modem 发起 PPP 呼叫,PPPoA 是将 PPP 直接封装适配到 ATM 信元中。

当 PC 发起 PPP 呼叫时,用户侧 ATM25 网卡在收到上层的 PPP 包后,根据 RFC2364 封装标准对 PPP 包进行 AAL5 层封装处理形成 ATM 信元流。ATM 信元通过 ADSL Modem、DSLAM 和 ATM 交换机传送到网络侧的宽带接入服务器上,完成授权、认证、分配 IP 地址和计费等一系列 PPP 接入过程。这种 PPPoA 方式无法实现多用户同时接入,很少使用。

另一种 PPPoA 接入方式中,PC 发送数据到 ADSL Modem 时,由 ADSL Modem 发起 PPP 呼

叫，ATM 信元通过 DSLAM 和 ATM 交换机传送到网络侧的宽带接入服务器上，完成授权、认证、分配 IP 地址和计费等一系列 PPP 接入过程。这时 IP 分配给 ADSL Modem，然后与 ADSL Modem 相连的 PC 通过 NAT 功能实现接入。这样，PC 没有进行 PPP 认证，也不是通过 PPP 从宽带接入服务器获得 IP 地址，而是通过静态分配获得 IP 地址，PPPoA 接入如图 1-1-24 所示。

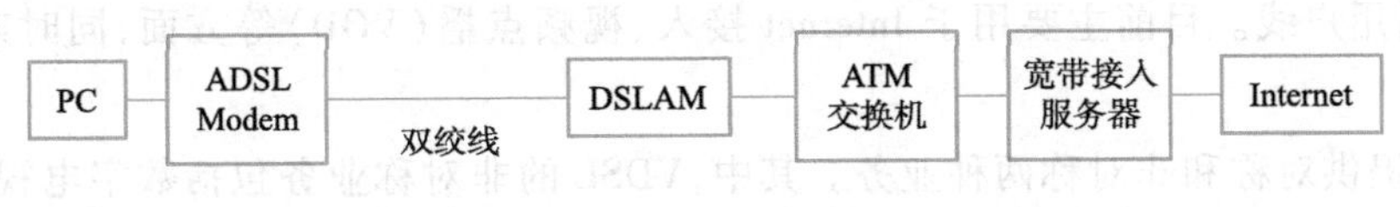

图 1-1-24　PPPoA 接入

③PPPoE 接入。

PPPoE（Point to Point Protocol over Ethernet，基于局域网的点对点通信协议），它基于两个广泛接受的标准，即：局域网 Ethernet 和 PPP 点对点拨号协议。在 ADSL Modem 中采用 RFC1483 的桥接封装方式对 PC 发出的 PPP 包进行 LLC/SNAP 封装后，通过连接两端的 PVC 在 ADSL Modem 与网络侧的宽带接入服务器（BAS）之间建立连接，实现 PPP 的动态接入。PPPoE 是将 PPP 包经以太协议封装后再适配到 ATM 信元中。PPPoE 虚拟拨号可以使用户开机时拨号接入局端设备，由局端设备分配给一个动态公网 IP，这样公网 IP 紧张的局面就得到了缓解。目前国内的 ADSL 上网方式中，基本上是 PPPoE 拨号的方式，PPPoE 接入如图 1-1-25 所示。

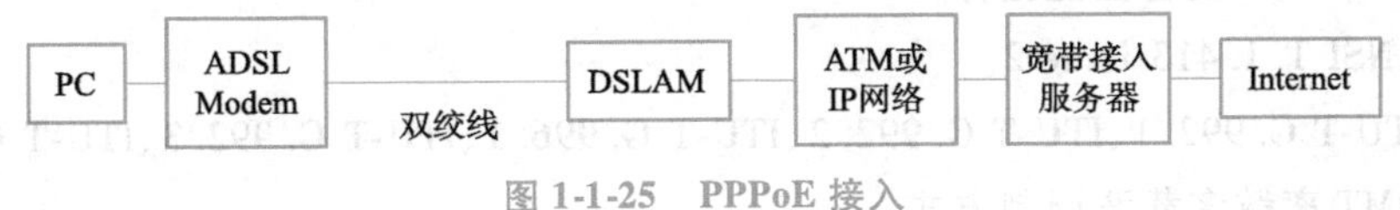

图 1-1-25　PPPoE 接入

④路由接入。

PPPoE 虚拟拨号出现以后，就有一个新产品，叫作 ADSL Router（ADSL 路由器），路由接入如图 1-1-26 所示。这种设备具有 ADSL Modem 最基本的桥接功能，所以个别产品又称 ADSL Bridge/Router（ADSL 桥接路由器），俗称为“带路由的 ADSL Modem”。

图 1-1-26　路由接入

（2）VDSL 系统应用模式

VDSL 系统典型应用模式与 ADSL 的类似，只是距离较短，但速度更高，通常与光接入技术相结合。

（3）SHDSL 典型应用模式

SHDSL 典型应用模式有 TDM 方式和 ATM 方式，ATM 接入如图 1-1-27 所示。

图 1-1-27　ATM 接入

2. xDSL的主要应用场景

ADSL更适合于住宅用户，因为ADSL技术可以在一对双绞线上同时传输电话信号和高速数字信号，而且高速数字信号的上、下行速率是非对称的，其上行速率比下行速率小，非常适合大多数住宅用户上网时的下载数据量远大于上载数据量的特点。因此，ADSL利用的双绞线就是已有的电话用户线。目前主要用于Internet接入、视频点播（VOD）等方面，同时兼容模拟语音业务。

VDSL能提供对称和非对称两种业务。其中，VDSL的非对称业务包括数字电视广播、视频点播、高速Internet接入、远程教学、远程医疗等，这些业务通常要求下行速率远远高于上行速率。VDSL的对称传输主要用于商业机构、公司和电视会议等场合，这时上、下行数据的传输速率都要求很高。

HDSL是一种双向传输系统，提供2 Mbit/s的双向透明传输，支持2 Mbit/s以下速率业务。在接入网中，HDSL支持的业务有：ISDN-次群速率接入（ISDN-PRA）；电话业务（POTS），可实现高效率的线对增容，在双绞线上开通30路电话；租用线业务，向用户提供E1速率的数字专线，可用于将用户的会议电视系统、远程教学系统、远程医疗系统等通过DDN网互连，校园网与公用网互连、局域网互连，移动基站接入本地网等。

（三）了解xDSL设备的技术特点

1. ZXDSL 9806H设备性能指标

①符合ANSI T. 1. 413 issue 2。

②符合ITU-T G. 992. 1、ITU-T G. 992. 2、ITU-T G. 996. 1、ITU-T G. 992. 3、ITU-T G. 992. 5。

③采用DMT离散多载波调制方式。

④采用FDM上、下行频带分割方式。

⑤采用不对称的传输模式（即ADSL方式），上行速率可达1 Mbit/s，下行速率可达8 Mbit/s。

⑥在初始化时根据线路情况制定调整速率，调整步长为32 Kbit/s。

⑦可查询和配置ADSL线路的参数，包括上、下行业务的速率，噪声容限，输出功率，线路衰减等。

⑧可获得每个子载波所承载的比特数。

⑨提供可编程器件和单板软件的在线加载功能，支持远程维护和远程软件升级。

⑩支持线路告警维护信息上报功能。

⑪每个ADSL接口可支持6条PVC连接。

2. 在ADSL2/2+业务中的性能体现

兼容ADSL同时又具有更高速率，更远的传输速率。

①增加了新的运行模式：annex A、annex B、annex C、annex I、annex J、annex M。

②更高的速率，最高达24 Mbit/s的下行速率。

③更长的传输距离，最大理论距离为6. 5 km。

④更低的功耗。

⑤更稳定的运行能力和良好的频谱兼容能力。

⑥线路诊断功能，支持双端测试功能。

⑦更好的互通能力。

3. 在 VDSL2 业务中的性能

①支持 ITU-T VDSL2 G. 993. 2 标准。

②支持 G. 993. 2 annex A、annex B、annex C。

③支持 G. 993. 2 中定义的 profile。

④支持扩展频段(5 kHz ~ 276 kHz),延伸了业务覆盖范围。

⑤TPS-TC 层支持 ATM,STM 及 PTM base on IEEE 802. 3 ah 封装,适用于以太网或 PON 接入。

⑥最大支持 16DMT symbol。

⑦支持双延迟通道。

⑧支持 PSD 管理。

四、介绍 xDSL 相关系列产品(ZXDSL 9806H 产品)

(一)定位 ZXDSL 9806H 产品

电信网包含了各种电信业务的所有传输及复用设备,交换设备,以及各种线路设施等。整个电信网按功能可分为三个部分,即传输网、交换网和接入网。接入网是电信网的组成部分,负责将电信业务透明传送到用户。也就是说,用户通过接入网的传输,能灵活地接入到不同的电信业务节点上。

ZXDSL 9806H 是小型化的综合接入设备,可实现小容量的 xDSL(Digital Subscriber Line,数字用户线路)接入、窄带接入、以太网接入和 ISDN(Integrated Services Digital Network,综合业务数字网)接入,并提供丰富的上联和级联接口。

1. 用户接入

系统可根据需要使用不同类型的用户板,可以提供如下用户接口。

①POTS 模拟电话用户接口:支持 48/64 路模拟电话用户接入。

②VDSL2 用户接口:支持 16/24 路或 32 路 VDSL2 用户接入,支持多种分离器制式或 ADSL2/2 + 用户接口:支持 24/32 路 ADSL2/2 + 用户接入,支持多种分离器制式或 SHDSL 用户接口:支持 16 路 SHDSL BIS 用户接入。E1 接口(分平衡型和非平衡型及支持 CES 和不支持 CES 共 4 种):4 路 E1 用户接入。U 接口(分支持 CES 和不支持 CES 两种):8 路 U 接口用户接入。以太网接口:2GE + 14FE 电口或 2GE + 12FE 光口接入。

2. 上联接口

通过统一子卡,ZXDSL 9806H 可以提供如下上联端口。

①GE 上联:支持 1 或 2 个光口或电口上联,支持 4 个 GE 光口上联。

②10GE 上联:支持 1 个 10GE 上联和 1 个 GE 级联。

③EPON 上联:支持 1 个或 2 个 EPON 上联。

④GPON 上联:支持 1 个或 2 个 GPON 上联。

3. 下联接口

VDSL2\ADSL2/2 + \FE\POTS。

ZXDSL 9806H 适合 POP 节点、园区、住宅、企业、村通等中、小容量多业务的业务节点。ZXDSL 9806H 在整网中的多业务组网如图 1-1-28 所示。

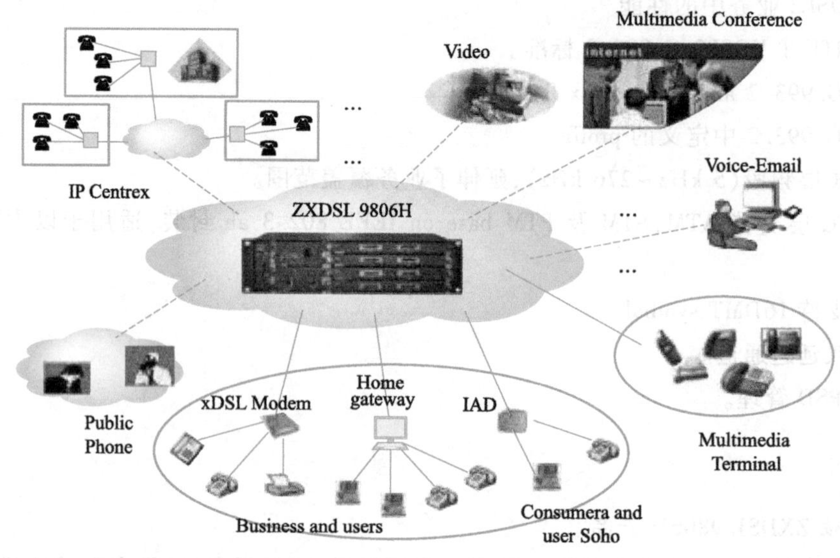

图 1-1-28　多业务组网

（二）了解 ZXDSL 9806H 产品特点

1. 先进的系统构架

ZXDSL 9806H 的系统架构有以下特点：

①采用集中式设计理念，芯片布局合理，降低生产和加工难度，提升系统稳定性。

②具备良好的可扩展性，易于不断更新技术，满足带宽和业务的可持续发展。

③采用插卡式设计，具备高集成度和灵活配置的双重优点，业界容量与体积比领先。

④卓越的性能表现，VDSL2 和 FE 接入均可提供对称 100 Mbit/s 带宽，为用户提高接入带宽。多接入方式的融合实现多业务支持融合，并提供电信级的运营支撑，并有效减少网络节点和层次。

2. 绿色环保的整机设计

ZXDSL 9806H 的整机设计有以下特点：

①采用独创的系统构架和良好的布局设计，极大地降低了系统功耗（单端口和整机功耗较同类设备低 20% 左右），获得国际运营商极大认可。

②采用环保材料和无铅工艺，保障客户的安全。

③采用静音调速风扇，可根据温度自动调整转速，适合安静的办公环境和住宅环境。

④采用智能节电机制，在蓄电池供电时智能关闭宽带供电，延长语音业务备电时间。

⑤采用高效能电源方案，提高电源利用率，降低系统功耗。

⑥采用先进工艺制造和功耗最低的处理芯片与外围器件，节能降耗。

⑦采用 POTS 短环路等多种语音新技术，在保障性能的同时极大降低功耗。

⑧采用 POTS 短环路等多种新技术，提高能效比。

3. 高可靠性

ZXDSL 9806H 支持以下高可靠性特点：

①严格的器件选型、先进的加工工艺和卓越的热设计，满足 -30 ~ +60 ℃的工作环境。

②先进的系统构架大量减少内部接口数量，显著提升产品性能和可靠性。

③单板和器件防腐设计，预防单板腐蚀，适应多种恶劣环境，降低故障率。

④卓越的散热设计，提升设备稳定运行能力。

⑤可靠的防雷设计，电源接口为 6 kV，用户端接口为 4 kV。

⑥过热告警机制，保护设备不受损坏。

4. 易安装性

ZXDSL 9806H 支持以下易安装性特点：

①小尺寸设备，对安装空间要求低，方便布放。

②即插即用，现场仅需简单几步配置即可完成业务开通。

③部署现场免软件调试、免软件测试，可以批量快速部署。

5. 多样化的组网应用环境

ZXDSL 9806H 支持多种业务应用：

①支持点到点和点到多点应用，支持星型、链型、环形等组网方式，为运营商提供多种解决方案。支持数据、语音和视频业务的融合平台，既可作为 DSLAM 使用，亦可作为 MDU（Multiple Dwelling Unit，多驻地住户单元）和 AG（Access Gateway，接入网关）使用，为住宅用户和商业用户提供多业务融合解决方案。

②覆盖 PON 网络中的 FTTB（Fiber to the Building，光纤到楼）/FTTC（Fiber to the Curb，光纤到路边）/FTTCab（Fiber to the Cabinet，光纤到交换箱）应用，并具备极强的可扩展性。

③提供多种接入方式选择（ADSL2/2 + 、VDSL2、FE 和 ISDN），为不同距离和不同带宽需求的用户提供灵活的解决方案，满足客户的多样性需求。

④支持室内安装和室外安装（室外柜），覆盖多场景。

⑤提供直流、交流电源输入，适宜多种恶劣供电环境。

⑥卓越的高低温性能，无须任何辅助设备，可在 – 30 ~ + 60 ℃ 的环境中稳定且高性能工作。

6. 全面的运维能力

ZXDSL 9806H 支持以下运维特性：

①统一的远程运维方案，无须亲临现场。

②多种远程调测手段，支持以太网端口环回检测，支持 POTS 端口内、外线测试。

③快速诊断运维，支持 OLS（Optical Line Supervision，光线路检测）、断纤检测、光链路测量和诊断，以及长发光检测和关断，辅助定位光纤故障点和故障排除。

④全面监控，实时监控环境温度、电源、门禁等，提供远程监控功能。

⑤设备周期性自检关键器件以支持智能复位机制，提供重大故障的预警和自恢复机制。软件版本回滚，提供更安全的升级策略。

7. 降低整体投资及资产保值增值

ZXDSL 9806H 支持以下降低整体投资及资产保值增值特性：

①采用 PON 技术，节约光纤，降低 CAPEX。

②采用绿色环保技术，节能降耗，降低 OPEX。

③符合主流运营商对设备形态、体积和密度的要求。

④有效利用原有铜缆资源，降低运营商投资成本并保护原有投资。

⑤灵活配置板卡的设计，满足多样化组网环境。简单便捷的扩容和接入手段升级，保护运营商投资。

⑥系统构架具备良好的扩展性，满足带宽和业务的可持续发展，保护运营商投资。

⑦安装简单便捷，无须具备专业技术知识的人员，降低运营商人力成本。

(三)熟悉 ZXDSL 9806H 产品结构

1. 硬件结构

ZXDSL 9806H 插箱由单板、背板和风扇盒等组成。

(1)机框

ZXDSL 9806H 机框为 2U(1U = 44.45 mm)高的 19 英寸标准机框，其正视图如图 1-1-29 所示。机框的外形尺寸为 88.1mm × 482.6mm × 240mm(高 × 宽 × 深)。

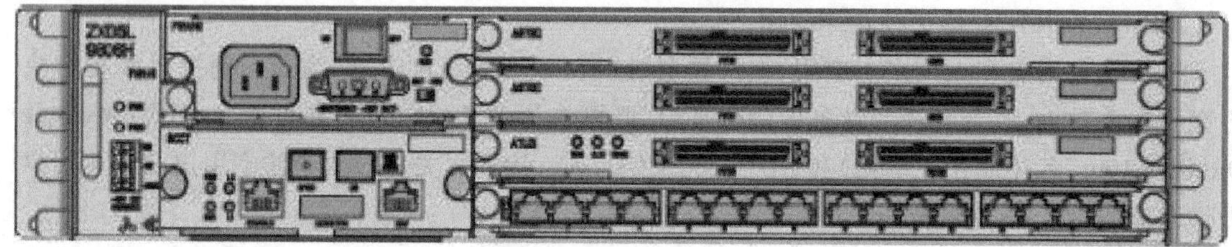

图 1-1-29　机框正视图

(2)单板

单板可插槽位如图 1-1-30 所示。

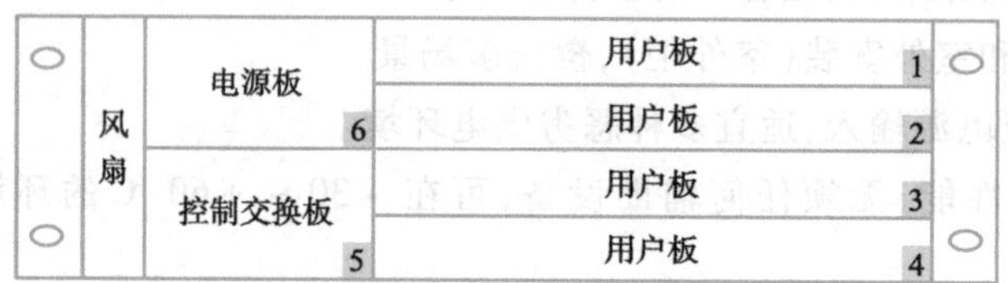

图 1-1-30　单板可插槽位

单板槽位说明如表 1-1-1 所示。

表 1-1-1　单板槽位说明

单板类型		槽位号
控制交换板		5
电源板	直流电源板	6
	交流电源板	
用户板	ADSL2/2 + 用户板	1 ~ 4
	VDSL2 用户板	
	SHDSL 用户板	
	POTS 用户板	
	COMBO 用户板	
	以太网用户板	

* 上联子卡和 VoIP 业务处理子卡安装在控制交换板上。

单板间关系如图 1-1-31 所示。

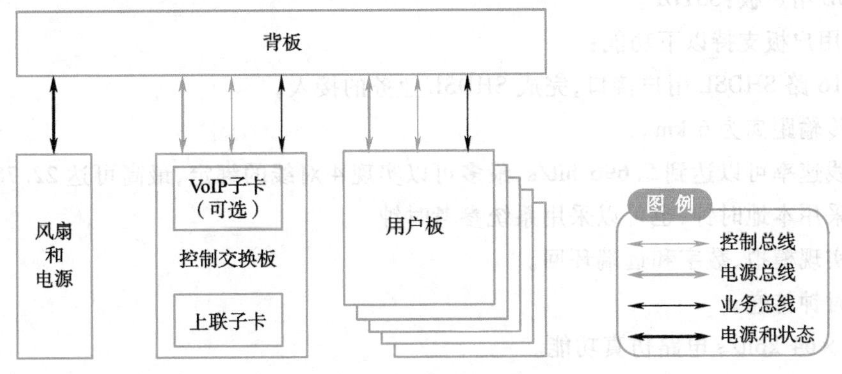

图 1-1-31　单板间关系

- 控制交换板（包含 VoIP 子卡）和用户板之间通过背板和总线互连。
- 控制总线（local bus）负责控制信令的传送。
- 业务总线负责业务数据的传送。业务总线包含：xDSL 业务总线、以太网业务总线、窄带业务总线。

ZXDSL 9806H 的单板具体说明：

①控制交换板 SCCT。

SCCT 控制交换板实现以下功能：

- 系统配置、管理和控制：对接入的用户板进行配置、管理和控制。
- 宽带业务处理：所有宽带业务均在主控板上完成用户端口/级联端口与上联端口之间的数据交换。对于 xDSL 用户，通过背板提供的 xDSL 业务总线接入；对于以太网用户，通过背板提供的以太网业务总线接入。
- 窄带业务处理：通过安装 VoIP 子卡，并在用户板槽位插入 POTS/ISDN/COMBO 用户板，实现语音的接入。
- 上联：通过安装不同类型的上联子卡，对外提供 1 ~ 4 个 GE、10GE、XG-PON、EPON、ONT、GPON ONT 及 10G EPON 接口或接口组合。

②ADSL2/2 + 用户板：ASTEC，ASTGC，ASTGF，AITGF。

ADSL2/2 + 用户板支持以下功能：

- 提供 32/24 路 ADSL2/2 + 用户接口和 POTS/ISDN 接口，完成 ADSL2/ADSL2 + 业务接入和语音分离。
- ZXDSL 9806H 支持国标、欧标等多种制式的分离器，支持 over POTS 和 over ISDN 两种类型的用户接入。提供从 ATM 信元转换为 IP 包的功能。
- 最大传输距离为 6.5 km。下行速率可达 26 Mbit/s，上行速率可达 1 Mbit/s。

③VDSL2 用户板：VSTDNP，VSTEH，VSTEG。

VDSL2 用户板支持以下功能：提供 16/24/32 路 VDSL2 用户接口、POTS 接口及 ISDN 用户接口，完成 VDSL2 业务接入和语音分离。最大传输距离为 6.5 km。采用 profile 30a 的传输速率，最高下行可达 100 Mbit/s、上行 100 Mbit/s。采用 profile 17a 的传输速率最高下行可达

100 Mbit/s、上行 60 Mbit/s。

④SHDSL 用户板：SSTDF。

SHDSL 用户板支持以下功能：

- 提供 16 路 SHDSL 用户接口，完成 SHDSL 业务的接入。
- 最大传输距离为 6 km。
- 单对线速率可以达到 5.696 bit/s，最多可以实现 4 对线的绑定，最高可达 22.78 Mbit/s。
- 可以采用本地时钟，也可以采用系统参考时钟。
- 可以实现模拟、数字和远端环回。
- 支持时钟传递。
- E1/N×64 kbit/s 电路仿真功能。
- 可支持 16 路 N×64 kbit/s 数据的结构化电路仿真。
- 可支持 E1 数据的非结构化电路仿真。
- 支持 CES（最多 4 个 E1 或 16 路 N×64 k 窄带接入）。
- POTS 用户板：ATLA，ATLC，ATLDI。

POTS 用户板支持以下功能：

- 提供 24/48/64 路 POTS 接口，完成窄带语音业务接入。
- 支持内部铃流和线路测试功能。
- 可自动工作在长距离模式（大于 1 km）或短距离模式（小于 1 km）。
- 支持 BORSCHT 功能。

⑤COMBO 用户板：APTGC，VPTGC。

APTGC 用户板支持以下功能：

- ADSL2+接入功能。
- 提供 32 路 ADSL2+用户接口，内置分离器，完成宽带数据业务的接入。
- 提供从 ATM 信元转换为 IP 包的功能。
- 最大传输距离为 6.5km。
- 下行速率可达 26 Mbit/s，上行速率可达 1 Mbit/s。
- POTS 接入功能。
- 提供 32 路 POTS 用户接口，完成窄带语音业务的接入。
- 支持内部铃流和线路测试功能。
- 可自动工作在长距离模式（大于 1 km）或短距离模式（小于 1 km）。
- 支持 BORSCHT 功能。

VPTGC 用户板支持以下功能：

- VDSL2 接入功能。
- 提供 32 路 VDSL2 用户接口，内置分离器，完成宽带数据业务的接入。
- 支持 G. INP，G. INT 和 PTM bonding。
- 传输速率最高可达下行 100 Mbit/s、上行 60 Mbit/s。
- POTS 接入功能。
- 提供 32 路 POTS 用户接口，完成窄带语音业务的接入。

• 支持内部铃流和线路测试功能。

• 可自动工作在长距离模式(大于 1 km)或短距离模式(小于 1 km)。

• 支持 BORSCHT 功能。

⑥以太网用户板:ETCD,ETCF。

以太网用户板提供以 16/14 个太网用户接口,完成以太网宽带业务的接入。

⑦交流电源板:PWAHF。

交流电源板提供如下功能:

• 采用 110 V/220 V 交流输入(电压范围为 90 ~286 V)。

• 提供蓄电池备电接入,支持蓄电池备电接入能力。

(3)背板

背板提供下列内部接口:

• 主控板接口、用户板接口。

• 电源板接口:-48 V,-48 V GND,3.3 V,GND。

• 风扇插座:-48 V,-48 V GND,风扇检测/控制。

(4)风扇盒

ZXDSL 9806H 风扇盒支持以下特点:

• 放置在插箱左侧,向外抽风。

• 内置风扇监控板,实现停转检测、风速控制和告警上报等功能。

• 可热插拔。

(5)机框配置

ZXDSL 9806H 机框的满配置为:1 背板 +1 风扇 +1 电源板 +1 主控板 +4 用户板。最小配置为:1 背板 +1 风扇 +1 电源板 +1 主控板 +1 用户板。

用户板位置以任意配置在用户板槽位。

(6)指示灯说明

• 电源板:绿灯长亮,电源正常;红灯长亮电源故障。

• 风扇板:红灯长亮,风扇故障;灯灭风扇运行正常。

• 主控板运行指示灯 RUN:绿灯长亮,设备运行故障;灯灭设备运行故障;灯闪烁,设备正常运行。

• 电源指示灯 PWR:绿灯长亮,电源正常;灯灭电源故障。

• 光口链路指示灯 L1:绿灯亮,光口链路连接正常;绿灯闪烁,光口链路有流量,灯灭光口链路断。

• POTS、COMBO 用户板:绿灯亮,运行正常;灯灭运行故障。

• 告警灯 ALARM:红灯亮,有故障告警;灯灭运行正常。

2. 软件结构

ZXDSL 9806H(V2.0)的软件结构分为宽带子系统和窄带子系统。宽带子系统包括:宽带网管子系统、宽带协议子系统、宽带业务子系统、宽带承载子系统和运行支撑子系统等。窄带子系统包括:窄带操作维护子系统、窄带业务子系统、窄带承载子系统、窄带协议子系统、窄带数据库管理子系统,以及运行支撑子系统等。窄带软件的 rcc 命令,snmp 在宽带系统上转发即可,告警也通过统一的平台处理，宽带承载需要针对窄带的媒体流在交换芯片上做分流。

(1)宽带网管子系统

网管子系统对外提供 CLI,TELNET 和 SNMP 的访问接口，并通过这些接口完成对整个系统的配置和操作维护管理，实现主备即时数据同步、配置文件生成和保存等功能。

(2)宽带协议子系统

ZXDSL 9806H 协议子系统主要包括以下几个部分：

①TCP/IP：三层支撑协议栈，用于 Telnet,SNMP 等上层应用。

②STP：标准以太网环路防止协议。

③可控组播：模块主要包括 IGMPV1/V2(支持 ROUTER/PROXY/SNOOPING 三种模式)，MVLAN,CAC,CDR,PRW 等模块，用于实现可运营的组播系统。

(3)宽带业务子系统

业务子系统指对系统配置和数据的保存，这些数据包括全局数据和单板数据；全局如 SNMP 配置、IP 地址配置等，单板数据如 PVC 配置、QoS 配置等。

(4)宽带承载子系统

承载子系统实现交换功能，提供各模块的标准访问接口。

宽带承载层要实现能将 VoIP 的 RTP、RTCP 包直接分流到 VoIP 语音芯片。另外由于在共用统一 MAC 和 IP 的情况下，还需要提供和 VoIP 语音芯片收发包的接口模块。

(5)运行支撑子系统

运行支撑子系统是在 BSP、驱动程序和实时操作系统 Vxworks 的基础上，为上层应用程序提供统一的平台，主要包括任务和进程管理、板内和板间通信、内存管理、定时器管理等方面，另外还具有文件系统管理、版本加载和版本管理和系统软管理的功能。

(6)窄带承载子系统

窄带承载子系统主要完成用户电路的摘挂机检测、用户电路的测试、放音、DTMF 收发号、VoIP 编解码、TDM 交换网的接续。承载系统对上提供完成其特定功能的接口，可以方便地被其他模块调用。

(7)窄带数据库管理子系统

数据库子系统负责系统数据信息和资源的管理。数据库子系统建立内存数据库，并提供统一接口，面向协议子系统、业务子系统、运行支撑子系统，以及窄带承载子系统提供配置信息和完成信息收集。另一方面，数据库子系统也向操作维护子系统提供数据管理接口，可以 CLI 和 SNMP 两种方式进行数据配置。配置时操作维护子系统是通过宽带业务系统来将命令转发到数据库子系统，告警也是统一采用宽带统一的告警接口。

(8)窄带协议子系统

协议子系统目前主要是 H.248 协议处理，负责实现 9806H 和 SoftSwitch 之间的交互，实现控制和信令的互通。

(9)窄带业务子系统

业务子系统负责完成协议子系统命令的操作，向上提供统一的业务接口，屏蔽硬件差异，向下负责将协议命令分解，通过调用窄带承载子系统的接口实现实际操作。

(四)讨论 ZXDSL 9806H 产品组网应用

1. 基于拓扑的组网类型

(1)点到多点典型组网

相比于点到点架构,点到多点架构具备节省主干光纤、节省电源系统、网络部署快速灵活、标准化程度高等优点,在网络成本上较点到点架构较大的优势。在使用 xPON 技术时,ZXDSL 9806H 可支持不少于 20 km 的传输距离,支持多级分光配置,网络部署具备极大的灵活性。

在 P2MP 网络架构中,ZXDSL 9806H 作为 MDU 设备,与 PON OLT(Optical Line Terminal,光线路终端)设备连接,完成多业务汇聚,应用在典型的 FTTB/FTTC/FTTCab 等场景中。在充分保护和利用网络现有铜缆资源的同时,向最终用户提供高带宽、多业务接入。

ZXDSL 9806H 在 FTTB 中的典型应用组网如图 1-1-32 所示。

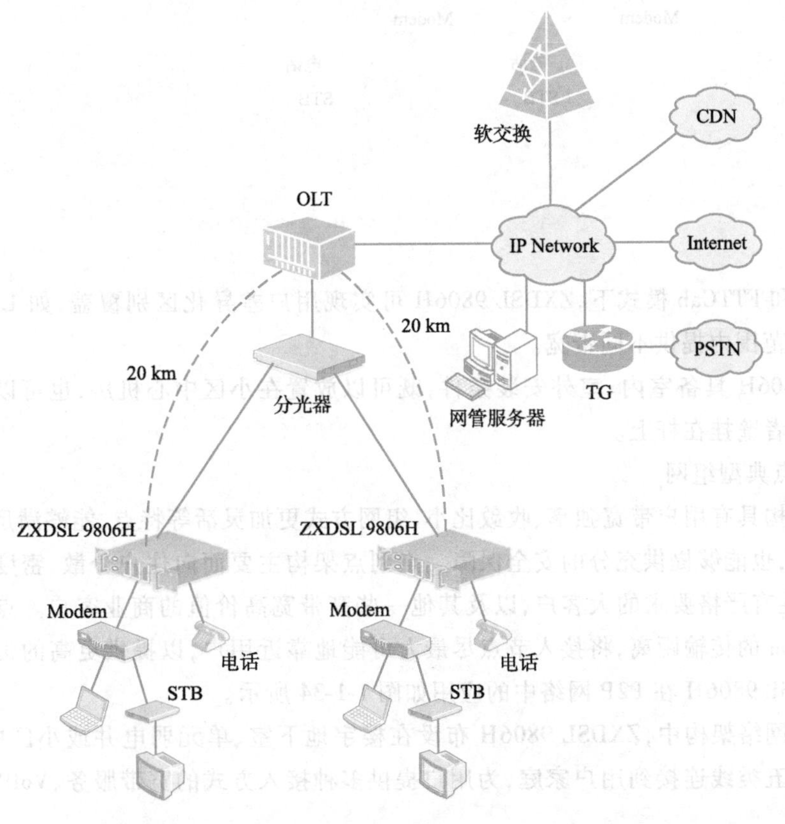

图 1-1-32　FTTB 典型组网

ZXDSL 9806H 支持多种密度的 ADSL2/2 + 、VDSL2、POTS、以太网、ISDN(BRI 和 PRI)用户板灵活混插配置,适用于不同用户密度的多种住宅环境和办公环境。

ZXDSL 9806H 既可以安装在楼宇弱电竖井或地下室中,也可以置于信息箱中并安放在单元楼道内,供整个单元、楼层的用户或数个楼宇的用户使用。

在 FTTC/FTTCab 中的典型应用组网图如图 1-1-33 所示。

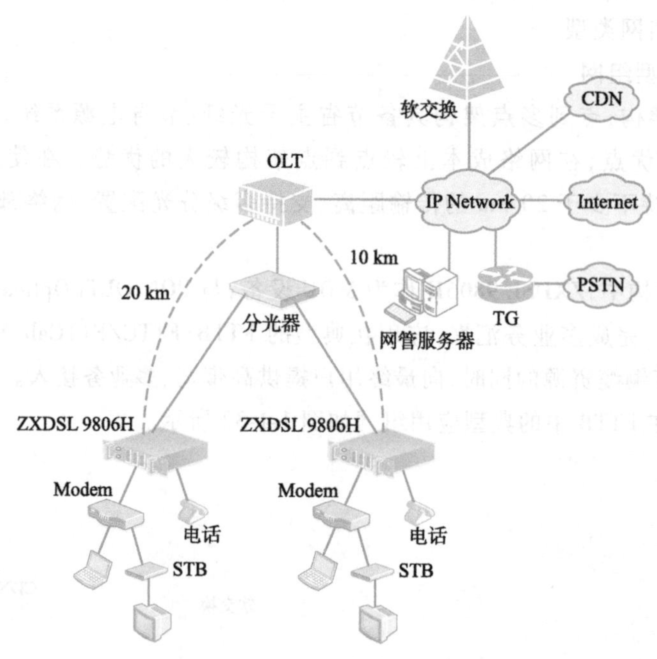

图 1-1-33 FTTC/FTTCab 典型组网图

在 FTTC 和 FTTCab 模式下，ZXDSL 9806H 可实现用户差异化区别覆盖，如 1.5 km、500 m 或 300 m 半径范围内提供不同带宽。

ZXDSL 9806H 具备室内、室外安装条件，既可以放置在小区中心机房，也可以放置在小区的绿化带里或者壁挂在杆上。

(2)点到点典型组网

点到点架构具有用户带宽独享、收敛比小、组网方式更加灵活等特点，能够满足高价值用户的高带宽需求，也能够提供充分的安全保障。点到点架构主要面向住户分散、密度低的区域用户，或对保密性有严格要求的大客户，以及其他一些高带宽高价值的商业客户。点到点架构可支持高达 70 km 的传输距离，将接入节点尽最大可能地靠近用户，以提供更高的带宽和更优良的服务。ZXDSL 9806H 在 P2P 网络中的应用如图 1-1-34 所示。

在点到点网络架构中，ZXDSL 9806H 布设在楼宇地下室、单元弱电井或小区中心机房中，通过双绞线或五类线连接到用户家庭，为用户提供多种接入方式的宽带服务、VoIP 语音服务及 IPTV 服务。

ZXDSL 9806H 通过光纤点到点上联到交换机或路由器上，完成业务汇聚。

2. 基于业务的组网类型

(1)数据业务典型组网

在 P2MP 和 P2P 网络架构下，ZXDSL 9806H 最大支持 128 路 ADSL2/2 + 用户，或 96 路 VDSL2 用户，或 96 路 SHDSL 用户，或 64 路 FE 用户，支持各类型用户板的混插接入，并为用户提供高速 Internet 宽带数据业务。

数据业务典型组网如图 1-1-35 所示。

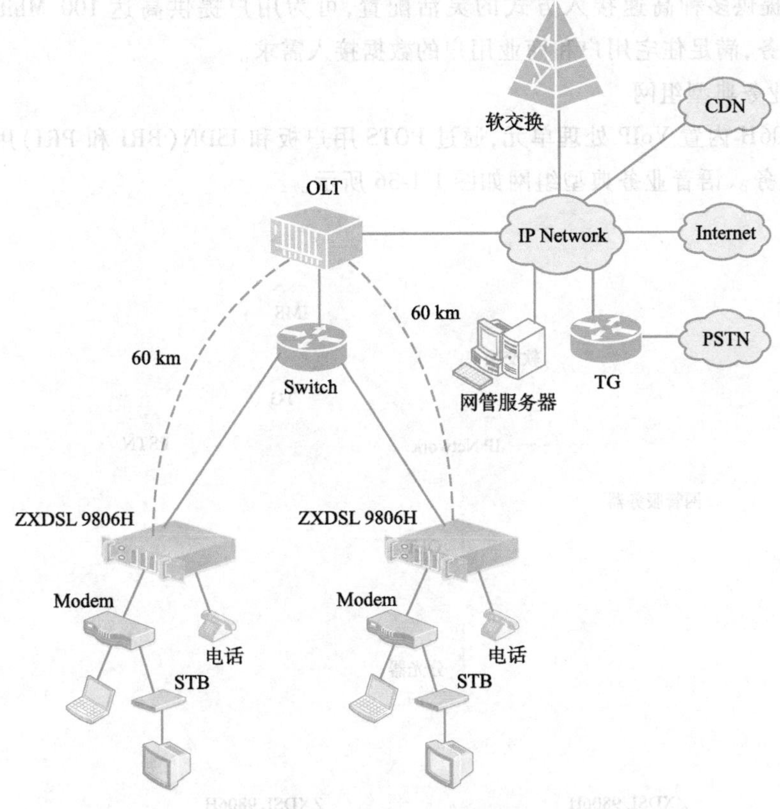

图 1-1-34　P2P 典型组网图

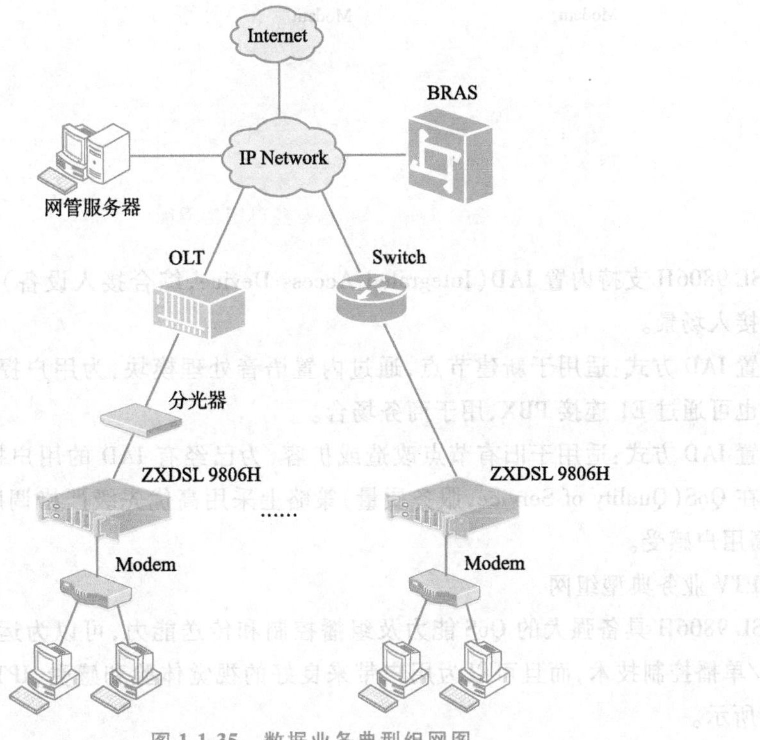

图 1-1-35　数据业务典型组网图

ZXDSL 9806H 提供多种高速接入方式的灵活配置,可为用户提供高达 100 Mbit/s 双向高速 Internet 数据业务,满足住宅用户和商业用户的数据接入需求。

(2) VoIP 业务典型组网

ZXDSL 9806H 内置 VoIP 处理单元,通过 POTS 用户板和 ISDN(BRI 和 PRI)用户板可以提供 VoIP 语音业务。语音业务典型组网如图 1-1-36 所示。

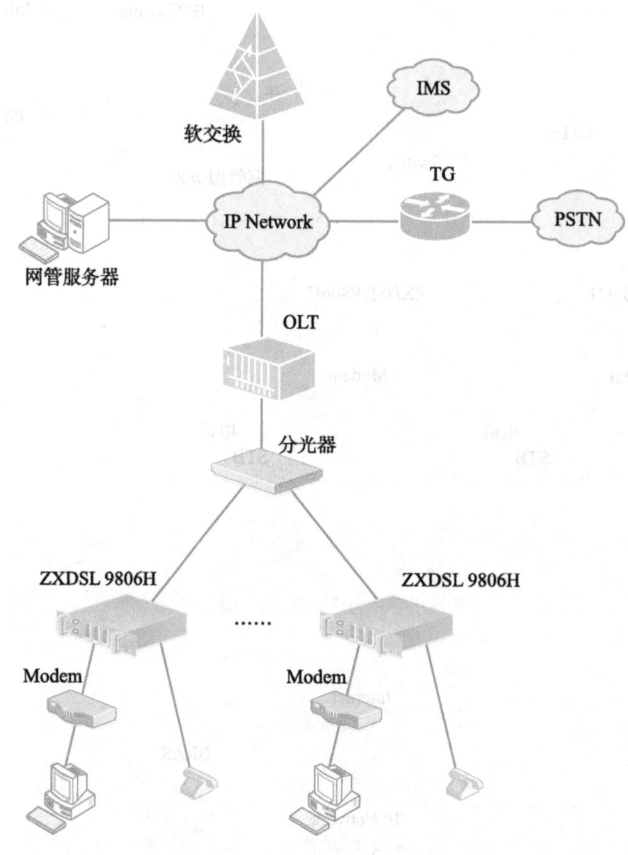

图 1-1-36　VoIP 业务典型组网图

ZXDSL 9806H 支持内置 IAD(Integrated Access Device,综合接入设备)和外置 IAD 两种不同的语音接入场景。

①内置 IAD 方式:适用于新建节点,通过内置语音处理模块,为用户提供语音 + 宽带的全套服务。也可通过 E1 连接 PBX,用于商务场合。

②外置 IAD 方式:适用于旧有节点改造或扩容,为已经有 IAD 的用户提供宽带接入服务。语音业务在 QoS(Quality of Service,服务质量)策略上采用高优先级严格调度,以尽量减少转发时延,提高用户感受。

(3) IPTV 业务典型组网

ZXDSL 9806H 具备强大的 QoS 能力及组播控制和传送能力,可以为运营商提供可运营的多种组播/单播控制技术,而且可以为用户带来良好的视觉体验和感受,IPTV 业务典型组网如图 1-1-37 所示。

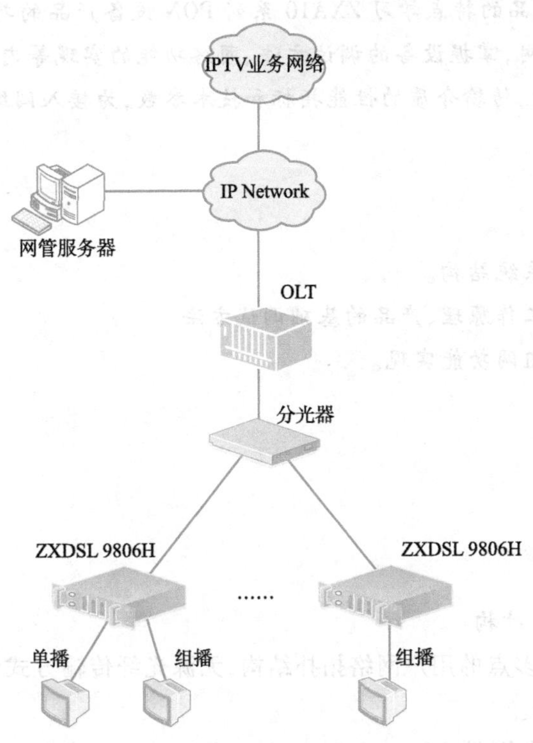

图 1-1-37　IPTV 业务典型组网图

ZXDSL 9806H 作为组播控制点，可以降低组播路由器、BRAS 的组播负荷，并可以精确控制用户权限，降低组播时延，提供用户感受度。

任务小结

本任务对光宽带接入网的概念进行了详细说明解释。对 TCP/IP 参考模型、IPv4 编址、VLAN 二层交换技术、DHCP 协议、PPPoE 接入认证协议进行了介绍，读者应重点应了解 TCP/IP 参考模型和 ISO 参考模型的区别，IP 地址的相关基础知识及各个协议的工作原理。对主要 xDSL 的接入技术进行了介绍，并结合具体 xDSL 技术介绍了 ZXDSL 9806H 产品的特点。然后对 ZXDSL 9806H 产品的产品特点和结构进行了介绍，重点介绍了产品的定位和产品的组网应用，根据 ZXDSL 9806H 的产品特点组成合适的网络拓扑结构并应用于各类环境中。

任务二　介绍 PON 原理及设备

任务描述

本任务主要介绍 PON 产品的概念及设备，包括 EPON 和 GPON 系统结构、工作原理、关键技术；同时也根据 PON 产品的特点学习 ZXA10 系列 PON 设备产品的功能特点、应用场景等重要内容，读者通过实验组网，掌握设备的调试方法、网络功能的实现等内容。读者学习传输介质及连接器件的分类和用途，传输介质的性能指标和技术参数，为接入网络做好通信介质的选型。

任务目标

1. 熟悉 PON 产品的系统结构。
2. 掌握 PON 产品的工作原理、产品的基础调试方法。
3. 掌握 PON 产品的组网功能实现。

任务实施

一、了解 EPON 技术

（一）讨论 EPON 系统结构

EPON 技术采用点到多点的用户网络拓扑结构，无源光纤传输方式，在以太网上提供数据、语音和视频等全业务接入。

EPON 系统由光线路终端（Optical Line Terminal，OLT）、光配线网（Optical Distribution Network，ODN）和光网络单元（Optical Network Unit，ONU）组成，为单纤双向系统，系统结构如图 1-2-1 所示。

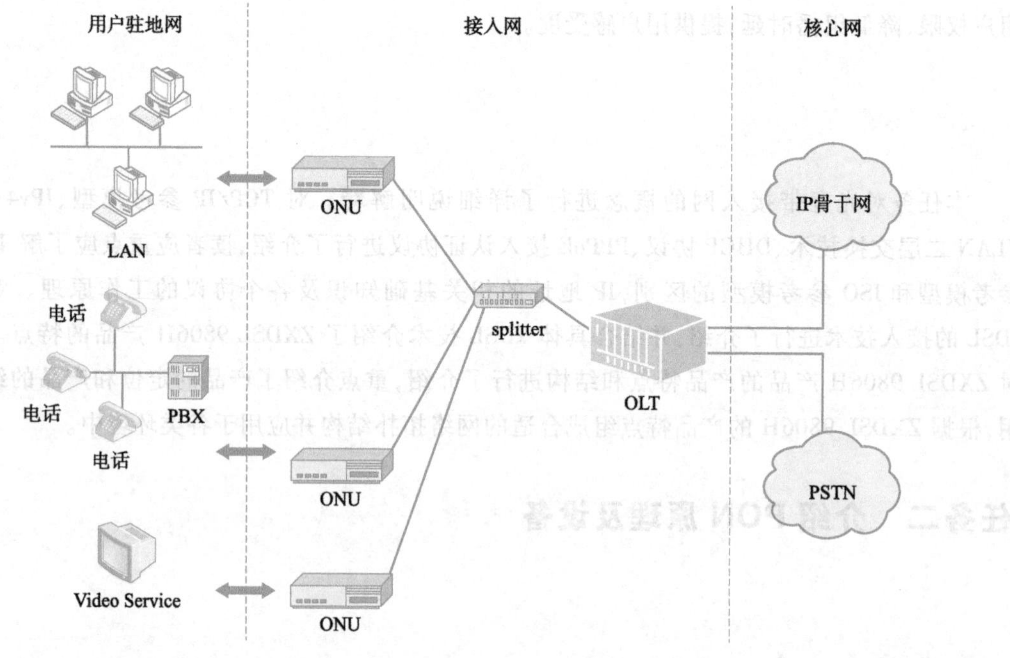

图 1-2-1　结构组成

1. 光线路终端(OLT)

OLT,是位于局端处理设备,通常放置在中心机房内,也可由光纤拉远,设置在靠近用户的位置。

OLT功能概述:下行,本地汇聚;上行,各种信号按业务类型送入各种网络。OLT提供与网络管理系统之间的接口和本地管理控制接口,如图1-2-2所示。

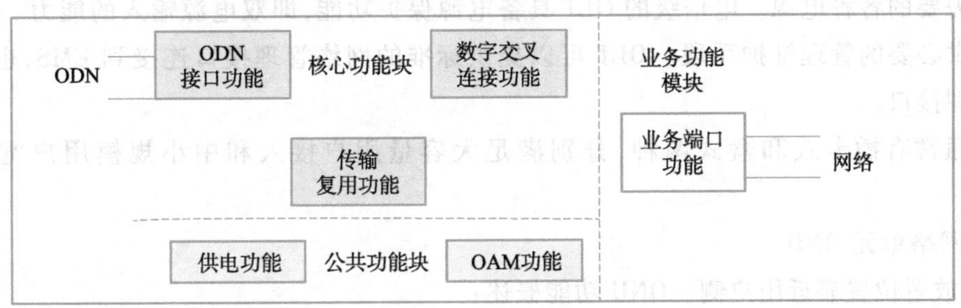

图1-2-2　OLT功能框图

(1)核心功能模块

OLT的核心功能模块包括业务的交换、汇聚和转发功能,以及ODN的接口适配和控制功能。其中业务的交换、汇聚和转发功能具体包括:复用/解复用、交换和/或交叉、业务质量控制和带宽管理、用户隔离和业务隔离、协议处理等。在PON的OLT中,这部分功能通常由一个以太网交换芯片再加上部分软件功能完成,具体为:

①复用/解复用功能,将来自网络侧交换机和/或本地内容服务器的各种下行业务流进行复用,编码成统一的信号格式(例如以太网帧等),通过ODN接口发送给ONU;反之将从ODN侧接口接收到的上行信号解复用成各种业务特定的帧格式(例如以太网帧、ATM帧、El帧等)发送给网络侧交换机和域本地内容服务器。

②交换和/或交叉功能,一般一个OLT设备都具备多个ODN接口,交换和/或交叉功能就是在OLT的网络侧和ODN侧提供信息的交换和域交叉连接能力。

③业务质量控制和带宽管理功能,指为了保证业务的QoS以及安全性,对OLT的相关资源进行调度和控制的功能。包括对OLT和FTTx接入网的带宽资源的管理等。

④用户隔离和业务隔离,指基于用户或者基于业务类型对接入网中的流量采取隔离措施,以及用户数据的加密等功能。保护用户数据的私密性和安全性。

⑤协议处理功能,指OLT上为了实现业务的接入而需要处理的一些二层和三层协议,例如多播协议、路由协议等。

ODN的接口适配和控制功能包括两个部分,一个是物理接口的适配,另一个则是对接口的控制。ODN物理接口适配功能包括光/电/光转换、定时同步,以及保护等功能。在PON网络中,OLT物理接口适配功能除上述功能外,还需要处理PON上行信号的突发接收。

接口控制功能包括成帧、媒质接入控制、测距、OAM、DBA、为交叉连接功能提供PDU定界和ONU管理等功能。在PON网络中,这部分功能实际上就是PON协议(包括EPON MPCP协议和GPON协议)的处理、PON的成帧(EPON为以太网帧、GPON为GEM帧)、ONU发现注册、测距、DBA等功能,一般由PON处理芯片完成。

(2)业务功能模块

OLT的业务接口功能包括接口适配、接口保护,以及特定业务的信令(例如话音业务的信令)和媒质传输之间的转换。常见的OLT业务端口有以太网端口、STM-1/E1业务端口等。

(3)公共功能模块

公共功能模块包括OLT的供电及OAM功能。供电功能将外部交流或者直流电源转换为OLT内部需要的各种电源。电信级的OLT具备电源保护功能,即双电源输入的能力。OAM功能模块提供必要的管理维护手段。OLT可以提供标准的网络管理接口连接到EMS,也提供本地控制管理接口。

OLT通常有插卡式和盒式两种,分别满足大容量用户接入和中小规模用户宽带接入需求。

2. 光网络单元ONU

ONU,放置位置靠近用户侧。ONU功能概述:

下行:将不同业务解复用。

上行:对不同用户终端设备业务进行复用、编码。ONU功能框图如图1-2-3所示。

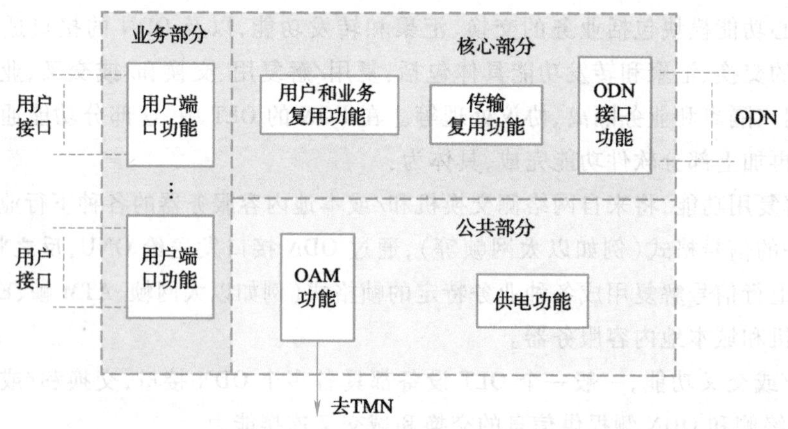

图1-2-3 ONU功能框图

(1)核心功能模块

ONU的核心功能模块包括业务的交换、汇聚和转发功能,以及ODN的接口适配和控制功能。

由于ONU一般只有一个ODN接口(有时为了保护也具备2个ODN接口),因此交叉功能可以简化或者省略。所以ONU业务的交换、汇聚和转发功能具体包括:复用/解复用、业务质量控制和带宽管理、用户隔离和业务隔离、协议处理等。同样,在传统的SDH/MSTP技术中,这部分功能可以理解为交叉复用模块。在PON的ONU中,这部分功能通常由一个以太网交换芯片再加上部分软件功能完成。

①复用/解复用功能,将上行方向不同类型的业务流复用成统一的信号格式进行发送;反之,将下行方向的信号解复用成不同类型的业务信号。

②业务质量控制和带宽管理功能,对ONU上包括带宽在内的资源进行调度和控制,以便保

证 ONU 上的业务质量。

③用户隔离和业务隔离，基于用户或者基于业务类型对接入网中的流量采取隔离措施，保护用户数据的私密性和安全性。对于 ONT 而言不需要具备用户隔离的功能。

④协议处理功能，指为了实现业务的接入而需要处理的一些二层和三层协议，例如多播协议、网关协议等。

ONU 上 ODN 的接口适配和控制功能包括光/电/光转换功能、线路的保护功能、定时同步功能以及帧、媒质接入控制等。在 PON 网络中 ODN 物理接口适配还要处理上行信号的突发发送。

(2)业务功能模块

业务功能模块由 3 个功能组成：业务端口功能，控制适配(AF)接口功能和物理接口功能。其中控制适配接口功能是 ONU 才有的功能模块。ONT 仅有业务端口功能和物理接口功能两大模块。

①业务端口功能负责：

- 信令适配，如 H.248/SIP/MGCP 信令的提供；
- 业务流媒体信号转换功能，包括可能的业务媒体格式转换；
- 安全控制功能；
- 用户网络接口适配功能。

②物理接口功能提供各种物理接口，例如 RJ45 接口、RJ11 接口、75Ω 2M 接口或者 120Ω 2M 接口等。控制适配接口功能是 ONU 特有的功能，提供对 AF 的业务适配和在引入线上业务传送功能相对应的接口控制和适配功能。

(3)公共功能模块

公共功能模块包括供电以及 OAM 功能。供电功能将外部交流或者直流电源转换为 ONU 内部需要的各种电源。要求 ONU 上有电源管理和节电功能，能够上报电源中断的告警，还能够关闭不使用的模块以便节约电能。OAM 功能模块提供必要的管理维护手段。例如端口环回的测试等。

根据应用场景和业务提供能力的不同，ONU 设备通常可以归纳为以下六种主要类型。

①SFU(单住户单元型 ONU)。

通常用于单独家庭用户，仅支持宽带接入终端功能，具有 1～4 个以太网接口，提供以太网/IP 业务，可以支持 VoIP 业务(内置 IAD)或 CATV 业务，主要应用于 FTTH 场合，也可与家庭网关配合使用，以提供更强的业务能力。

在商业客户不需要 TDM 业务时，SFU 也可以用于商业用户，例如 FTTO 或者 SOHO 的应用场景。

②HGU(家庭网关单元型 ONU)。

通常用于单独家庭用户，具有家庭网关功能，相当于带 EPON 上联接口的家庭网关，具有 4 个以太网接口、1 个 WLAN 接口和至少 1 个 USB 接口，提供以太网/IP 业务，可以支持 VoIP 业务(内置 IAD)或 CATV 业务，支持远程管理口，通常应用于 FTTH 的场合。

③MDU(多住户单元型 ONU)。

通常用于多个住宅用户，具有宽带接入终端功能，具有多个(至少 8 个)用户侧接口(包括以太网接口、ADSL + 接口或 VDSL2 接口)，提供以太网 IP 业务，可以支持 VoIP 业务(内置 IAD)或 CATV 业务，主要应用于 FTTB/FTTC/FTTCab 的场合。

MDU 型 ONU 从外形上分可以分为盒式和插卡式两种。盒式 MDU 型 ONU 一般采用固定的结构，端口数量不可变。插卡式 MDU 的端口数量则可以根据插入的卡的数量而变化。

若根据提供的端口类型来分，MDU 型 ONU 又可以分为以太网接口的 MDU 设备和 DSL 接口的 MDU 设备。

目前各个厂家商用的盒式以太网接口的 MDU，可以选择的 FE 端口数量为 8/16/24。此类型的 ONU 还内置 IAD，提供相同数量的 POTS 接口。盒式 DSL 接口的 MDU 设备，可以选择的 ADSL 或者 VDSL 数量一般为 12/16/24/32。

插卡式的 MDU 设备可以灵活地选配各种类型的插卡，因此可以同时提供多种接口。目前商用的插卡式的 MDU 设备可以支持的板卡类型包括以太网板卡、POTS 板卡、ADSL2 + 板卡、VDSL2 板卡、ADSL2 + 与 POTS 集成板卡、VDSL2 与 POTS 集成板卡。插卡式 MDU 设备的端口数量配置灵活，可以支持 8/16/32/64 个以太网接口，16/24/32/48/64 个 ADSL2 + 接口，12/16/24/32 个 VDSL 接口，以及 8/16/24/32/48/64 个 POTS 接口。在实际部署时，以太网接口和 POTS 接口的数量可以是相等的，也可以不相等。

④SBU(单商户单元型 ONU)。

通常用于单独企业用户和企业里的单个办公室，支持宽带接入终端功能，具有以太网接口和 E1 接口，提供以太网/IP 业务和 TDM 业务，可选支持 VoIP 业务。通常应用于 FTTO 的场合。可以提供 E1 接口是此类 ONU 的重要标志。一般 SBU 类型的 ONU 可以提供 4 个以上的 FE 端口，以及 4 个及以上的 E1 端口。

⑤MTU(多商户单元型 ONU)。

通常用于多个企业用户或同一个企业内的多个个人用户，具有宽带接入终端功能，具有多个以太网接口(至少 8 个)、E1 接口和 POTS 接口，提供以太网/IP 业务、TDM 业务和 VoIP 业务(内置 IAD)，主要应用于 FTTB 的场合。和 SBU 型 ONU 相比，MTU 型 ONU 的典型特征就是可以提供的以太网端口数和 E1 端口数较多。一般可以提供 8/16 个 FE 端口，以及 4/8 个 E1 端口。MTU 型的 ONU 也可以分为盒式和插卡式。

⑥电力 ONU。

智能电网的概念是指以特高压电网为骨干网架，利用先进的通信、信息和控制技术，构建以信息化、自动化、互动化为特征的统一、坚强、智能电网。智能电网的基本特征是在大量交互式数据的基础上实现的精细化、智能化管理的电网，重要的特征是能量流和信息流在电力企业和用户间实现双向互动。电网的智能化改造从发电、输电、变电一直到配电、用电整个过程。和电信网络分层结构类似。在电力通信传送网的城域网和骨干层已经开始从传统的 SDH 方式向 PTN/OTN 以及 ASON 转变。但是在配电、用电层面一直尚未找到非常合适的技术。在 xPON 技术之前，电网的配电和用户电的信息采集使用 SDH/MSTP 和无线方式，但是这些传统方式价格昂贵，或者安全性不够，不利于大规模的推广应用。

3. 无源光纤连接器

(1)光纤光缆

光纤光缆用于连接 ODN 中的器件，提供 OLT 到 ONU 光传输通道。根据应用场合不同，可分为主干光缆、配线光缆和引入光缆靠近用户侧，如图 1-2-4 所示。

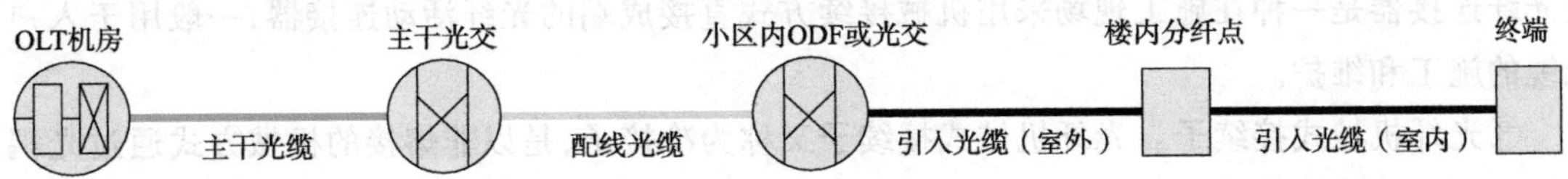

图 1-2-4　光纤光缆

引入光缆一般为皮线光缆，也称蝶形光缆、“8”字光缆等，由光纤、加强件和护套组成，护套一般为黑色和白色，加强件一般为非金属材料。

(2)光纤配线设备

光纤配线设备有光纤配线架(ODF)、光缆交接箱、光缆接头盒、分纤箱等。

①ODF 是光缆和光通信设备之间或光通信设备之间的连接配线设备，用于室内。

②光缆交接箱(简称“光交”)，它是具有光缆的固定和保护、光缆纤芯的终接功能，光纤熔接接头保护、光纤线路的分配和调度等功能的光连接设备，可用于室外。

根据应用场合不同，光交分为主干光交和配线光交，主干光交用于连接主干光缆与配线光缆；配线光交用于连接配线光缆和引入光缆。

③光缆接头盒在线路光缆接续使用，用于室外。盒内有置光纤熔接、盘储装置，具备光缆接续的功能，有立式接头盒和卧式接头盒两种。

④分纤箱可安装在楼道、弱电竖井、杆路等位置，是能满足光纤的接续(熔接或冷接)、存储、分配功能的箱体。分纤箱具有直通和分歧功能，方便重复开启，多次操作，容易密封。分纤箱分为室内分纤箱和室外分纤箱两种。

(3)光纤连接器

①光纤活动连接器，主要用于光缆线路设备和光设备之间可以拆卸、调换的连接处，一般用于尾纤的端头。大多数的光纤活动连接器由两个插针和一个耦合管共三部分组成，实现光纤的对准连接。

光纤活动连接器有 FC、ST、FC/APC 等，如图 1-2-5 所示。

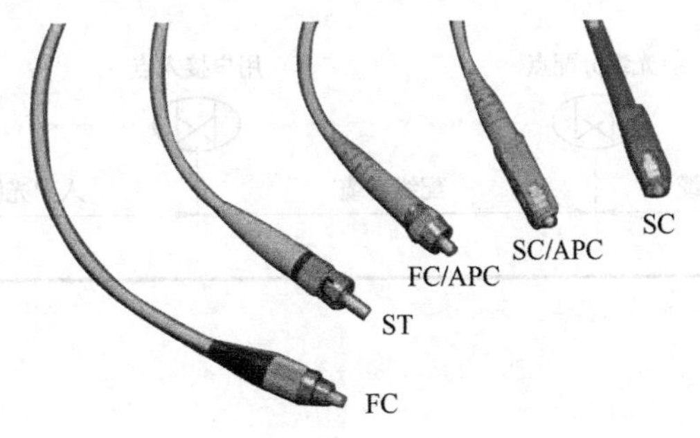

图 1-2-5　光纤活动连接器

其中：

- FC：圆形螺纹头活动连接器。
- SC：方形卡接头活动连接器。
- ST：圆形卡接头活动连接器。

②光纤现场连接器。光纤现场连接器分为机械式活动连接器和热熔式活动连接器,现场组装光纤连接器是一种在施工现场采用机械接续方式直接成端的光纤活动连接器,一般用于入户光缆的施工和维护。

③光纤机械式接续子。光纤机械式接续子又称为冷接子,是以非熔接的机械方式通过光耦合连接两根单芯光纤的装置。通常用于入户光缆的连接和故障修复。

单芯光纤机械式接续子最常使用压接式 V 型槽技术和折射率匹配材料。

④无源光分路器。无源光分路器(Passive Optical Splitter,POS),又称分光器、光分路器,是一个连接 OLT 和 ONU 的无源设备,用于实现特定波段光信号的功率耦合及再分配功能的光无源器件,如图 1-2-6 所示。光分路器可以是均分光,也可以是不均分光。典型情况下,光分路器实现 1∶2 到 1∶64 甚至 1∶128 的分光。

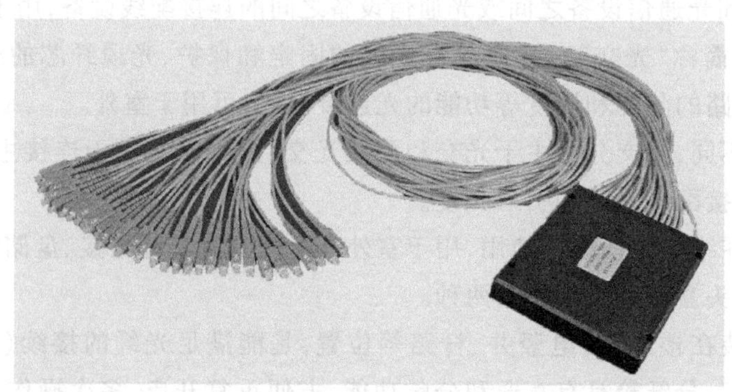

图 1-2-6　无源光分路器

无源光分路器的特点是不需要供电,环境适应能力较强。

4. 光分配网(ODN)

ODN 位于 OLT 和 ONU 之间,分光器是重要器件。一个分光器的分光比为 8、16、32、64、128,光分配网结构如图 1-2-7 所示。

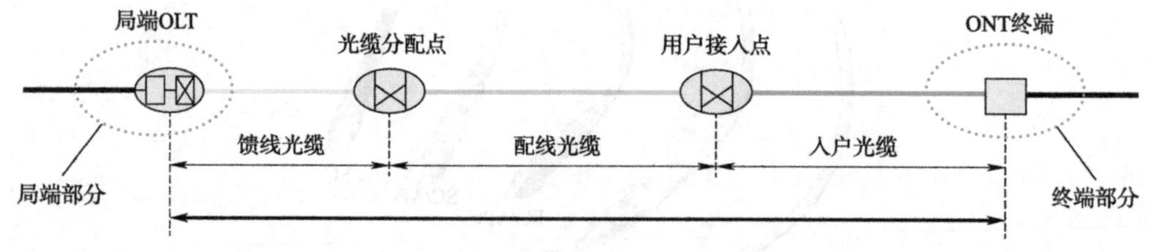

图 1-2-7　光分配网结构

(1)ODN 网络结构

光缆子系统由连接光分路器和中心机房的光缆和配件组成。

配线光缆子系统由楼道配线箱,连接楼道配线箱和光分配点的光缆、分光器及光缆连接配件组成。一般不直接入户,从光缆交接箱过来的配线光缆,用光分路器进行分配,完成对多用户的光纤线路分配功能。

引入光缆子系统由连接用户光纤终端插座和楼道配线箱的光缆及配件组成,是直接入户的光缆。

光缆终端子系统是独立的需要设置终端设备的区域,由一个或者多个光纤端接信息插座以及连接到ONU的光纤跳线组成。

(2)ODN分光方式

①一级集中(或相对集中)分光:分光器集中安装在小区的一个(或几个)光交接箱/间内,别墅(含联排)小区、多层住宅小区。

②一级分散分光:每栋楼均集中设置一个安装分光器的光交接箱/间,楼内每隔几层设置一个分光器节点,分光器安装在垂直光缆与水平蝶形引入光缆成端的分纤盒内,高层住宅小区。

③二级分光:是指在小区内设置一个一级分光点,每栋楼内集中设置一个二级分光点,中低层住宅小区,以及采用FTTH"薄覆盖"方式改造的现有住宅小区。

(二)探究EPON工作原理

1. EPON基本原理

EPON技术采用点到多点的用户网络拓扑结构,利用光纤实现数据、语音和视频全业务接入的目的,主要由OLT、ODN、ONU三个部分构成,如图1-2-8所示。

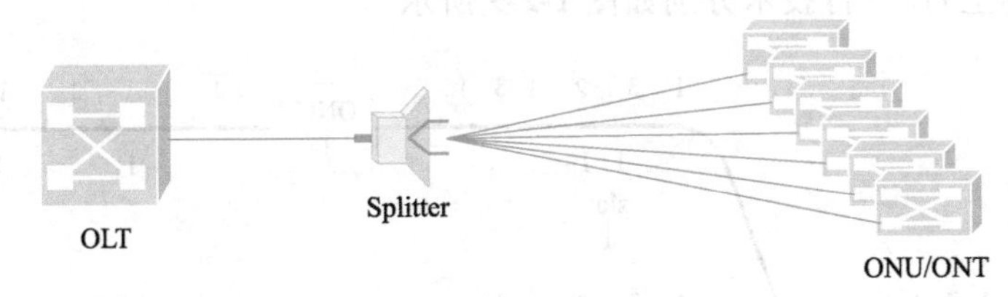

图1-2-8　EPON网络结构图

它的功能是分发下行数据,并集中上行数据。EPON中使用单芯光纤,在一根芯上转送上下行两个波(上行波长:1 310 nm,下行波长:1 490 nm,另外还可以在这个芯上下行叠加1 550 nm的波长,来传递模拟电视信号)。

OLT既是一个交换机或路由器,又是一个多业务提供平台,它提供面向无源光纤网络的光纤接口(PON接口)。根据以太网向城域和广域发展的趋势,OLT上将提供多个1 Gbit/s和10 Gbit/s的以太接口,可以支持WDM传输。OLT还支持ATM、FR以及OC3/12/48/192等速率的SONET的连接。如果需要支持传统的TDM话音,普通电话线(POTS)和其他类型的TDM通信(T1/E1)可以被复用连接到出接口,OLT除了提供网络集中和接入的功能外,还可以针对用户的QoS/SLA的不同要求进行带宽分配,网络安全和管理配置。OLT根据需要可以配置多块OLC(Optical Line Card),OLC与多个ONU通过POS(无源分光器)连接,POS是一个简单设备,它不需要电源,可以置于相对宽松的环境中,一般一个POS的分光比为8、16、32、64,并可以多级连接,一个OLT PON端口下最多可以连接的ONU数量与设备密切相关,一般是固定的。在EPON系统中,OLT到ONU间的距离最大可达20 km。

在下行方向,IP数据、语音、视频等多种业务由位于中心局的OLT采用广播方式通过ODN中的1∶N无源分光器分配到PON上的所有ONU单元。在上行方向,来自各个ONU的多种业务信息互不干扰地通过 ODN 中的 1:N 无源分光器耦合到同一根光纤，最终送到位于局端 OLT 接收端。

EPON 的优点主要表现在：

①相对成本低，维护简单，容易扩展，易于升级；EPON 结构在传输途中不需电源，没有电子部件，因此容易铺设，基本不用维护，长期运营成本和管理成本的节省很大；EPON 系统对局端资源占用很少，模块化程度高，系统初期投入低，扩展容易，投资回报率高；EPON 系统是面向未来的技术，大多数 EPON 系统都是一个多业务平台，对于向全 IP 网络过渡是一个很好的选择。

②提供非常高的带宽。EPON 目前可以提供上下行对称的 1.25 Gbit/s 的带宽，并且随着以太技术的发展可以升级到 10 Gbit/s。

③服务范围大。EPON 作为一种点到多点网络，可以利用局端单个光模块及光纤资源，服务大量终端用户。

④带宽分配灵活，服务有保证。对带宽的分配和保证都有一套完整的体系。EPON 可以通过 DBA（动态带宽算法）、DiffServ、PQ/WFQ、WRED 等来实现对每个用户进行带宽分配，并保证每个用户的 QoS。

EPON 从 OLT 到多个 ONU 下行传输数据和从多个 ONU 到 OLT 上行数据传输是十分不同的，所采取的不同的上行/下行技术分别如图 1-2-9 所示。

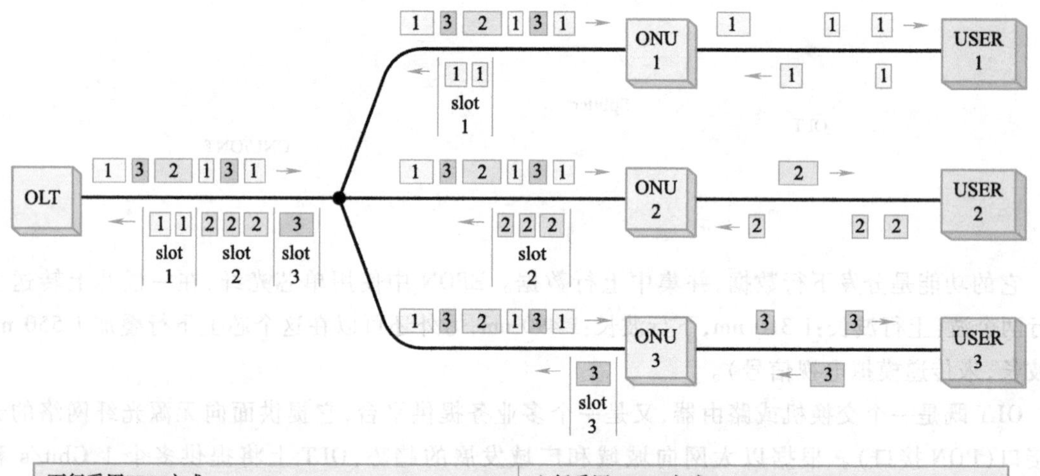

下行采用TDM方式 TDM（Time Division Multiplexing）	上行采用TDMA方式 TDMA（Time Division Multiple Access）
◆下行波长为1 490 nm ◆OLT发送的混合数据通过Splitter到达每个用户的ONU ◆每个ONU只接收发给自己的数据，丢弃其他数据	◆上行波长为1 310 nm ◆每个ONU在OLT允许的 时间段内向OLT发送数据 ◆无须冲突检测 ◆报文不需要分片

图 1-2-9　EPON 上下行传输原理

当 OLT 启动后，它会周期性地在本端口上广播允许接入的时隙等信息。ONU 上电后，根据 OLT 广播的允许接入信息，主动发起注册请求，OLT 通过对 ONU 的认证（本过程可选），允许 ONU 接入，并给请求注册的 ONU 分配一个本 OLT 端口唯一的一个逻辑链路标识（LLID）。

数据从 OLT 到多个 ONU 以广播式下行（时分复用技术 TDM），根据 IEEE 802.3ah 协议，每一个数据帧的帧头包含前面注册时分配的、特定 ONU 的 LLID,该标识表明本数据帧是给 ONU(ONU1,ONU2,ONU3…ONUn)中的唯一一个。另外,部分数据帧可以是给所有的 ONU(广播式)或者特殊的一组 ONU(组播),在本组网结构下,在分光器处,流量分成独立的三组信号,每一组载到所有 ONU 的信号。当数据信号到达 ONU 时,ONU 根据 LLID,在物理层上做判断,接收给它自己的数据帧,摒弃那些给其他 ONU 的数据帧。图中,ONU1 收到包 1、2、3,但是它仅仅发送包 1 给终端用户 1,摒弃包 2 和包 3。

对于上行,采用时分多址接入技术(TDMA)分时隙给 ONU 传输上行流量。当 ONU 在注册成功后,OLT 会根据系统的配置,给 ONU 分配特定的带宽,在采用动态带宽调整时,OLT 会根据指定的带宽分配策略和各个 ONU 的状态报告,动态地给每一个 ONU 分配带宽(动态带宽调整的进一步说明见后面章节)。带宽对于 PON 层面来说,就是多少可以传输数据的基本时隙,每一个基本时隙单位时间长度为 16 ns。在一个 OLT 端口(PON 端口)下面,所有的 ONU 与 OLT PON 端口之间时钟是严格同步的,每一个 ONU 只能够在 OLT 给它分配的时刻上面开始,用分配给它的时隙长度传输数据。通过时隙分配和时延补偿,确保多个 ONU 的数据信号耦合到一根光纤时,各个 ONU 的上行包不会互相干扰。对于安全性的考虑,上行方向,ONU 不能直接接收到其他 ONU 上行的信号,所以 ONU 之间的通信,都必须通过 OLT,在 OLT 可以设置允许和禁止 ONU 之间的通信,在默认状态下是禁止的,所以安全方面不存在问题。

对于下行方向,由于 EPON 网络,下行是采用广播方式传输数据,为了保障信息的安全,从几个方面进行保障:所有的 ONU 接入的时候,系统可以对 ONU 进行认证,认证信息可以是 ONU 的一个唯一标识(如 MAC 地址或者是预先写入 ONU 的一个序列号),只有通过认证的 ONU,系统才允许其接入。对于给特定 ONU 的数据帧,其他的 ONU 在物理层上,也会收到数据,在收到数据帧后,首先会比较 LLID(处于数据帧的头部)是不是自己的,如果不是,就直接丢弃,数据不会上二层,这是在芯片层实现的功能,对于 ONU 的上层用户,如果想窃听到其他 ONU 的信息,除非自己去修改芯片的实现。加密,对于每一对 ONU 与 OLT 之间,可以启用 128 位的 AES 加密。各个 ONU 的密钥是不同的。VLAN 隔离:通过 VLAN 方式,将不同的用户群,或者不同的业务限制在不同的 VLAN,保障相互之间的信息隔离。

2. EPON 层次模型

对于以太网技术而言,PON 是一个新的媒质。802.3 工作组定义了新的物理层。而对以太网 MAC 层以及 MAC 层以上则尽量做最小的改动以支持新的应用和媒质。EPON 的层次模型如图 1-2-10 所示。

(1)MPCP 子层

EPON 系统通过一条共享光纤将多个 DTE 连接起来,其拓扑结构为不对称的基于无源分光器的树形分支结构。MPCP 就是使这种拓扑结构适用于以太网的一种控制机制。EPON 作为 EFM 讨论标准的一部分,建立在 MPCP(Multi-Point Control Protocol,多点控制协议)基础上,该协议是 MAC control 子层的一项功能。MPCP 使用消息、状态机、定时器来控制访问 P2MP 的拓扑结构。在 P2MP 拓扑中的每个 ONU 都包含一个 MPCP 的实体,用以和 OLT 中的 MPCP 的一个实体相互通信。作为 EPON/MPCP 的基础,EPON 实现了一个 P2P 仿真子层,该子层使得 P2MP 网络拓扑对于高层来说就是多个点对点链路的集合。该子层是通过在每个数据报的前面加上一个 LLD(Logical Link Identification,逻辑链路标识)来实现的。该 LLID 将替换前导码中的两个字节。PON 认为拓扑结构中的根节点为主设备，即 OLT；将位于边缘部分的多个节点认为是从设备，即 ONU。MPCP 在点对多点的主从设备之间规定了一种控制机制以协调数据有效的发送和接收。系统运行过程中上行方向在一个时刻只允许一个 ONU 发送，位于 OLT 的高层负责处理发送的定时、不同 ONU 的拥塞报告、以便优化 PON 系统内部的带宽分配。EPON 系统通过 MPC PDU 来实现 OLT 与 ONU 之间的带宽请求、带宽授权、测距等。MPCP 涉及的内容包括 ONU 发送时隙的分配，ONU 的自动发现和加入，向高层报告拥塞情况以便动态分配带宽。MPCP 多点控制协议位于 MAC Control 子层。MAC Control 向 MAC 子层的操作提供实时的控制和处理。

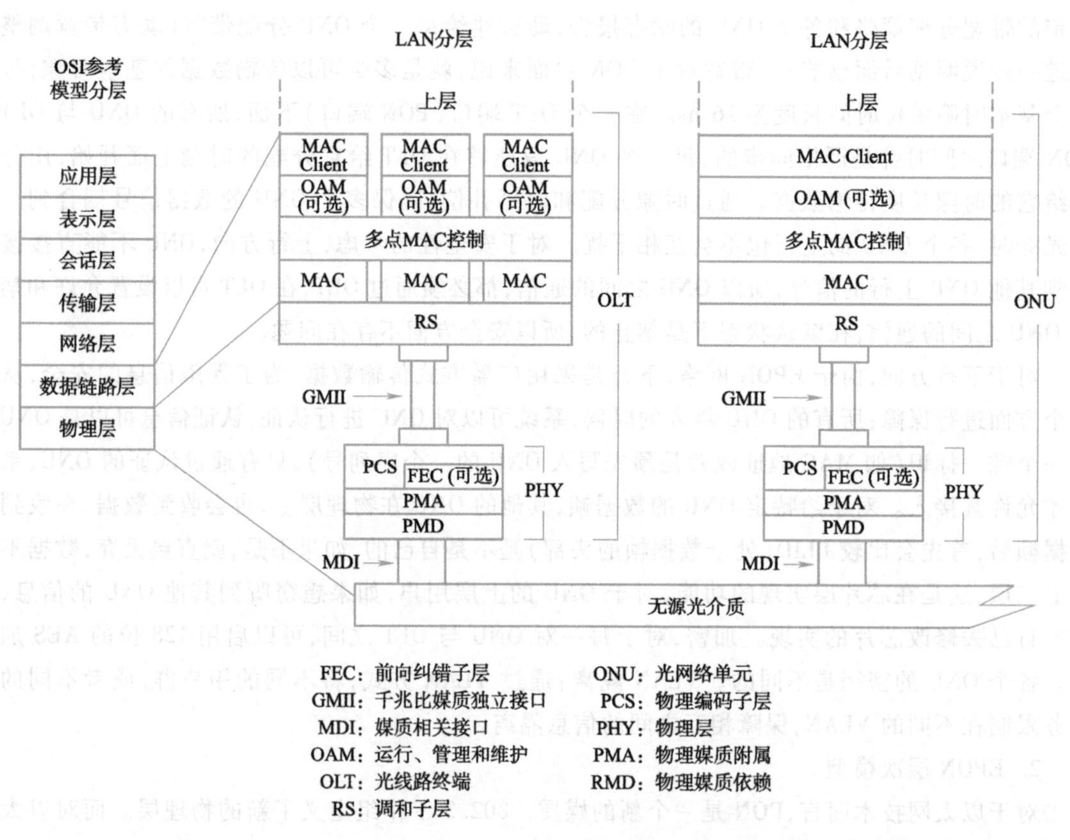

图 1-2-10 EPON 层次模型

EPON 的物理层(RS 子层、PCS 子层、PMA 子层、PMD 子层)通过 GMII 接口与 RS 层相连，担负着为 MAC 层传送可靠数据的责任。物理层的主要功能是将数据编成合适的线路码；完成数据的前向纠错；将数据通过光电、电光转换完成数据的收发。整个 EPON 物理层由如下几个子层构成：物理编码子层(PCS)、前向纠错子层(FEC)、物理媒体附属子层(PMA)、物理媒体依赖子层(PMD)。同千兆以太网的物理层相比，唯一不同的是 EPON 的物理层多了一个前向纠错子层，其他各层的名称、功能、顺序没有太大的变化。前向纠错子层完成前向纠错的功能。这个子层是一个可选的子层，它处在物理编码子层和物理媒体附属子层中间。它的存在引入使我们在选择激光器、分光器的分路比、接入网的最大传输距离时有了更大的自由。从宏观上讲，除了 FEC 层和 PMD 层以外，各子层基本上可以同千兆以太网兼容。

(2)PCS 子层

PCS 子层处于物理层的最上层。PCS 子层上接 GMII 接口下接 PMA 子层,其实现的主要技术为 8B/10B,10B/8B 编码变换。由于 10 bit 的数据能有效地减小直流分量,便于接收端的时钟提取,降低误码率,因此 PCS 子层需要把从 GMII 口接收到的 8 位并行的数据转换成 10 位并行的数据输出。这个高速的 8B/10B 编码器的工作频率是 125 MHz,它的编码原理基于 5B/6B 和 3B/4B 两种编码变换。PCS 的主要功能模块为:

①发送过程:从 RS 层通过 GMII 口发往 PCS 层的数据经过发送模块的处理(主要是 8B/10B):根据 GMII 发来的信号连续不断地产生编码后的数据流,经 PMA 的数据请求原语把它们立即发往 PMA 服务接口。输入的并行八位数据变为并行的十位数据发往 PMA。

②自动协商过程:设置标识通知 PCS 发送过程发送的是空闲码、数据,还是重新配置链路。

③同步过程:PCS 同步过程经 PMA 数据单元指示原语连续接收码流,并经同步数据单元指示原语把码流发往 PCS 接收过程。PCS 同步过程设置同步状态标志指示是否 PMA 层发送来的数据是否可靠。

④接收过程:从 PMA 经过同步数据单元指示原语连续接收码流。PCS 接收过程监督这些码流并且产生给 GMII 的数据信号,同时产生供载波监听和发送过程使用的内部标识、接收信号、监测包间空闲码。PCS 子层的发送、接收过程在自动协商的指示下完成数据收发、空闲信号的收发和链路配置功能。具体数据的收发满足 RD 平衡规则。在链路上传输的数据除了 256 个数据码之外,还有 12 个特殊的码组作为有效的命令码组出现。

在 EPON 系统中,按照单纤双向全双工的方式传送数据。当 OLT 通过光纤向各 ONU 广播时,为了对各 ONU 区别,保证只有发送请求的 ONU 能收到数据包,802.3ah 标准引入了 LLID。这是一个两字节的字段,每个 ONU 由 OLT 分配一个网内独一无二的 LLID 号,这个号码决定了哪个 ONU 有权接收广播的数据。这个两字节的字段所处的位置如图 1-2-11 所示。

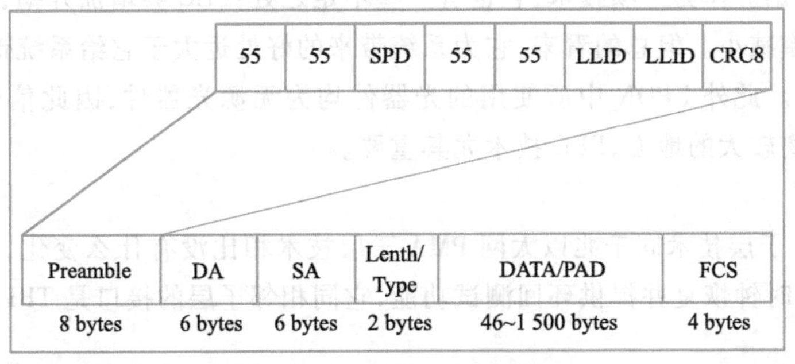

图 1-2-11　LLID 在帧中的位置

这个字段占据了原千兆以太网 802.3z 中前导码(preamble)部分两个字节的空间,同 802.3z 标准相比,SPD(或称 SLD,LLID 定界符在 EPON 中为 0XD5)的位置也滞后了。对于在 EPON 中新增的 LLID,我们可以把它当作数据发送出去,不用对 PCS 作什么变动。但是对于 EPON 中 SPD 位置的这种变化,我们必须给以足够的重视。普通的千兆网技术发送状态机根据 EVEN 或 ODD 的指示选择第一个或第二个字节用/S/来替代,也就是说 SPD 的位置可以是变化的。而在 EPON 的 PCS 技术中,SPD 的位置是固定的,我们要准确地把前导码的第三个字节用/

S/来替代,否则 ONU 会收不到正确的以太网包。这是因为 SPD 在整个八字节的前导码中有固定的位置,它起着指示 LLID 和 CRC 位置的作用。如果它不能出现在以太网包头中的第三个字节的话,就不能够得到正确的 LLID 值。没有正确的 LLID,处于等待状态的 ONU 就得不到想要的数据。在各 ONU 向 OLT 突发发送数据的时候,得到授权的 ONU 在规定时隙里发送数据包,没有得到授权的 ONU 处于休息状态。这种在上行时不是连续发送数据的通信模式称为突发通信。在 OLT 侧,PCS 的发送和接收都处于连续的工作模式;而在 ONU 侧的 PCS 子层接收方向是连续接收 OLT 侧来的广播数据,而在发送方向,却是在断断续续地工作。因此 EPON 的 PCS 子层不仅要能像普通的千兆 PCS 子层一样在连续的数据流状态下正常工作,在面对突发发送和突发接收时也要保持稳定。其中 OLT 侧的突发同步和突发接收是实现 EPON 系统 PCS 子层技术的关键。

(3)FEC 子层

FEC 子层的位置处在 PCS 和 PMA 之间,是 EPON 物理层中的可选部分。它的主要功能如下:发送 FEC 子层接收从 PCS 层发过来的包,先进行 10b/8b 的变换,然后执行 FEC 的编码的算法,用校验字节取代一部分扩展的包间间隔,最后再把整个包经过 8b/10b 编码并把数据发给 PMA 层。字节对齐 FEC 子层接收从 PMA 层的信号,对齐帧。当选择 FEC 子层的时候,PMA 子层的字节对齐就被禁止。接收把经字节对齐之后的数据进行 RS 译码、插入空闲码后发送数据到 PCS 层。

对于 EPON 系统而言,使用前向纠错技术的具体优点可以概括如下:可以减小激光器发射功率预算,减少功耗;可以增加光信号的最大传输距离;能有效地减小误码率,满足高性能光纤通信系统的要求,可以使误码率大大降低;大分路比的分光器的衰减很大,配合使用前向纠错技术,在同样的接入距离内,可以使用大分路比的分光器,支持更多的接入用户。前向纠错技术在 EPON 系统中的应用使我们可以选择使用价格低廉的 FP 激光器作为光源,大幅降低成本,减小在光模块方面的开销。作为一项技术,它也有一些不足之处:FEC 会增加开销,增加系统的复杂性,使有效传输速率减小。但总的看来,它为系统带来的好处远大于它给系统带来的不便,是一个很好的选择方案。此外 EPON 中所使用的光器件均为无源光器件,因此信号的传输距离有限,在一些接入距离较大的地方,FEC 技术尤其重要。

(4)PMA 子层

EPON 的 PMA 子层技术同千兆以太网 PMA 子层技术相比没有什么变化,其主要功能是完成串并、并串转换,时钟恢复并提供环回测试功能,它同相邻子层的接口是 TBI 接口。

(5)PMD 子层

EPON 的 PMD 子层的功能是完成光电、电光转换,按 1.25 Gbit/s 的速率发送或接收数据。802.3ah 要求传输链路全部采用光无源器件,光网络能支持单纤双向全双工传输。上下行的激光器分别工作在 1 310 nm 和 1 490 nm 窗口;光信号的传输要做到当光分路比较小的时候,最大传输 20 km 无中继。按所处位置的不同,光模块又可以分为局端和远端两种。对于远端的光模块而言,接收机处于连续工作状态,而发送机则工作于突发模式,只有在特定的时间段里激光器才处于打开状态,在剩下的时间段里,激光器并不发送数据。由于激光器发送数据的速率是 1.25 Gbit/s,因此要求激光器的开关的速度要足够快。同时要求在激光器处于关闭状态时,要使从 PMA 层发送过来的信号全部为低,以确保不工作的 ONU 激光器的输出总功率叠加不会对正在工作的激光器的信号造成畸变影响。

(三)掌握EPON关键技术

1. 物理层的关键技术

EPON是一种采用点到多点网络结构、无源光纤传输、基于以太网和TDM时分复用的(Media Access Control,MAC)媒体访问控制方式,提供多种综合业务的宽带接入技术。从物理层看,EPON从电气、机械、规程、功能特性等功能基本上采纳了Ethernet的GE或1000BASE的标准,包含物理层协议(Physical Layer Protocol,PHY)和物理媒介协议(Physical Medium Dependence Protocol,PMD)两大子层功能。在物理层,EPON使用1000BASE的以太网物理层协议PHY,无源光纤传输方式。

EPON数据链路层分为逻辑LLC(Link Layer Control Protocol)和MAC两大部分。LLC遵循的标准为802.2,MAC遵循的标准为802.3(CSMA/CD)等。EPON在数据链路层的MAC层采用MPCP,基于TDM时分复用的控制协议,OLT是控制中心,利用时间标记字段在下行传输GATE MAC控制信息,使ONU与OLT同步,ONU接收GATE信息并传送REGISTER_REQUEST信息,在预定的时间周期内将其注册到OLT,OLT利用REGISTER信息回复给ONU,用以指明认可ONU的注册。这样通过对时间分片,将不同的时间片指定给不同的ONU设备,使用ONU自动回报带宽需求给OLT,然后OLT自动发现ONU的过程,包含了带宽排序和LLID的指定,灵活地将不同的网络带宽赋予不同带宽需求的ONU,实现动态带宽分配(Dynamic Bandwidth Allocation,DBA),实现了用户带宽的有效控制,从而避免数据传输过程的冲突问题及复杂的冲突检测问题。而这种带宽控制功能一般需要在路由器或者宽带接入服务器上才能够实现,是Ethernet所不具备的。OLT与ONU的光收发器的参数由OLT与ONU的交流控制机制而达到最佳状态。

2. 数据链路层的关键技术

局域网交换机(以太网交换机)从功能的角度可以分为二层交换和三层交换。二层交换是根据MAC地址转发数据,三层交换是根据IP地址转发数据。二层交换机内部有一个反映各站的MAC地址与交换机端口对应关系的MAC地址表。当交换机的控制电路收到数据包以后,处理端口会查找内存中的MAC地址对照表以确定目的MAC的站点挂接在哪个端口上,通过内部交换矩阵迅速将数据包传送到目的端口。MAC地址表中若无目的MAC地址,则将数据包广播到所有的端口,接收端口回应后交换机会"学习"新的地址,并把它添加入内部地址表中。交换机支持广播或组播。广播数据帧是从一个站点发送到其他所有站点的帧。交换机收到目的地址为全1的数据包时,将该数据包发送到其他所有端口。交换机对组播帧的转发与广播类似,将该数据包发送到其他所有端口。

虚拟局域网VLAN大致等效于一个广播域,即VLAN模拟了一组终端设备,虽然它们位于不同的物理网段上,但是并不受物理位置的束缚,相互间通信就好像它们在同一个局域网中一样。交换式局域网的发展是VLAN产生的基础,VLAN是一种比较新的技术。划分VLAN的方法主要有:根据端口,根据MAC地址,根据IP地址等。

数据链路层的关键技术主要包括:上行信道采用时分多址接入技术(TDMA),分时隙给各个ONU传输上行数据流。来自各个ONU的多种业务信息根据各自分配到的时隙,互不干扰地通过ODN无源分光器耦合到同一根光纤,最后送到OLT接收头端。OLT每一个端口(PON口)

下面所有的 ONU 与 OLT PON 端口之间时钟是严格同步的，每一个 ONU 只能在 OLT 给它分配的特定允许时隙传输数据，通过时隙分配和时延补偿，确保多个 ONU 的数据信号耦合到一根光纤时，各个 ONU 的上行数据不会互相干扰。EPON 具备一系列比如有效的带宽控制、优先权处理、点对多点等优越的特性。在传输机制上，通过 MAC 控制命令来控制和优化各 ONU 与 OLT 之间突发性数据通信和实时的 TDM 通信，通过在 MAC 层中实现 802.1p 来提供 QoS 确保服务质量。

下行信道采用广播方式，数据从 OLT 到多个 ONU 根据不同的时间片段以广播式下行（TDM 时分复用技术），通过 ODN 中的 1:N（一般是 1:32）无源分光器，分配给 PON 上所有 ONU 光网络单元。当 OLT 启动后，它会周期性地在各端口上广播允许接入的时隙允许接入信息，ONU 上电后根据允许接入信息，发起注册请求，实现 OLT 对 ONU 的认证，允许请求注册的合法的 ONU 接入，并给 ONU 分配一个唯一的逻辑链路标识，当数据信号到达该 ONU 时，ONU 根据 LLID 在物理层上做出判断，接收给它的数据帧，摒弃不是给自己的数据帧。带宽分配和时延控制可以由高层协议完成，因而上行信道的 MPCP 便成为 EPON 的 MAC 层技术的核心。目前的 802.3ah 标准确定在 EPON 的 MAC 层中增加 MPCP 子层。

MPCP 子层的基石主要有三点：一是上行信道采用定长时隙的 TDMA 方式，但时隙的分配由 OLT 实施；二是对于 ONU 发出的以太网帧不作分割，而是组合，即：每个时隙可以包含若干个 802.3 帧，组合方式由 ONU 依据 QoS 决定；三是上行信道必须有动态带宽分配（DBA）功能支持即插即用、服务等级协议（SLA）和 QoS。

（1）DBA

目前 MAC 层争论的焦点在于 DBA 的算法及 802.3ah 标准中是否需要确定统一的 DBA 算法，由于直接关系到上行信道的利用率和数据时延，DBA 技术是 MAC 层技术的关键。带宽分配分为静态和动态两种，静态带宽由打开的窗口尺寸决定，动态带宽则根据 ONU 的需要，由 OLT 分配。TDMA 方式的最大缺点在于其带宽利用率较低，采用 DBA 可以提高上行带宽的利用率，在带宽相同的情况下可以承载更多的终端用户，从而降低用户成本。另外，DBA 所具有的灵活性为进行服务水平协商（SLA）提供了很好的实现途径。

目前的方案是基于轮询的带宽分配方案，即：ONU 实时地向 OLT 汇报当前的业务需求（Request）（如：各类业务在 ONU 的缓存量级），OLT 根据优先级和时延控制要求分配（Grant）给 ONU 一个或多个时隙，各个 ONU 在分配的时隙中按业务优先级算法发送数据帧。由此可见，由于 OLT 分配带宽的对象是 ONU 的各类业务而非终端用户，对于 QoS 这样一个基于端到端的服务，必须有高层协议介入才能保障。

（2）系统同步

因为 EPON 中的各 ONU 接入系统是采用时分方式，所以 OLT 和 ONU 在开始通信之前必须达到同步，才会保证信息正确传输。要使整个系统达到同步，必须有一个共同的参考时钟，在 EPON 中以 OLT 时钟为参考时钟，各个 ONU 时钟和 OLT 时钟同步。OLT 周期性的广播发送同步信息给各个 ONU，使其调整自己的时钟。EPON 同步的要求是在某一 ONU 的时刻 T（ONU 时钟）发送的信息比特，OLT 必须在时刻 T（OLT 时钟）接收他。在 EPON 中由于各个 ONU 到 OLT 的距离不同，所以传输时延各不相同，要达到系统同步，ONU 的时钟必须比 OLT 的时钟有一个时间提前量，这个时间提前量就是上行传输时延，也就是如果 OLT 在时刻 0 发送一个比特，

ONU 必须在它的时刻 RTT(往返传输时延)接收。RTT 等于下行传输时延加上上行传输时延，这个 RTT 必须知道并传递给 ONU。获得 RTT 的过程即为测距(ranging)。当 EPON 系统达到同步时，同一 OLT 下面的不同 ONU 发送的信息才不会发生碰撞。

(3)测距和时延补偿

由于 EPON 的上行信道采用 TDMA 方式，多点接入导致各 ONU 的数据帧延时不同，因此必须引入测距和时延补偿技术以防止数据时域碰撞，并支持 ONU 的即插即用。准确测量各个 ONU 到 OLT 的距离，并精确调整 ONU 的发送时延，可以减小 ONU 发送窗口间的间隔，从而提高上行信道的利用率并减小时延。另外，测距过程应充分考虑整个 EPON 的配置情况。例如，若系统在工作时加入新的 ONU，此时的测距就不应对其他 ONU 有太大的影响。EPON 的测距由 OLT 通过时间标记(Timestamp)在监测 ONU 的即插即用的同时发起和完成，如图 1-2-12 所示。

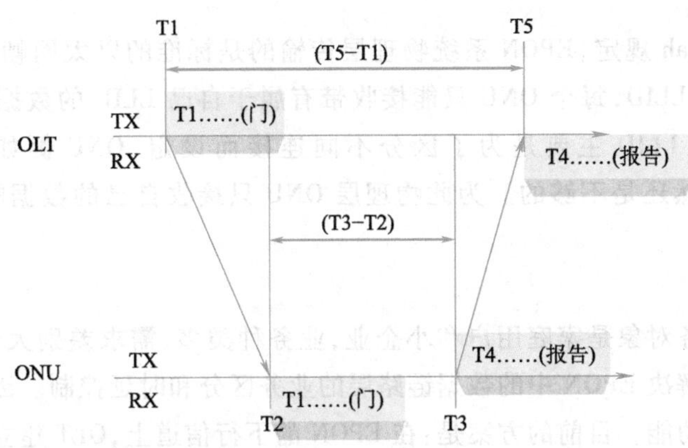

图 1-2-12　LLID 测距和时延补偿

基本过程如下：OLT 在 T1 时刻通过下行信道广播时隙同步信号和空闲时隙标记，已启动的 ONU 在 T2 时刻监测到一个空闲时隙标记时，将本地计时器重置为 T1，然后在时刻 T3 回送一个包含 ONU 参数的(地址、服务等级等)在线响应数据帧，此时，数据帧中的本地时间戳为 T4；OLT 在 T5 时刻接收到该响应帧。通过该响应帧 OLT 不但能获得 ONU 的参数，还能计算出 OLT 与 ONU 之间的信道延时 RTT = T2 − T1 + T5 − T3 = T5 − T4。之后，OLT 便依据 DBA 协议为 ONU 分配带宽。当 ONU 离线后，由于 OLT 长时间(3 min)收不到 ONU 的时间戳标记，则判定其离线。

(4)RTT 补偿

在 OLT 侧进行延时补偿，发送给 ONU 的授权反映出由于 RTT 补偿的到达时间。例如，如果 OLT 在 T 时刻接收数据，OLT 发送包括时隙开始的 GATE = T − RTT。在时戳和开始时间之间所定义的最小延时，实际上就是允许处理时间。在时戳和开始时间之间所定义的最大延时，是保持网络同步。

3. QoS 问题

在 EPON 中支持 QoS 的关键在三个方面:一是物理层和数据链路层的安全性;二是如何支持业务等级区分;三是如何支持传统业务。

(1)安全性

在传统的以太网中,对物理层和数据链路层安全性考虑甚少。因为在全双工的以太网中,是点对点的传输,而在共享媒体的 CSMA/CD 以太网中,用户属于同一区域。但在点到多点模式下,EPON 的下行信道以广播方式发送,任何一个 ONU 可以接收到 OLT 发送给所有 ONU 的数据包。这对于许多应用,如付费电视、视频点播等业务是不安全的。MAC 层之上的加解密控制只对净负荷加密,而保留帧头和 MAC 地址信息,因此非法 ONU 仍然可以获取任何其他 ONU 的 MAC 地址;MAC 层以下的加密可以使 OLT 对整个 MAC 帧各个部分加密,主要方案是给合法的 ONU 分配不同的密钥,利用密钥可以对 MAC 的地址字节、净负荷、校验字节甚至整个 MAC 帧加密。

根据 IEEE 802.3ah 规定,EPON 系统物理层传输的是标准的以太网帧,对此,802.3ah 标准中为每个连接设定 LLID,每个 ONU 只能接收带有属于自己 LLID 的数据报,其余的数据报丢弃不再转发。不过 LLID 主要是为了区分不同连接而设定,ONU 侧如果只是简单根据 LLID 进行过滤,很显然还是不够的。为此物理层 ONU 只接收自己的数据帧,AES 加密,ONU 认证。

(2)业务区分

由于 EPON 的服务对象是家庭用户和小企业,业务种类多,需求差别大,计费方式多样,而利用上层协议并不能解决 EPON 中的数据链路层的业务区分和时延控制。因此,支持业务等级区分是 EPON 必备的功能。目前的方案是:在 EPON 的下行信道上,OLT 建立 8 种业务队列,不同的队列采用不同的转发方式;在上行信道上,ONU 建立 8 种业务端口队列,既要区分业务又要区分不同用户的服务等级。此外,由于 ONU 要对 MAC 帧组合,以便时隙突发并提高上行信道的利用率,所以进一步引入帧组合的优先机制用于区分服务。

(3)对传统业务的支持

在组网方式上 EPON 和传统以太网、ADSL 接入、HFC 同轴电缆接入等宽带接入方式都能够比较好的进行融合,这也给 PON 设备的迅猛发展提供了基础。

二、了解 GPON 技术

(一)GPON 技术概述

1. GPON 技术简介

GPON 技术是基于 ITU-TG.984.x 标准的最新一代宽带无源光综合接入标准,具有高带宽、高效率、大覆盖范围、用户接口丰富等众多优点,被大多数运营商视为实现接入网业务宽带化,综合化改造的理想技术。

ITU-TG.984.x 标准包括以下一些项目的说明:

(1)G.984.1 GPON 总体特性说明

①GPON 网络参数说明;

②保护倒换组网要求;

③建议的接口类型和业务类型。

(2)G.984.2 GPON PMD(Physical Media Dependent)层规格要求 ODN 参数规格

①2.488Gbit/s 下行光接口参数规格要求;

②1.244Gbit/s 上行光接口参数规格要求;

③物理层开销分配。

(3)G.984.3 GPON TC(Transmission Convergence)层规格

①GTC 复用结构及协议栈介绍;

②GTC 帧结构介绍;

③GTC 消息(PLOAM);

④ONU 注册激活流程;

⑤DBA 规格要求;

⑥加密和 FEC;

⑦告警和性能。

(4)G.984.4 OMCI(ONT Management and Control)接口规格

①OMCI 消息结构介绍;

②OMCI 设备管理框架;

③OMCI ANI(上行接口)相关实体说明;

④OMCI UNI(用户接口)相关实体说明;

⑤OMCI 连接管理和流量管理相关实体说明;

⑥OMCI 实现原理简述。

2. GPON 准封装方式

ATM 方式是已有 APON/BPON 标准的一种演进,所有业务流在用户端被封装并被传回中心局。GEM 方式是为 GPON 量身定做的一种封装格式,来源于 SONET/SDH 通用成帧协议 GFP,它能对全业务进行映射并穿越 GPON 网络。GEM 支持以固有格式传输数据,无须附加 ATM 或 IP 封装。GEM 从帧结构而言和其他的数据封装方式类似,但是 GEM 是内嵌在 PON 中的,它独立于 OLT 端的 SNI 和 ONU 端的 UNI,只被识别于 GPON 系统内。

3. GPON 的上下行传输速率

根据 ITU-TG.984.x 标准对 GPON 设备的上下行速率层次进行了说明,各个速率等级如下:

①0.15552 Gbit/s up, 1.24416 Gbit/s down;

②0.62208 Gbit/s up, 1.24416 Gbit/s down;

③1.24416 Gbit/s up, 1.24416 Gbit/s down;

④0.15552 Gbit/s up, 2.48832 Gbit/s down;

⑤0.62208 Gbit/s up, 2.48832 Gbit/s down;

⑥1.24416 Gbit/s up, 2.48832 Gbit/s down;

⑦2.48832 Gbit/s up, 2.48832 Gbit/s down;

(二)分析 GPON 协议分析和业务映射

1. GPON 协议栈

从控制和业务的角度,GPON 由控制/管理平面(C/M 平面)和用户平面(U 平面)组成。其中 C/M 平面完成的工作包括管理用户数据流、完成安全加密等 OAM 功能；U 平面完成用户数据流的传输，如图 1-2-13 所示。

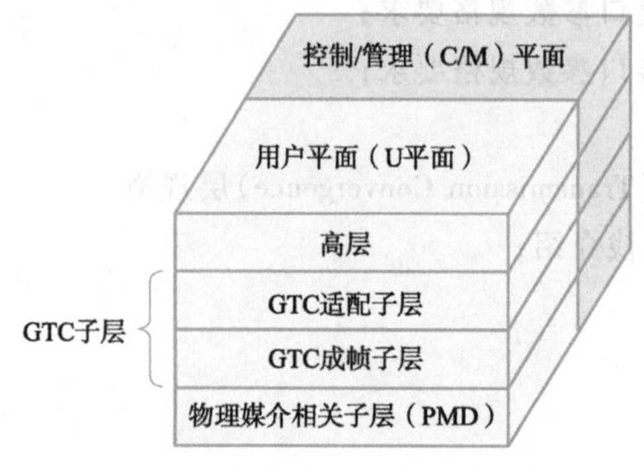

图 1-2-13　GPON 协议栈

它们分别是：

- GTC 协议栈；
- GTC 成帧子层(GTC Layer)；
- 复用解复用功能；
- 帧头的产生和解码；
- 基于 Alloc-ID 的内部交换功能；
- 适配子层(TC Adaptation sublayer)。

GPON 协议栈由 ATM TC 适配器，GEM TC 适配器和 OMCI 适配器组成。ATM 和 GEM TC 适配器处理从各种 GTC 成帧子层来的 PDU，以及将这些 PDU 分到各自的分区。此外还可以通过 VPI/VCI 或 Port-ID 识别 OMCI 通道，OMCI 适配器可以和 ATM 和 GEM TC 适配器交换 OMCI 通道数据并把它传送到 OMCI 实体，如图 1-2-14 所示。

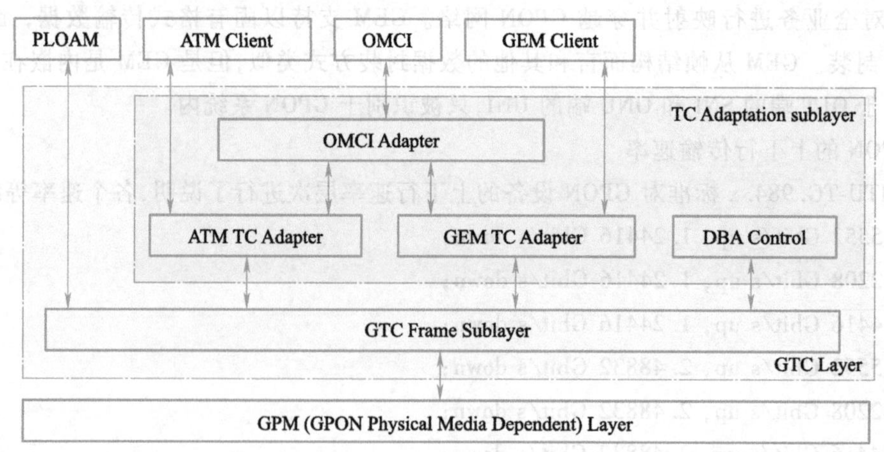

图 1-2-14　GPON 协议栈层次

(1)C/M 平面

G. 984. 3 定义：C/M 平面由三部分组成：嵌入式 OAM、PLOAM 和 OMCI。嵌入式 OAM 和

PLOAM 通道管理 PMD 功能和 GTC 层。其中,嵌入式 OAM 和 PLOAM 供物理层和传输汇聚层使用,而 OMCI 供高层应用使用。

①OAM(Operations, Administration and Maintenance)信息直接映射到帧中的相应域,保证了控制信息的传送与处理实时性。嵌入式 OAM 通道通过 GTC 帧头中域格式信息来提供(BDMap,DBRu 等)。功能包括:带宽授权,密匙轮换和动态带宽分配信令(DBA 的功能属于 EOAM 的一部分)。DBA 帧还可以作为上行帧的净荷传输。

下行帧帧头 PCBd(下行物理层控制块):其中 US BWMap 用来控制上行帧中的在各 Alloc ID 的时隙分配;上行帧帧头:DBRu(Dynamic Bandwidth Report upstream)。上行帧净荷:DBA 帧。

②PLOAM(Physical Layer OAM)。PLOAM 用于物理层的 OAM,传送物理层和 TC 层中不通过 OAM 信道传送的所有信息。G. 984. 3 定义了 19 种下行 PLOAM 信息,9 种上行 PLOAM 信息,可实现 ONU 的注册及 ID 分配、测距、Port ID 分配、VPI/VCI 分配、数据加密、状态检测、误码率监视等功能。通过信息交互方式实现,实时性低于嵌入式 OAM 通道的低时延通道。下行帧帧头 PCB:其中 PLOAM;上行帧帧头:PLOAM;这两个域都是 13Byte。作为 PLOAM 的通道用于传递 PLOAM 的 Message。

③OMCI(ONU Management and Control Interface)。对 ONT 的管理和控制接口(OMCI)由 G. 984. 4 定义。提供了另一种 OAM 服务,用于实现对高层的管理。OMCI 类似于 SNMP,是 OLT 和 ONT 之间运行的协议,是终端管理的协议。

(2)U 平面

G. 984. 3 定义:在 U 平面传送流通过流量类型识别(ATM 或 GEM 模式)端口 ID 或 VPI。传送流类型的下游或上游配置分区 ID 可表示(分配 ID)传送的数据。

GPON 在传输过程中可以通过初始化选择的方式,选取 ATM 模式和/或 GEM 模式。以 GEM 传输模式为例,在下行方向,GEM 帧通过 OLT 封装在 GEM 块中传输到 ONU,ONU 的成帧子层对 GEM 帧进行解压,然后交由适配子层根据 Port-ID 进行过滤,使含有相应 Port-IDGEM 帧到达 GEM 客户端。在上行方向,GEM 通过一个或多个 T-CONT 进行传输,每个 T-CONT 只和一个或多个 GEM 流相关,这样保证复用时不会产生错误,U 平面协议栈如图 1-2-15 所示。

2. GPON 标识

(1)T-CONT(Transmission Containers)

像 PON 一样的树形共享媒体接入网络需要分布式复用功能,将需求不同的许多用户和业务汇聚在一起。为了保证 QoS 敏感的业务不受其他业务的影响,需要更高层次的汇聚,在 PON 称为 T-CONT。

一个 T-CONT 对应一种带宽业务流,这种业务流有自己的 QoS 特征,QoS 特征主要体现在带宽保证上,分为固定带宽、保证带宽、保证/不保证带宽、尽力转发、混合方式五种。T-CONT 主要是从带宽的保证角度而不是从业务的种类(如 CBR,UBR 等,这里包含了带宽、延时、抖动等的考虑)来划分的。

每个 T-CONT 用 Alloc-ID 来标识。每个 T-CONT 的流量由多个 VP 或 Port 组成。而每个 T-CONT 中的 VP 或 Port 可以是来自任意 ONU 的。T-CONT 是业务流量的集合体,通过 Alloc-ID

标识,一种 T-CONT 只能承载一种数据类型。

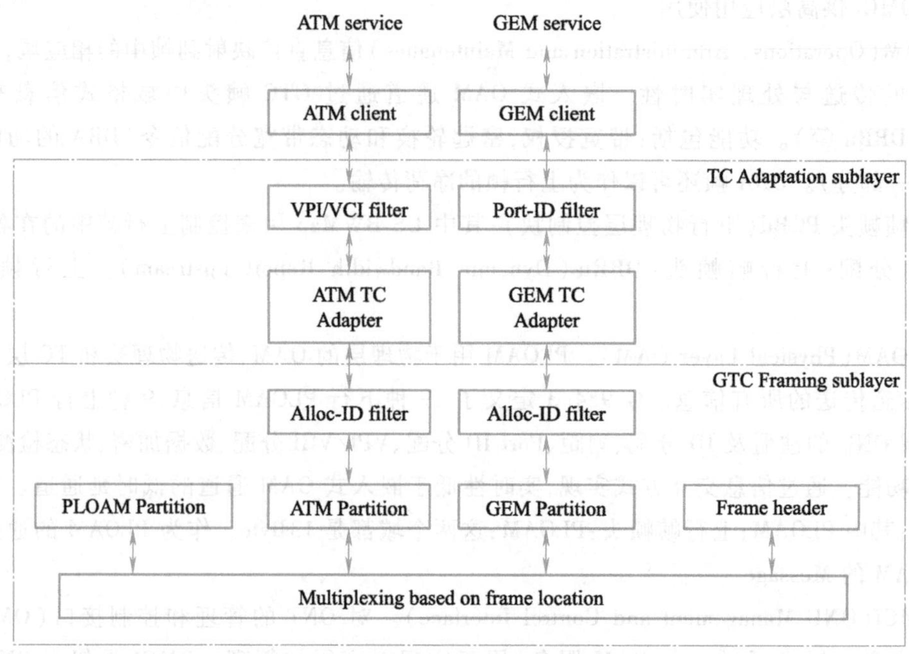

图 1-2-15　U 平面协议栈

T-CONT 如同 access list 一样,可以指定一个 T-CONT 最大、最小带宽,然后在配置某个端口的时候引用 access-group,这个 Port 就加入到该 T-CONT 了,相当于 PVC 的流量模板。

(2)PORT

GPON 的 GEM 与 ATM 部分类似也是面向虚连接的。在 OLT 和 ONT 之间必须建立虚连接才能转发数据。每个 GEM 的连接用 PortID 来标识。

T-CONT 是从带宽的角度标识各种业务流的类型,而 Port ID 标识的是 ONU 的业务虚端口(虚连接),即标识是具体的业务流承载的通道,这种通道是虚拟的,PortID 能起到地址的作用,如同 VP 一样。

可以将各种业务与 GEM 的虚连接关联起来,比如将某种 VLAN 的所有流量映射到某个 Port/VP 上,或将每个源 MAC 的所有流量映射到某个 Port 上,也可以将一种流(流分类规则定义出来的流)作为一种业务由某个 PortID 来标识。在这里,PortID 的用法和含义与 VPI/VCI 完全一样。

(3)GPON 地址

GPON 是点到多点的结构,下行需要地址(或者连接标识),并且 OLT 终结了 GEM 不转发。ONU 的地址(或者连接标识)是 VPI 或 Port-ID,ONU 只接收自己对应的 VPI 或 Port-ID 的报文。发往 OLT 的报文也携带自己的 VPI 或 Port-ID。这点如同 PPP 的 session ID 和 ATM 的 PVC。OLT 无须地址,但是它需要知道用户流 Alloc-ID。每个 ONT 中有三个 ID,都可以起到地址的作用:ONT ID,ALLOC ID,PORT ID。

①ONT ID:每个 ONT 一个。

②ALLOC ID：每个 ONT 上可以有多个 T-CONT，每个 T-CONT 对应一个由系统自动生成的 ALLOC ID（ALLOC ID = 256 × T - CONT ID + ONT ID），各 ONT 的各个 ALLOC ID 不同。

③PORT ID：每个 ONT 上每个 T-CONT 都可以有多个 PORT ID，每个 PORT ID 只能属于一个 T-CONT，同一个 PON 端口下的 PORT ID 不能重复。

（三）掌握 GPON 关键技术

1. GPON 帧结构

由于采用 GFP 映射，GPON 的传输汇聚层本质上是同步的，并使用标准 SDH 的 125 μs 帧，因而使得 GPON 可以直接支持 TDM 业务。一个物理层帧中可以包含多个 ONT 的 GEM 的帧，不论是上行帧还是下行帧。GPON 帧中分两部分：帧头和净荷。帧中信息有两种：一是数据信息，二是控制信息。其中控制信息又分为 OMCI、EOAM、PLOAM。数据信息都是在净荷中，而控制信息有的在净荷中，有的在帧头中，如表 1-2-1 所示。

表 1-2-1　帧信息分布

位置 信息	帧　头	净　荷
数据		√
OMCI		√
EOAM	√	√（DBA 帧）
PLOAM	√	

下行帧的净荷部分只有两种：ATM 信元、GEM 信元。

上行帧的净荷部分有三种：ATM 信元、GEM 信元、DBA 帧。

（1）GPON 下行帧

GTC 在上行方向提供业务流的媒体接入控制功能，GTC 是通过下行 GTC 数据帧的控制字节来完成对上行方向每个 ONU 发送的 T-CONT 进行控制的。GPON 下行数据帧的帧头 PCBd 的 US BW Map 字段就是用于对 ONU 发送数据进行授权。该字段指示哪个 Alloc ID（一个 ONU 可以对应一个 Alloc ID 或多个 ID）何时开始发送数据何时停止发送数据。这样，在正常情况下，上行方向的任意时刻都只有一个 ONU 在发送数据。US BW Map 字段的指针指示的数值是以字节为单位，GPON 系统可以实现以 64 kb/s 为步长的上行带宽分配。对上行帧的授权是每个帧都要进行的，即使没有下行数据也要发空下行帧来对上行帧进行授权。

GPON 的下行是同步的，每隔 125 μs 为一个下行帧。下行帧的长度固定为 125 μs，38 880 字节（2.48832 Gbit/s）。每个下行帧以广播的形式发往多个 ONT。收到下行帧后，每个 ONT 先处理帧头 PCBd，然后取出净荷中属于自己的 PortID 的 GEM 的帧，如图 1-2-16 所示。

（2）GPON 上行帧

上行帧没有一个特有的公共帧头帧尾，一个上行帧可以包含多个 ONT 的数据。

上行帧长 125 μs，帧格式的组织由下行帧中 US BW Map 域确定。US BW Map 不但通过时隙的授权决定了上行帧中各 ONT 子帧的次序，也决定了每个 ONT 子帧的格式。每个子帧可以由5个域组成。

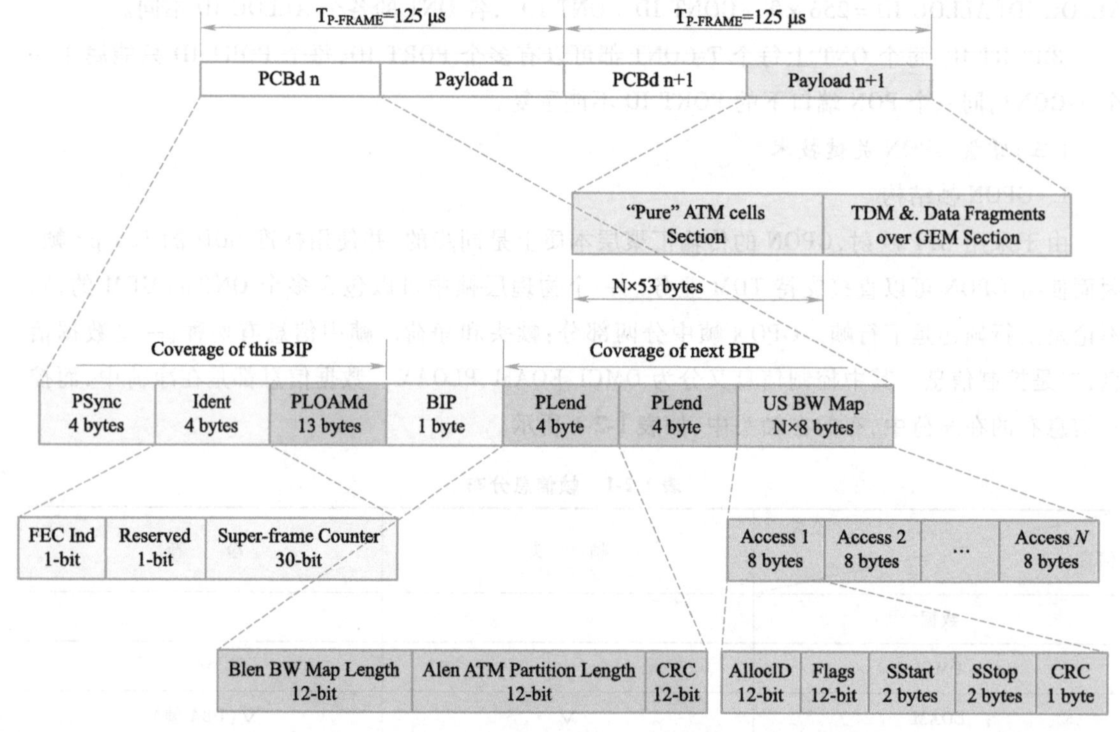

图 1-2-16　U GPON 下行帧结构

①PLOu:(Physical Layer Overhead upstream,上行物理层开销)突发同步,包含前导码、定界符、BIP、PLOAMu 指示及 FEC 指示,其长度由 OLT 在初始化 ONU 时设置,ONU 在占据上行信道后首先发送 PLOu 单元,以使 OLT 能够快速同步并正确接收 ONU 的数据。

②PLSu:为功率测量序列,长度 120 字节,用于调整光功率。

③PLOAMu:(PLOAM upstream)用于承载上行 PLOAM 信息,包含 ONU ID、Message ID、Message 及 CRC,长度 13 字节。

④DBRu:包含 DBA(动态带宽调整)域及 CRC 域,用于申请上行带宽,共 2 字节。

⑤Payload 域填充 ATM 信元或者 GEM 帧。不管是 ATM 信元还是 GEM 帧,其中都内含有发送者的 PortID。

每个子帧中这五个域并不是一定都要有。每个上行帧中各个 ONT 的子帧都要有自己的 PLOu 和净荷。但 PLSu,PLOAMu,DBRu 则是可选的,由 OLT 通过下行帧进行授权的同时指明每个 ONT 是否需要发送这三个字段。OLT 通过 US BW Map 中的每个 ONT 对应的 Flag 进行指明。

总体上来说上行帧长 125 μs 没有特定帧的意义,应该仅仅表示了 OLT 对上行发送数据的授权是以 125 μs 为单位的,即每次只授权 125 μs 的时隙分配。而且这个 125 μs 也仅仅是为了和下行帧时间上对齐。更进一步说根本就没有上行帧实体,只是各 ONT 的上行子帧实体,如下图 1-2-17 所示。

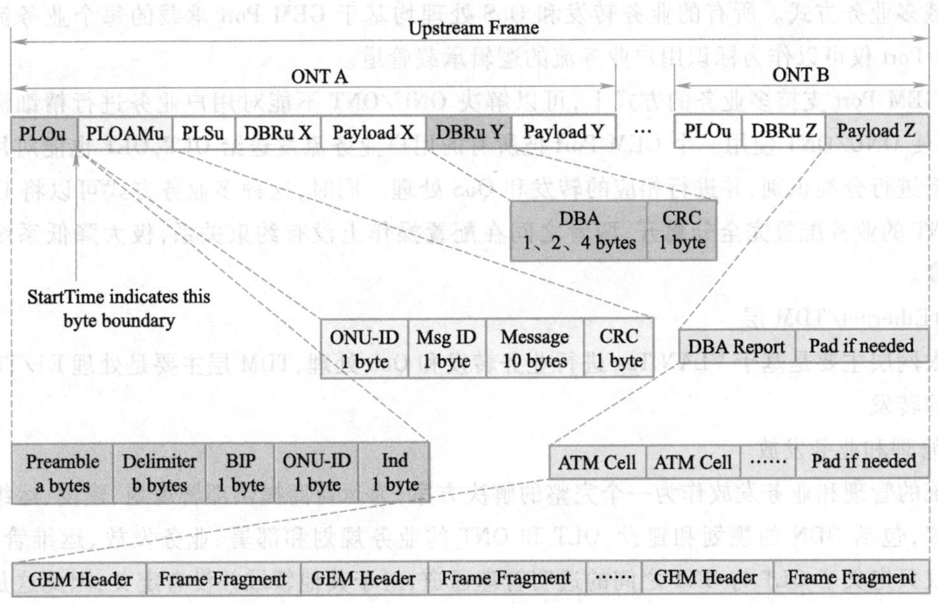

图 1-2-17　U GPON 上行帧结构

2. 业务承载能力

在 GPON 系统中，其业务承载主要分为三层：GTC 层、GEM 层、Ethernet/TDM 层。GPON 系统业务构架如图 1-2-18 所示。

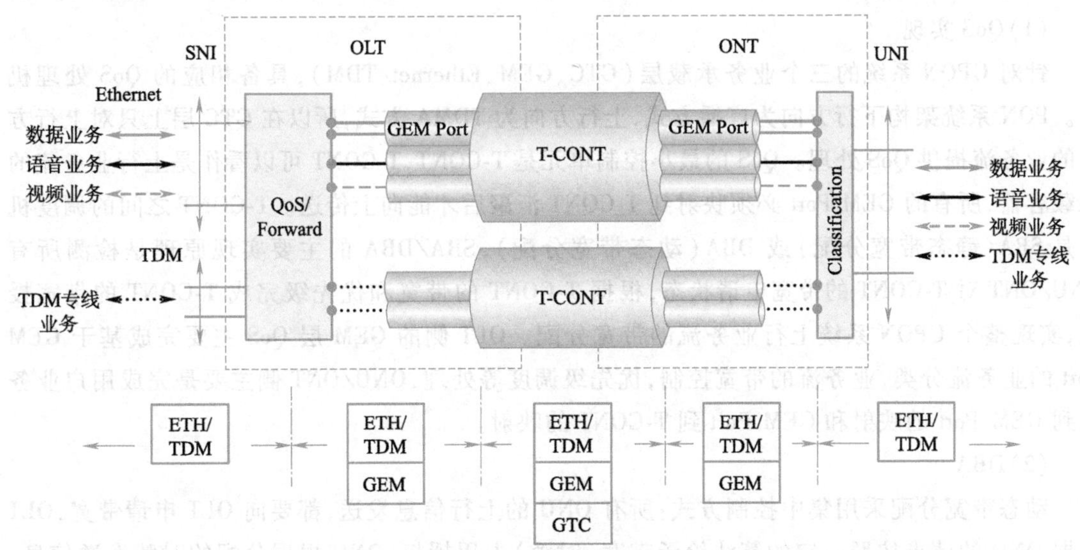

图 1-2-18　GPON 系统业务构架

(1) GTC 层

GTC 层主要负责 GEM 帧的传输，完成 GEM 帧的成帧和适配处理，以及上行业务的 QoS 和下行数据安全性保证，其主要传送数据的控制单元是 T-CONT。

(2) GEM 层

通过 GEM Port 来标识 ONU/ONT 不同的业务流，每个 GEM Port 即可以承载单业务，也可以支持承载多业务方式。所有的业务转发和 QoS 处理均基于 GEM Port 承载的每个业务流来处理,GEM Port 仅可以作为标识用户业务流的逻辑承载管道。

在 GEM Port 支持多业务的方式下,可以解决 ONU/ONT 不能对用户业务进行精细流分类问题,即使 ONU/ONT 使用一个 GEM Port 把所有的用户业务流发送给 OLT,OLT 也能对用户业务流重新进行分类识别,并进行相应的转发和 QoS 处理。同时,这种多业务方式可以将 OLT 和 ONU/ONT 的业务配置完全分离开,两者之间在配置操作上没有约束关系,极大降低系统处理的复杂度。

(3)Ethernet/TDM 层

以太网层主要是基于 VLAN Tag 进行业务转发和 QoS 处理,TDM 层主要是处理 E1/T1 端口和业务的转发。

3. 管理和业务发放

系统的管理和业务发放作为一个完整的解决方案,为运营商提供部署规划、建设、运维等全流程建议,包括 ODN 的规划和建设,OLT 和 ONT 的业务规划和部署、业务发放、运维管理等。由于协议只定义了 OLT 与 ONT 之间的透明管理通道,对于其他领域并没有定义,因此这是一个开放系统,需要根据实际的应用场景确定具体的解决方案。其中:

①ODN 规划和建设,目前尚无完整解决方案,后续会有专题介绍。

②OLT、ONT 业务发放和运维管理,会涉及 OSS、网管,需要和终端管理、业务发放流程配合使用,需要全局考虑。详细的解决方案,本文不做介绍,后续将通过专题形式进行介绍。

4. QoS&DBA

(1)QoS 实现

针对 GPON 系统的三个业务承载层(GTC、GEM、Ethernet/TDM),具备相应的 QoS 处理机制。PON 系统架构下行方向为广播方式,上行方向为 TDMA 方式,所以在 GTC 层上只对上行方向的业务流提供 QoS 处理。QoS 的最小控制单元是 T-CONT,T-CONT 可以看作是上行业务流的承载容器,所有的 GEM Port 必须映射到 T-CONT 汇聚后才能向上传送。T-CONT 之间的调度机制是 SBA(静态带宽分配)或 DBA(动态带宽分配),SBA/DBA 的主要实现原理是检测所有 ONU/ONT 对 T-CONT 的带宽申请状态,根据 T-CONT 的带宽和优先级完成 T-CONT 的带宽授权,实现整个 GPON 系统上行业务流的带宽分配。OLT 侧的 GEM 层 QoS 主要完成基于 GEM Port 的业务流分类,业务流的带宽控制,优先级调度等处理,ONU/ONT 侧主要是完成用户业务流到 GEM Port 的映射和 GEM Port 到 T-CONT 的映射。

(2)DBA

动态带宽分配采用集中控制方式:所有 ONU 的上行信息发送,都要向 OLT 申请带宽,OLT 根据 ONU 的请求按照一定的算法给予带宽(时隙)占用授权,ONU 根据分配的时隙发送信息。其分配准许算法的基本思想是:各 ONU 利用上行可分割时隙反映信元到达的时间分布并请求带宽,OLT 根据各 ONU 的请求公平合理地分配带宽,并同时考虑处理超载、信道有误码、有信元丢失等情况的处理。带宽分配示例如图 1-2-19 所示。

(四)比较 GPON 和 EPON

EPON 和 GPON 作为光网络接入的两个主力成员,各有千秋,互有竞争,互有补充,互有借鉴,下面在各个方面对它们作比较。

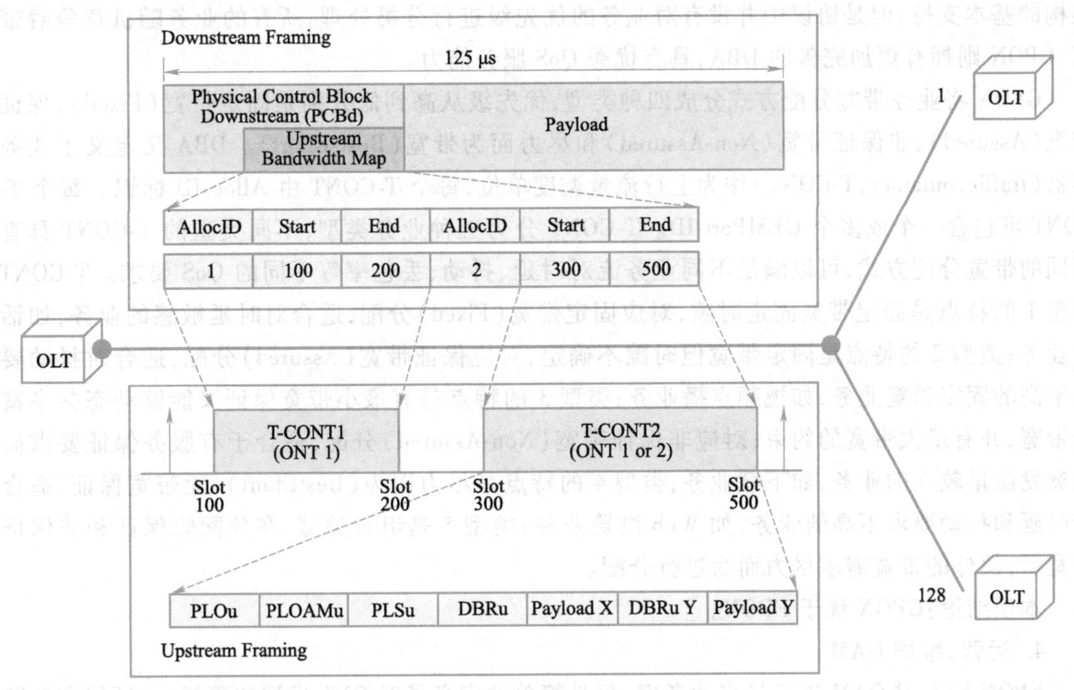

图 1-2-19　带宽分配示例

1. 速率

在目前的现行标准中，EPON 提供固定上下行 1.25 Gbit/s 的速率，采用 8b/10b 线路编码，实际速率为 1 Gbit/s。GPON 支持多种速率等级，可以支持上下行不对称速率，下行 2.5 Gbit/s 或 1.25 Gbit/s，上行 1.25 Gbit/s 或 622 Mbit/s，根据实际需求来决定上下行速率，选择相对应光模块，提高光器件速率价格比。

本项结论：GPON 优于 EPON。

2. 分路比

分路比即一个 OLT 端口（局端）带多少个 ONU（用户端）。

EPON 标准定义分路比 1∶32。GPON 标准定义分路比有 1∶32，1∶64，1∶128 几种。

其实，技术上 EPON 系统也可以做到更高的分路比，如 1∶64，1∶128，EPON 的控制协议可以支持更多的 ONU。分路比主要是受光模块性能指标的限制，大的分路比会造成光模块成本大幅度上升；另外，PON 插入损失为 15～18 dB，大的分路比会降低传输距离；过多的用户分享带宽也是大分路比的代价。

GPON 提供多选择性，但是从成本上考虑，优势并不明显，GPON 系统可支持的最大物理距离，当光分路比为 1∶16 时，应支持 20 km 的最大物理距离；当光分路比为 1∶32 时，应支持 10 km 的最大物理距离。EPON 与此相同。

本项结论：二者相等。

3. QoS

EPON 在 MAC 层 Ethernet 包头增加了 64 字节的 MPCP，MPCP 通过消息、状态机和定时器来控制访问 P2MP，实现 DBA 动态带宽分配。MPCP 涉及的内容包括 ONU 发送时隙的分配、ONU 的自动发现和加入、向高层报告拥塞情况以便动态分配带宽。MPCP 提供了对 P2MP 拓扑架构的基本支持,但是协议中并没有对业务的优先级进行分类处理,所有的业务随机竞争着带宽,GPON 则拥有更加完善的 DBA,具有优秀 QoS 服务能力。

GPON 将业务带宽分配方式分成四种类型,优先级从高到低分别是固定带宽(Fixed)、保证带宽(Assured)、非保证带宽(Non-Assured)和尽力而为带宽(Best-Effort)。DBA 又定义了业务容器(trafficcontainer,T-CONT)作为上行流量调度单位,每个 T-CONT 由 Alloc-ID 标识。每个 T-CONT 可包含一个或多个 GEMPort-ID。T-CONT 分为五种业务类型,不同类型的 T-CONT 具有不同的带宽分配方式,可以满足不同业务流对时延、抖动、丢包率等不同的 QoS 要求。T-CONT 类型 1 的特点是固定带宽固定时隙,对应固定带宽(Fixed)分配,适合对时延敏感的业务,如话音业务;类型 2 的特点是固定带宽但时隙不确定,对应保证带宽(Assured)分配,适合对抖动要求不高的固定带宽业务,如视频点播业务;类型 3 的特点是有最小带宽保证又能够动态共享富余带宽,并有最大带宽的约束,对应非保证带宽(Non-Assured)分配,适合于有服务保证要求而又突发流量较大的业务,如下载业务;类型 4 的特点是尽力而为(BestEffort),无带宽保证,适合于时延和抖动要求不高的业务,如 Web 浏览业务;类型 5 是组合类型,在分配完保证和非保证带宽后,额外的带宽需求尽力而为进行分配。

本项结论:GPON 优于 EPON。

4. 运营、维护 OAM

EPON 没有对 OAM 进行过多的考虑,只是简单地定义了对 ONT 远端故障指示、环回和链路监测,并且是可选支持。

GPON 在物理层定义了 PLOAM(Physical Layer OAM),高层定义了 OMCI(ONT Management and Control Interface),在多个层面进行 OAM 管理。PLOAM 用于实现数据加密、状态检测、误码监视等功能,OMCI 信道协议用来管理高层定义的业务,包括 ONU 的功能参数集、T-CONT 业务种类与数量、QoS 参数,请求配置信息和性能统计,自动通知系统的运行事件,实现 OLT 对 ONT 的配置、故障诊断、性能和安全的管理。

本项结论:GPON 优于 EPON。

5. 链路层封装和多业务支持

EPON 沿用了简单的以太网数据格式,只是在以太网包头增加了 64 字节的 MPCP 协议来实现 EPON 系统中的带宽分配、带宽轮讯、自动发现、测距等工作。对于数据业务以外的业务(如 TDM 同步业务)的支持没有作过多研究,很多 EPON 厂家开发了一些非标准的产品来解决这个问题,但是都不理想,很难满足电信级的 QoS 要求。

GPON 基于完全新的传输融合(TC)层,该子层能够完成对高层多样性业务的适配,定义了 ATM 封装和 GFP 封装(通用成帧协议),可以选择二者之一进行业务封装。鉴于目前 ATM 应用并不普及,于是一种只支持 GFP 封装的 GPON. lite 设备应运而生,它把 ATM 从协议栈中去除以降低成本。

GFP 是一种通用的适用于多种业务的链路层规程,ITU 定义为 G. 7041. GPON 中对 GFP 作了少量的修改,在 GFP 帧的头部引入了 PortID,用于支持多端口复用;还引入了 Frag(Fragment)分段指示以提高系统的有效带宽,并且只支持面向变长数据的数据处理模式而不支持面向数据块的数据透明处理模式,GPON 具有强大的多业务承载能力。GPON 的 TC 层本质上是同步的,使用了标准的 8 kHz(125 μm)定长帧,这使 GPON 可以支持端到端的定时和其他准同步业务,特别是可以直接支持 TDM 业务,就是所谓的 NativeTDM,GPON 对 TDM 业务具备“天然”的支持。

本项结论:对多业务的支持 GPON 的 TC 层要比 EPON 的 MPCP 强大。

表 1-2-2 为 GPON 与 EPON 协议栈比较。

表 1-2-2　GPON 与 EPON 协议栈比较

<table>
<tr><th>网络层次</th><th colspan="3">GPON</th><th colspan="2">EPON</th></tr>
<tr><td>L3</td><td rowspan="3">ATM</td><td rowspan="2">TDM</td><td>IP</td><td>TDM</td><td>IP</td></tr>
<tr><td rowspan="2">L2</td><td>ETHERNET</td><td rowspan="2" colspan="2">ETHERNET WITH MPCP</td></tr>
<tr><td colspan="2">GFP</td></tr>
<tr><td>L1</td><td colspan="3">PON-PHY</td><td colspan="2">PON-PHY</td></tr>
</table>

EPON 和 GPON 各有千秋,从性能指标上 GPON 要优于 EPON。但是 EPON 拥有了时间和成本上的优势。GPON 正在迎头赶上,展望未来的宽带接入市场也许并非谁替代谁,应该是共存互补。对于带宽、多业务 QoS 和安全性要求较高以及 ATM 技术作为骨干网的客户,GPON 会更加适合。而对于成本敏感,QoS 安全性要求不高的客户群,EPON 成为主导。

三、介绍 PON 设备

(一)了解 PON 产品定位与特点

1. 产品定位

ZXA10 C300 和 ZXA10 C320 是中兴通讯股份有限公司推出的两款主流光接入局端产品。ZXA10 C300 是大容量光接入平台设备,ZXA10 C320 是小容量光接入平台设备。两款产品的用户侧单板通用,主要功能同步,但部分特性有所差异,示例组网图如图 1-2-20 所示。

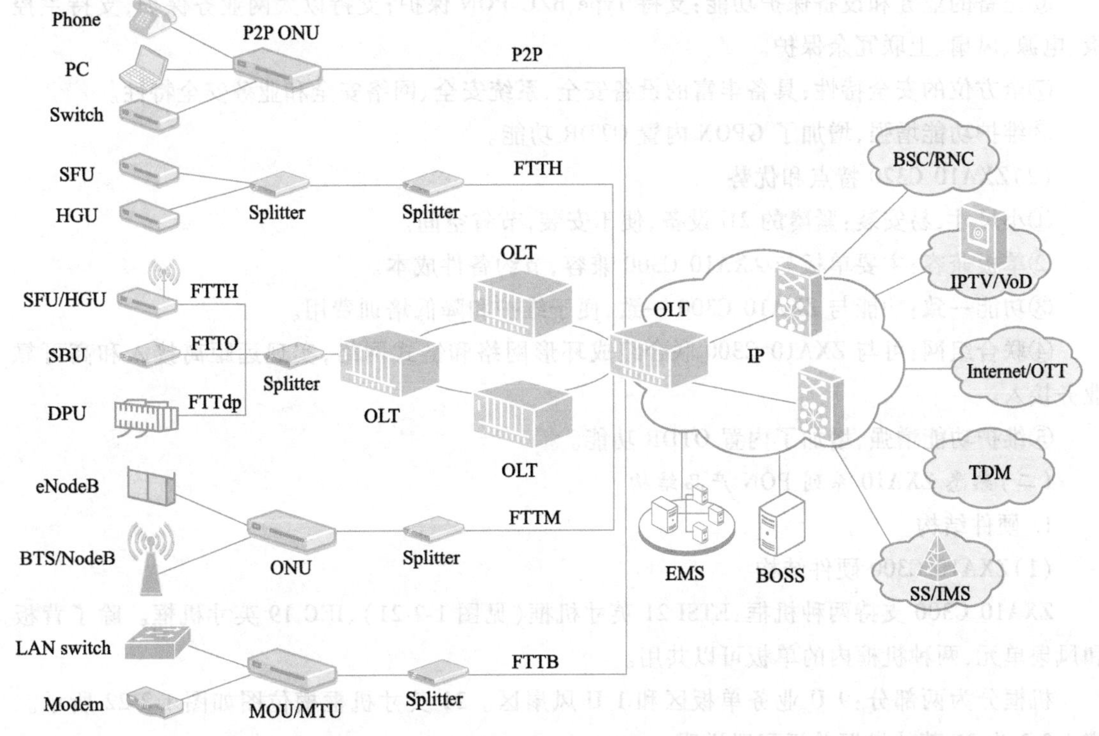

图 1-2-20　组网图

ZXA10 C300和ZXA10 C320为局端光接入设备,完成以下功能。

①PON OLT:支持GPON、XG-PON1和P2P接入,与多种类型ONU配合完成FTTH、FTTB、FTTC、FTTdp、FTTM接入网络组网。

②L2光接入平台:支持以太网上联和下联,完成二层以太网业务流量汇聚和转发。

③L3光接入平台:支持三层路由功能,完成IP业务流量的汇聚和转发,实现接入网关的功能。

④业务接入控制:完成每用户每业务的接入控制、流量控制和业务承载,用户包括家庭用户、企业用户,业务包括语音、上网、IPTV、L2 VPN和MEF。

⑤GPON内置OTDR功能,方便进行PON ODN维护检测。

2. 产品特点

(1)ZXA10 C300特点和优势

①Multi-play业务接入:系统提供高速上下行数据业务接入(HSIA)、语音业务接入(VoIP)、视频业务(包括IPTV和VOD)接入、基于第三波长的CATV视频业务接入和基于CES的TDM业务接入,满足普通用户和商务用户的业务接入需求。

②端口高密度:16个业务槽位,具备独立上联卡,高达16 * 10GE上联能力;支持16口GPON单板,支持48路P2P,支持8口XG-PON1。

③多种接入技术统一平台:支持GPON、XG-PON1、P2P和以太网等接入技术。

④L2和L3能力:完备的L2交换、VLAN业务、L3路由等协议和业务处理能力,可以灵活配置,适应各种场景应用。

⑤多业务接入:支持TDM、语音、上网、IPTV、VPN、移动回程等多种业务接入。

⑥完备的业务和设备保护功能:支持Type B/C PON保护;支持以太网业务保护,支持主控板、电源、风扇、上联冗余保护。

⑦全方位的安全特性:具备丰富的设备安全、系统安全、网络安全和业务安全特性。

⑧维护功能增强,增加了GPON内置OTDR功能。

(2)ZXA10 C320特点和优势

①小尺寸,易安装:紧凑的2U设备,便于安装,节省空间。

②单板兼容:主要单板与ZXA10 C300兼容,节约备件成本。

③功能一致:功能与ZXA10 C300一致,便于维护和降低培训费用。

④联合组网:可与ZXA10 C300联合组成环形网络和链式网络,实现远距离接入和高可靠业务接入。

⑤维护功能增强,增加了内置OTDR功能。

(二)熟悉ZXA10系列PON产品结构

1. 硬件结构

(1)ZXA10 C300硬件结构

ZXA10 C300支持两种机框:ETSI 21英寸机框(见图1-2-21)、IEC 19英寸机框。除了背板和风扇单元,两种机框内的单板可以共用。

机框分为两部分:9 U业务单板区和1 U风扇区。21英寸机框槽位图如图1-2-22所示。表1-2-3为21英寸机框单板配置说明。

图 1-2-21　21 英寸机框图

<table>
<tr><td colspan="21">风扇</td></tr>
<tr><td>0
电源板</td><td rowspan="2">2
业务板</td><td rowspan="2">3
业务板</td><td rowspan="2">4
业务板</td><td rowspan="2">5
业务板</td><td rowspan="2">6
业务板</td><td rowspan="2">7
业务板</td><td rowspan="2">8
业务板</td><td rowspan="2">9
业务板</td><td rowspan="2">10
交换控制板</td><td rowspan="2">11
交换控制板</td><td rowspan="2">12
业务板</td><td rowspan="2">13
业务板</td><td rowspan="2">14
业务板</td><td rowspan="2">15
业务板</td><td rowspan="2">16
业务板</td><td rowspan="2">17
业务板</td><td rowspan="2">18
业务板</td><td rowspan="2">19
业务板</td><td rowspan="2">20
公共接口板</td><td>21
上联板</td></tr>
<tr><td>1
电源板</td><td>22
上联板</td></tr>
</table>

注：0/1/10/11/21/22号槽位的槽位宽度为25 mm，其余槽位的槽位宽度为22.5 mm。

图 1-2-22　21 英寸机框槽位图

表 1-2-3　21 英寸机框单板配置说明

槽　　位	单 板 类 型
0/1	电源板
2～9	PON 接口板等业务板
10/11	交换控制板
12～19	PON 接口板等业务板
20	通用公共接口板
21/22	上联板

1 U 风扇区（风扇可选），风扇为高 1 U，宽度为 19 英寸或 21 英寸的插箱。风扇采用抽风方式为系统提供强制风冷。风扇根据系统温度可以调整其转速，降低噪声和延长其使用寿命。

（2）ZXA10 C320 硬件结构

ZXA10 C320 采用 2 U 高的 19 英寸机框，如图 1-2-23 所示，机框配置如图 1-2-24 所示。风扇插箱位于机框的左侧，采用抽风方式为系统提供强制风冷，可插拔清理维护。风扇根据系统温度可以调整其转速，从而降低设备噪声和延长设备使用寿命。当 ZXA10 C320 使用交流电源时，电源板安装在 3 号槽位。

图 1-2-23 机框

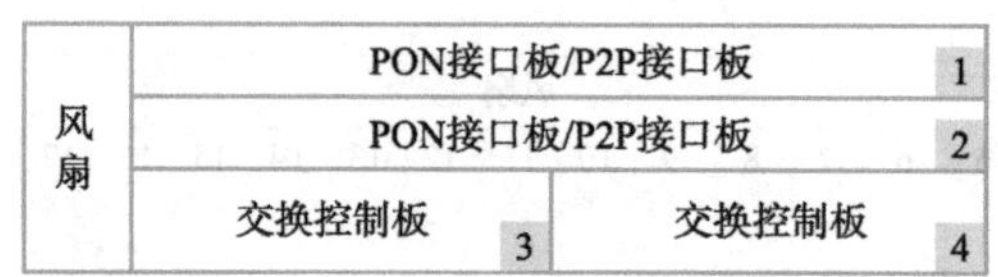

图 1-2-24 机框配置

(3)通用单板

交换控制板是 ZXA10 C300 的业务交换中心与管理控制中心，完成整个系统控制与管理功能，实现对系统中各类单板数据的无阻塞交换。

ZXA10 C300 支持以下交换控制板：

①SCXL：支持 800 Gbit/s 交换容量和 32 k MAC 地址表。

②SCXM：支持 480 Gbit/s 交换容量和 32 k MAC 地址表。

③SCXN：支持 480 Gbit/s 交换容量和 64 k MAC 地址表，支持 VoIP 功能（配置 VoIP 子卡）。

10GE 以太网上联板 XUTQ 板提供 4 路 10GE 上联光口。XUTQ 板和 SCXL 板配合使用。XUTQ 板提供 4 个 10GE 光口（XG1 ~ XG4）。

GPON 接口板提供 GPON 接入。ZXA10 C300 支持以下 GPON 接口板：

①GTGH：16 路 GPON 接口板。

②GTGO：8 路 GPON 接口板。

③GTGQ：4 路 GPON 接口板。

EPON 接口板提供 EPON 接入。ZXA10 C300 支持以下 EPON 接口板：

①ETGH：16 路 EPON 接口板。

②ETGO：8 路 EPON 接口板。

以太网接口板 GDFO 板提供 8 路 GE 光口，支持同板或跨板基于 LACP 的链路聚合。P2P 接口板 FTGK 采用波分复用技术，收发只需一根光纤。FTGK 支持 IEEE 1588 Master 功能。

E1/T1 电路仿真接口板支持基于以太网的 TDM 业务(TDMoIP)。ZXA10 C300 支持以下 E1/T1 电路仿真接口板:

①CTBB:32 路 E1 平衡电路仿真接口板。

②CTTB:32 路 T1 平衡电路仿真接口板。

③CTUB:32 路 E1 非平衡电路仿真接口板。

公共接口板提供 BITS 时钟和 1PPS + TOD 时间输入输出接口,并提供温度、湿度、水淹、门禁、烟雾灯环境量监控接口。公共接口板还提供网口、串口、干节点输入/输出等保留接口,用于监控外接设备。

ZXA10 C300 支持以下公共接口板:

①CICG:公共接口板。

②CICK:时间同步功能公共接口板。

电源板 PRWG 和 PRWH 采用 -48 V/-60 V 直流电源输入,为各单板供电。ZXA10 C300 支持两块电源板。当两路电源的输入电压相等时,两块电源板工作于负载分担方式。

背板实现系统内各单板的电气互连。ZXA10 C300 支持以下背板:

①21 英寸背板 MWEA 和 MWEA/R,配合 ETSI 21 英寸机框使用。

②19 英寸背板 MWIA 和 MWIA/R,配合 IEC 19 英寸机框使用。

风扇单元由风扇板 FCWB/FCWD 和多个风扇组成,采用抽风方式为系统提供强制风冷。风扇单元可插拔,利于风扇更换和现场维护。风扇板支持以下功能。

①根据系统温度调节风扇转速,延长风扇寿命。

②检测每个风扇的故障情况,并能自动远程上告网管。

③支持风扇冗余配置。

④支持高可靠性温度控制。

⑤FCWB 支持单排风扇单元。FCWD 板支持双排风扇单元。

(4)机柜

ZXA10 C300/C320 系列产品应用机柜分为室内机柜和室外机柜,机柜说明如表 1-2-4 所示。

表 1-2-4　机柜说明

机柜类别	机柜型号	机柜名称	机柜说明
室内型机柜	B6030-22C-IA	19 英寸 300 mm 深室内机柜	尺寸:2 200 mm×600 mm×300 mm 后立柱安装 可安装 19 英寸 ZXA10 C300 或 ZXA10 C320 及混合使用方式 典型配置:2 框 ZXA10 C300 或 ZXA10 C320 (推荐 2 框,更多需求建议采用 C300)
室内型机柜	B6030-22C-EB	21 英寸 300 mm 深室内机柜	尺寸:2 200 mm×600 mm×300 mm (高×宽×深)后立柱安装 可安装 21 英寸 ZXA10 C300 典型配置:2 框 ZXA10 C300
室外型机柜	EC40EB 机柜	大容量室外型机柜	尺寸:1 650 mm×1 400 mm×550 mm 可安装 19 英寸 ZXA10 C300 或 21 英寸 ZXA10C300 最大配置:1 框 ZXA10 C300

续表

机柜类别	机 柜 型 号	机 柜 名 称	机 柜 说 明
室外型机柜	EC50EC-S 机柜	中容量室外型机柜	尺寸:1 500 mm×850 mm×500 mm 可安装 ZXA10 C320 最大配置:2 框 ZXA10 C320
室外型机柜	EC90EB 机柜	小容量室外型机柜	尺寸:1 200 mm × 650 mm × 250 mm 可安装 ZXA10 C320 最大配置:1 框 ZXA10 C320

室内机柜具有优良的散热性能。B6030-22C-IA 机柜和 B6030-22C-EB 机柜外观相同,区别在于内部安装立柱的位置不同。室内机柜的内部组件包括电源分配器 PDU、ZXA10 C300 机框、走线插箱、空挡板。

2. 逻辑结构

ZXA10 C300 的硬件逻辑结构如图 1-2-25 所示,业务转发通道示意图如图 1-2-26 所示。

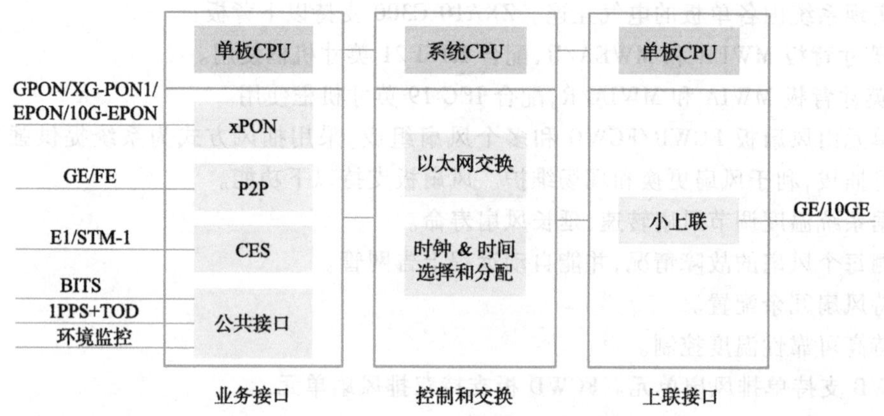

图 1-2-25 硬件逻辑结构

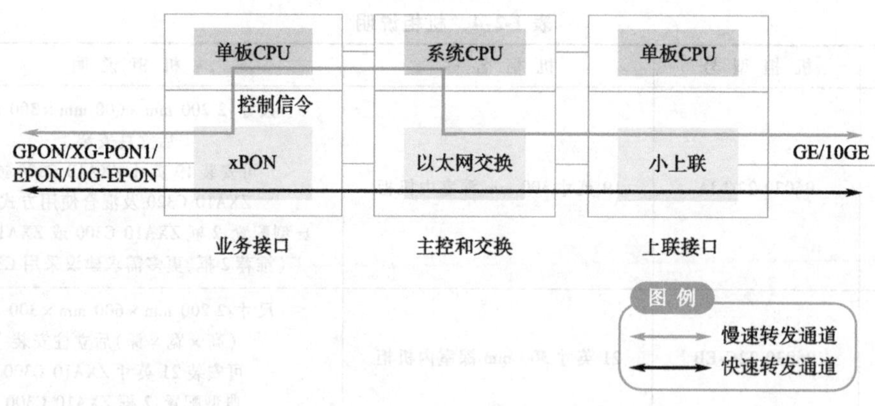

图 1-2-26 业务转发通道示意图

(1)快速转发通道

经过业务接口板、交换控制板的以太网交换和小上联。以 GPON 业务为例,报文转发流程如下。

①GPON 报文上行在业务单板去除 GEM 封装，恢复为以太网报文，经交换控制板以太网交换到小上联出口。

②下行以太网报文，由交换控制板交换到 GPON 单板。在 GPON 单板根据配置的业务流映射规则查找 GEM port，并进行 GPON 的 GEM 封装。

③TDM 业务在 ONU 或 CES 单板中完成 PWE3 封装，通过交换控制板以太网交换到上联接口，实现 TDM 业务的以太网承载。

(2)慢速转发通道

对业务流中的协议报文进行 CPU 参与的处理，可以终结在 CPU，也可以由 CPU 处理后插回转发通道。常见的处理有用户线标识插入、DHCP snooping、ARPinspection 和 IGMP snooping。

3. 软件结构

ZXA10 C300 的软件结构示意如图 1-2-27 所示。其软件结构模块功能如表 1-2-5 所示。

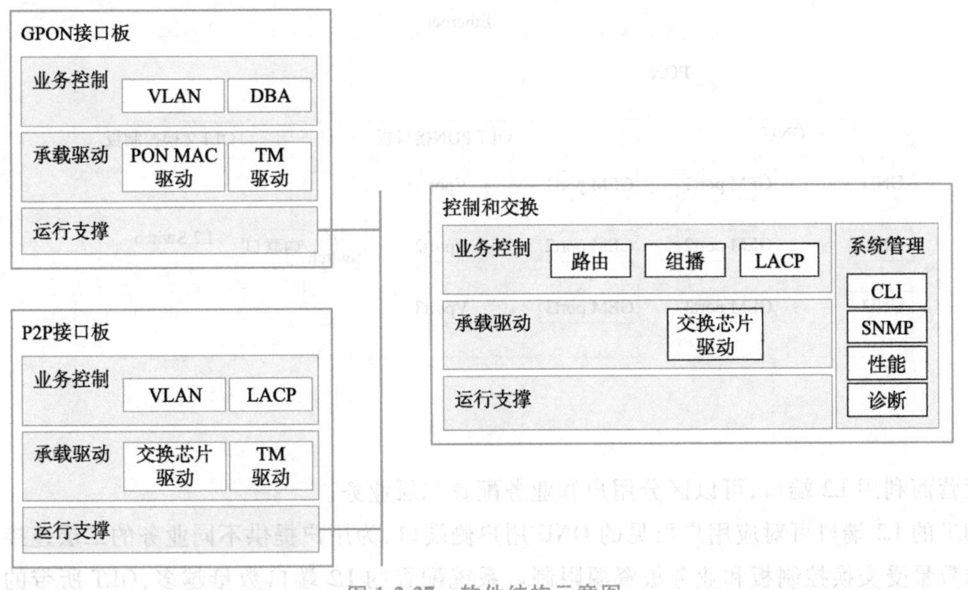

图 1-2-27　软件结构示意图

表 1-2-5　软件模块功能说明

模　块	说　明
运行支撑子系统	包含分布式操作系统，提供系统控制、版本加载、板间通信功能，提供进程调度、内存管理、消息通信、文件系统管理、故障诊断、定时器管理功能
承载驱动子系统	对硬件、接口进行抽象，驱动硬件完成业务承载和转发，对上层软件屏蔽底层硬件特性，提供通用的功能接口
业务控制子系统	提供协议处理、业务控制提供网管、CLI 交互接口，实现系统的操作维护功能
系统管理子系统	提供网管、CLI 交互接口，实现系统的操作维护功能

四、了解 PON 相关产品特性

(一)设备 L2 层端口特性

1. L2 层端口

ZXA10 C300/C320 具备丰富的 L2 业务处理功能。参与 L2 业务处理的端口称为 L2 端口。

物理以太网口可以直接参与 L2 业务，是 L2 端口的一种。PON 口不能直接参与 L2 业务，因此在 PON 上定义虚拟端口 Vport 来参与 L2 业务。

对于 GPON 端口，通常一个 Vport 对应一个 GEM Port。对于 EPON 端口，通常一个 Vport 对应一个 LLID。

L2 层端口具备的功能有：端口开闭、接入类型设置、TPID 设置、PVID 设置、VLAN 过滤、MAC 过滤、ACL、加减外层 Tag、转换外层 Tag、转内层 Tag 加减外层 Tag、加减 SVLAN + CVLAN、转换 SVLAN + CVLAN、灵活 QinQ、灵活加减 VLAN Tag、流量镜像、流量统计、QoS 处理。

OSI 参考模型共分 7 层，图 1-2-28 表示了两个计算机通过交换网络相互连接和它们对应的 OSI 参考模型分层的例子。数据链路层传送的数据单位为帧，网络层传送的数据单位为分组。

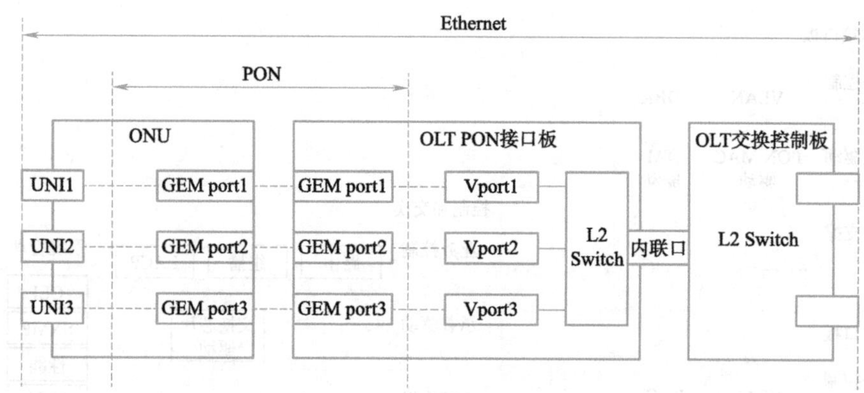

图 1-2-28　接口应用场景

运营商利用 L2 端口，可以区分用户和业务配置二层业务。

OLT 的 L2 端口可对应用户可见的 ONU 用户侧端口，为用户提供不同业务的二层连接。L2 端口的数量受交换控制板和业务板资源限制。系统配置的 L2 端口数量越多，OLT 所带的用户和业务连接数量越大，系统的开销也就越大。

L2 接口的实现原理如图 1-2-29 所示。

Vport 作为 L2 端口，需要经过 PON 接口板和控制交换板两级交换参与二层业务。而普通以太网端口直接经过控制交换板一级交换参与二层业务。因此，Vport 和普通以太网端口的特性有一些区别。

2. L2 层端口 TPID 设置

TPID 是 VLAN Tag 中的一个字段。单 Tag 时，缺省取值为 0x8 100。双 Tag 时，内层缺省取值为 0x8100，外层为 0x88A8。但在实际网络中，某些运营商规定的 TPID 可能与缺省值不同。为了实现更好的互通，ZXA10C300/C320 提供 TPID 的设置功能。用户可指配一个 L2 端口的内外层 TPID 输出/输入值。

接收报文时，检查是否匹配设置的输入 TPID 值，进而判断包类型。如果判断为单 Tag 或双 Tag 包，但 TPID 不匹配，则拒绝接收，丢弃报文。发送报文时，单/双 Tag 的 TPID 需要修改成设置的输出 TPID 值，再发送。

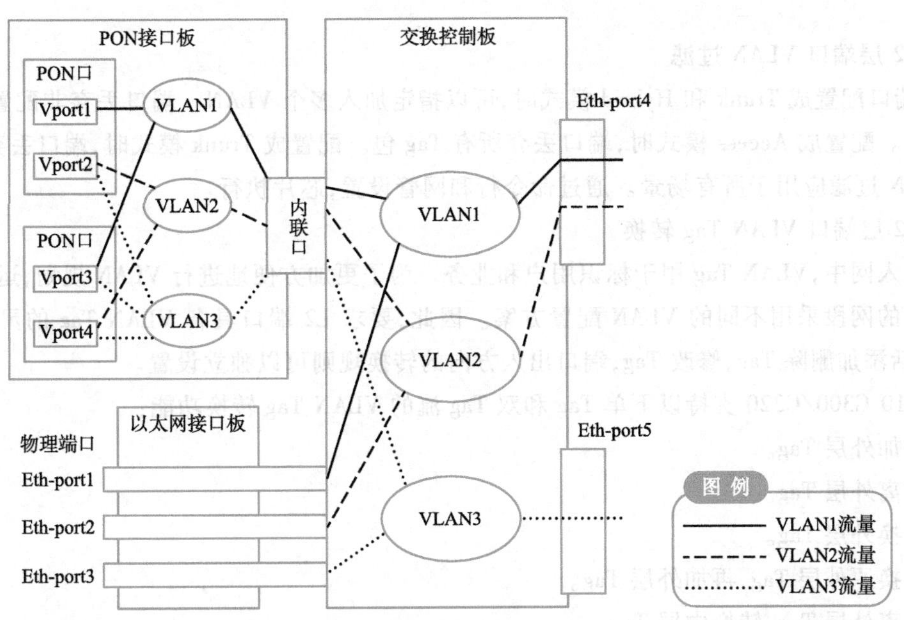

图 1-2-29　L2 接口实现原理

根据 Tag 的数量,报文可分为以下类型:Untag;S-tag;C-tag;双 Tag。由于 Tag 包的外层 TPID 字段位置与 Untag 包的 length/Type 字段重合,因此 TPID 的设置值应该避开下面常见的协议类型。

①ARP:0x0806。

②IP:0x0800。

③MPLS:0x8847/0x8848。

④IPX:0x8137。

⑤IS-IS:0x8000。

⑥LACP:0x8809。

⑦802. 1x:0x888E。

TPID 设置应用于以太网对接的所有场景。通过命令行和网管设置,芯片执行。

3. L2 层端口接入模式

与 L2 交换机一样,ZXA10 C300/C320 的 L2 端口可设置三种接入模式:Access、Trunk 和 Hybrid。

①Access:连接用户,只接收 Untag 包。

②Trunk:连接网络,只接收 Tag 包。

③Hybrid:即可连接用户,也可以连接网络,两种包都接收。

二层端口接收到与其模式不符的包时,丢弃。可通过设置改变端口模式,缺省模式为 Hybrid。接入模式应用于宽带接入和 VPN 应用。通过命令行和网管设置,芯片执行。

4. L2 层端口 MAC 地址过滤

L2 端口可以配置一个 MAC 地址黑名单列表,丢弃源 MAC 匹配这个地址列表的包。每端口至少支持 8 个 MAC 地址。MAC 地址过滤应用于所有场景。通过命令行和网管设置,芯片执行。

5. L2 层端口 VLAN 过滤

L2 端口配置成 Trunk 和 Hybrid 模式时,可以指定加入多个 VLAN。端口丢弃非配置 VLAN 的 Tag 包。配置成 Access 模式时,端口丢弃所有 Tag 包。配置成 Trunk 模式时,端口丢弃 Untag 包。VLAN 过滤应用于所有场景。通过命令行和网管设置,芯片执行。

6. L2 层端口 VLAN Tag 转换

在接入网中,VLAN Tag 用于标识用户和业务。为了更加方便地进行 VLAN 规划,运营商经常在不同的网段采用不同的 VLAN 配置方案。因此,要求 L2 端口具备 VLAN Tag 的灵活转换功能,包括添加删除 Tag,修改 Tag,端口出入方向的转换规则可以独立设置。

ZXA10 C300/C320 支持以下单 Tag 和双 Tag 流的 VLAN Tag 转换功能:

①添加外层 Tag。

②剥离外层 Tag。

③转换外层 Tag。

④转换原外层 Tag,再加外层 Tag。

⑤剥离外层 Tag,转换内层 Tag。

⑥增加 S-Tag 和 C-Tag。

⑦剥离 S-Tag 和 C-Tag。

⑧同时转换 S-Tag 和 C-Tag。

VLAN 转换的常用场景有:统一 ONU VLAN 配置和上联 VLAN 重用。统一 ONU VLAN 配置应用场景如图 1-2-30 所示。

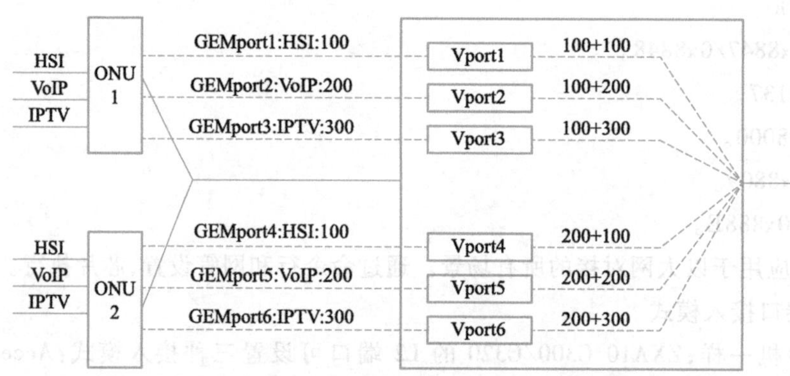

图 1-2-29　统一 ONU VLAN 配置

所有的 ONU 按端口区分业务,并采用相同 VLAN 标识。ONU 的配置相同,减少了复杂性。在 OLT 的 Vport 上采用添加标识用户的 S-VLAN 的 VLAN Tag 转换的方式来区分不同用户,从而达到用户业务标识和隔离的目的。

7. L2 层端口 PVID 设置

在 L2 端口可以设置 PVID,为接收的 Untag 包添加 PVID Tag,并加入到其对应的 VLAN 进行交换。默认 PVID 为 1。PVID 设置应用于所有场景。通过命令行和网管设置,芯片执行。

8. L2 层端口灵活添加 VLAN Tag

采用 PVID 可以为每个 L2 端口的 Untag 包指定一个 Vlan Tag。但在某些企业级应用中，还需要以更加灵活的方式对 Untag 包添加 VLAN Tag，按 MAC 地址（列表）、IP 子网、Ethertype 灵活添加 Vlan Tag。灵活添加 VLAN Tag 应用于企业业务。通过命令行和网管设置，芯片执行。

9. L2 层端口灵活 QinQ

在增加外层 Tag 和转换外层 Tag 时，除了基于指定的 CVLAN ID，还有以下方法。基于 CVLANID 范围、EtherType、CVLAN 的 CoS 值、CVLANID + EtherType、CVLANID + CoS 等字段灵活添加或修改 SVLAN ID 和优先级。基于 PON 口、ONU、LLID 或 GEM Port 灵活添加或修改 SVLAN ID 和优先级。SVLAN 优先级标签根据内层优先级标签进行拷贝或 1:1/N:1 转换。

VLAN 转换和选择性 QinQ 混合工作模式，即在进行 1:1 VLAN 转换或 N:1 VLAN 聚合后，再进行选择性 QinQ。灵活 QinQ 适应中国电信规范要求。通过命令行和网管设置，芯片执行。

10. L2 层端口流量镜像

流量镜像是对某一端口的符合一定条件的流量进行拷贝，从其他端口输出的功能。流量镜像主要用于分析业务流量，进而判断故障和分析性能问题。输出端口一般为以太网端口。

ZXA10 C300/C320 支持按端口、端口 + VLAN 及 ACL 流镜像，支持出入流量分开镜像和同时镜像，ZXA10 C300/C320 同时支持 2 个流的镜像。流量镜像应用于故障和性能分析场景。开启流量镜像，将影响端口的正常业务。通过命令行和网管设置后，由芯片区分和拷贝被镜像流量，并把拷贝的流量从镜像端口输出。

11. L2 层端口流量统计

ZXA10 C300/C320 支持按端口和按端口 + 外层 VLAN 的流量统计。统计量包括且不局限于：

①行字节数；

②下行字节数；

③上行包个数；

④下行包个数；

⑤上行总带宽；

⑥下行总带宽；

……

Vport 至少支持 8 条 VLAN 统计。下联以太网口至少支持 64 条 VLAN 统计，上联口至少支持 256 条外层 VLAN 统计；流量统计的刷新频率可配置，可达每秒一次。流量统计应用于故障和性能分析场景。通过命令行和网管设置，芯片执行。

（二）了解 MAC 地址管理

静态 MAC 地址不需要学习，直接在 VLAN 的成员端口（包括 Vport、上下联以太网口、LAG，下同）中，指定静态单播 MAC 地址，目的为该地址的包固定从该端口转发。

1. 静态 MAC 地址的特性

①静态 MAC 地址不老化。

②动态学习的 MAC 地址与静态 MAC 地址冲突时，静态 MAC 地址优先。

③不同 VLAN 的静态 MAC 可以相同。

④系统支持静态 MAC 的增加、删除和查询功能。

⑤静态 MAC 地址不能与 VMAC 中的地址池冲突。

⑥静态 MAC 地址手工配置,关电重启依然存在。

⑦ZXA10 C300/C320 支持的静态 MAC 地址功能。

⑧每个 Vport/下联以太网口至少支持 4 个静态 MAC 地址。

⑨上联以太网口至少支持 32 个静态 MAC 地址。

⑩整机至少支持 2k 个静态 MAC 地址。

⑪静态 MAC 地址应用于所有场景。

用户指定 MAC 地址的设备从指定的端口接入。防止 MAC 地址老化和漂移。MAC 地址学习是 L2 交换的基础。通过对以太网包的源 MAC 地址的学习,将该 MAC 地址设置在接入接口,从而在后续交换中,把以该 MAC 地址为目的地址的以太网报文从相应的端口输出,实现了报文正确投递的功能。

2. ZXA10 C300/C320 的 MAC 地址学习特性

①支持按 VLAN 或端口开启动态 MAC 地址学习功能。

②MAC 地址学习速率可达到线速。

③新学习的 MAC 地址与该 VLAN 已有静态 MAC 冲突时,学习失败。

④新学习的 MAC 地址与该 VLAN 已有动态 MAC 冲突时,学习失败。

⑤如果该 VLAN MAC 防漂功能开启,则学习失败。

⑥如果该 VLAN 允许 MAC 漂移,则上联口和 VMAC 口优先。

⑦如果都是上联口/VMAC 口,或都是接入口,则新 MAC 地址替代老 MAC。学习成功后,上联口/VMAC 口可标注为信任端口,实现优先学习 MAC 地址。

⑧地址学习发生 Hash 冲突时,上报告警。

⑨通过按 VLAN 设置门限值,在地址表超过门限时,上报预警。

⑩地址表满,学习失败,上报告警。

为了有效利用系统 MAC 地址表资源,长期无通信流量的 MAC 地址需要老化处理,避免占用系统资源。动态学习的 MAC 地址,可以设置系统老化时间,或根据 VLAN 设置老化时间。

3. ZXA10 C300/C320 支持的 MAC 地址老化特性

①查询 MAC 地址时,显示剩余时间或最近刷新时间。

②缺省老化时间 300 s,范围 10 s ~ 1 000 000 s。

③根据 VLAN 设置动态学习,但不老化。用于某些 MAC 地址基本不变的场合。

④为了限制用户接入过多终端,避免过度占用 OLT 的转发资源,ZXA10 C300/C320 支持根据端口、VLAN,或端口 + VLAN 设置动态学习 MAC 地址数。当达到最大数时,停止学习来自该端口或 VLAN 的新 MAC 地址。

⑤MAC +VLAN 视为一个地址。相同 MAC 地址不同 VLAN 视为 2 个地址。

⑥为提供有效的管理维护手段,ZXA10 C300/C320 提供命令用于灵活查询动静态 MAC 地址。

⑦根据 VLAN、端口查询 MAC 地址表。

⑧地址表信息包括 VLAN、端口、动静态、最近刷新时间和剩余老化时间。

⑨查询结果包含动静态 MAC 地址统计信息。

(三)接入特性

1. GPON ONU 认证与注册

GPON OLT 使用嵌入式 OAM 和 PLOAM 通道,周期性地进行 ONU 的搜索。当搜索到合法的 ONU 时,会为其分配相应的 ONU ID,并进行测距。测距成功后,如果需要对 ONU 进行注册,就通过 PLOAM 通道进行注册。注册成功后,OLT 和 ONU 之间建立 OMCI 管理通道,进行业务的配置和管理。

ZXA10 C300 GPON 系统支持以下 ONU 注册和认证功能:

①支持基于 ONU 序列码的注册方式。

②支持基于 ONU 密码的注册方式。

③支持基于 ONU 序列码 + ONU 密码的注册方式。

④支持设置 ONU 的搜索周期。

⑤支持设置自动学习注册 ONU 模式。当 OLT 搜索到一个未配置的 ONU 时,采用 ONU 的序列号自动注册 ONU。

⑥支持在 ONU 序列号注册方式下,对 ONU 密码进行认证。

注册和认证过程如图 1-2-31 所示。

- OLT 每隔 125 μs,发送一个下行 GTC 帧。
- ONU 接收到下行 GTC 帧之后,清除本地 LOS/LOF,从 O1 状态进入 O2 状态。
- OLT 发送下行的 Upstream_Overhead PLOAM 消息,该消息中定义了上行帧的前导码、定界符和 ONU 均衡时延等参数。
- ONU 收到 Upstream_Overhead PLOAM 消息后,根据消息中的内容,设置上行帧的前导码、定界符和均衡时延等参数,从 O2 状态进入 O3 状态。
- OLT 发送下行的 Extended_Burst_Length PLOAM 消息,该消息中定义了测距时的上行帧前导码长度和正常工作时的上行帧前导码长度。测距过程中一般使用较长的前导码,有利于 OLT 捕捉 ONU 的上行帧信号。
- ONU 收到 Extended_Burst_Length PLOAM 消息后,根据消息中的内容,设置测距时的上行帧前导码长度和正常工作时的上行帧前导码长度。
- OLT 通过下行 GTC 帧的 BWMap 字段,开一个公共的上行空白窗(Quiet Window)。所有未注册的 ONU,都可以在这个空白窗中向 OLT 发送自己的序列码。
- ONU 把自己的序列码放在 Serial_Number_ONU PLOAM 消息中,发送给 OLT。
- OLT 在收到 ONU 的序列码后,为 ONU 分配一个 ONU-ID,通过 Assign_ONU_IDPLOAM 消息发送给 ONU。
- ONU 收到 Assign_ONU_ID PLOAM 消息,从 O3 状态进入 O4 状态。
- OLT 通过下行 GTC 帧的 BWMap 字段,为某个 ONU-ID 开一个上行的空白窗(Quiet Window)。该 ONU 在这个空白窗中向 OLT 发送自己的序列码,用于测距。
- ONU 把自己的序列码放在 Serial_Number_ONU PLOAM 消息中,发送给 OLT。
- OLT 在收到 ONU 的序列码后,计算出 ONU 的距离和均衡时延参数。通过 Ranging_TimePLOAM 消息,把均衡时延参数发送给 ONU。

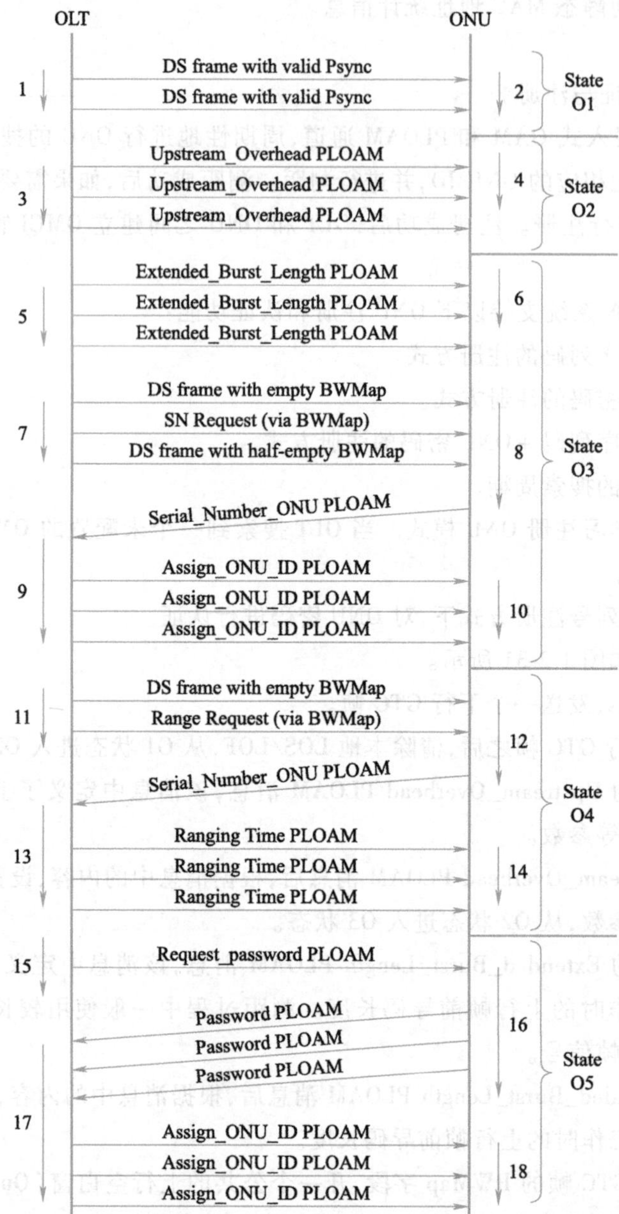

图 1-2-31 GPON ONU 注册和认证过程

- ONU 收到 Ranging_Time PLOAM 消息，设置自己的均衡时延值，从 O4 状态进入 O5 状态。
- 如果 OLT 需要对 ONU 进行密码验证，会下发 Request_password PLOAM 消息，要求 ONU 上报自己的密码。
- ONU 通过 Password PLOAM 消息，将自己的密码发送给 OLT。
- ONU 密码验证通过，OLT 下发 Configure Port-ID PLOAM 消息，配置 ONU 的 OMCI 管理通道。
- ONU 设置 OMCI 管理通道。通过该管理通道，OLT 可以配置和管理 ONU 的业务。

2. GPON DBA 特性

GPON 中的 DBA 是指 OLT 根据 ONU 上的发送缓存占用情况，动态地为 ONU 分配上行的传输时隙。ZXA10 C300/C320 GPON 系统支持以下 DBA 功能：

①支持 SR(Status Report)DBA 和 NSR(Non Status Report)DBA。

②每个 T-CONT，都支持固定带宽、保证带宽和最大带宽的配置。

③带宽颗粒度 64 Kbit/s。一个 PON 端口的上行最大带宽为 1 244 Mbit/s。

在 GPON 中，T-CONT 是上行带宽分配的最小调度实体。数据带宽的授权和一个并仅和一个 T-CONT 相关联。不管一个 T-CONT 上有多少个缓存队列，OLT 的 DBA 算法都把 T-CONT 看作是仅有一个逻辑缓存的流量容器。DBA 根据各个 T-CONT 的逻辑缓存的占用情况，为其分配一定的上行带宽，通过下行帧的 BWmap 字段发送给 ONU。ONU 收到该带宽信息后，负责将带宽具体分配给 T-CONT 上的各个队列。

GPON 的 DBA 实现以下功能：

①获取 T-CONT 逻辑缓存的占用情况。

②根据该 T-CONT 的缓存占用情况和配置的带宽参数，计算出当前为 T-CONT 分配的上行带宽值。

③根据计算出来的上行带宽值，构建下行帧的 BWmap 字段，存放到 BWmap 表中。

④在各个下行帧中，依次发送 BWmap 表中的内容，实现上行流量的动态管理。

OLT 通过管理通道设置 ONU 的 T-CONT 上的队列调度策略，如图 1-2-32 所示。

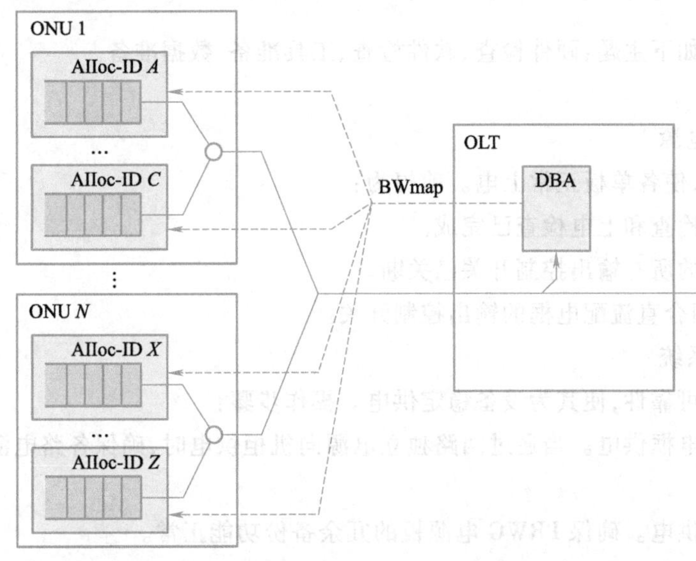

图 1-2-32　OLT 设置 T-CONT 队列调度策略图

OLT 通过两种方法获取 T-CONT 逻辑缓存的占用情况。

①OLT 对一个 T-CONT 的上行流量进行持续检测，根据流量的波动情况，推测出该 T-CONT 逻辑缓存的当前占用情况，从而为其分配相应的带宽。使用该方法的 DBA 称为 NSR-DBA。

②OLT 可以要求 ONU 上报其各个 T-CONT 的逻辑缓存的当前占用情况，从而为其分配相应的带宽。使用该方法的 DBA 称为 SR-DBA。

GPON DBA 支持五种带宽类型。

①固定带宽(Fixed Bandwidth),在 T-CONT 激活之后,OLT 就为其分配该带宽,不管 T-CONT 的缓存占用情况和实际上行流量负载。

②保证带宽(Assured Bandwidth),当 T-CONT 有带宽需求时,必须分配的带宽。如果 T-CONT 的带宽需求小于配置的保证带宽,多出来的配置带宽可以被其他的 T-CONT 使用。

③非保证带宽(Non-Assured Bandwidth),当 T-CONT 有带宽需求时,也不一定分配的带宽。只有在所有的固定带宽和保证带宽都分配完之后,才会进行非保证带宽的分配。

④尽力而为带宽(Best-Effort Bandwidth),优先级最低的带宽类型。在固定带宽、保证带宽和非保证带宽都分配完之后,如果带宽还有剩余,才会进行尽力而为带宽的分配。

⑤最大带宽(Maximum Bandwidth),不管该 T-CONT 上的实际上行流量有多大,分配的带宽值都不能大于最大带宽。

五、讨论设备调试要点

下面来了解 PON 设备调试说明。

1. 调试流程

系统调试是指设备硬件及软件安装完成后,对系统进行的一系列调试与验证,以确保系统按设计要求投入使用,并能稳定、可靠、安全地运行,调试流程如图 1-2-33 所示。

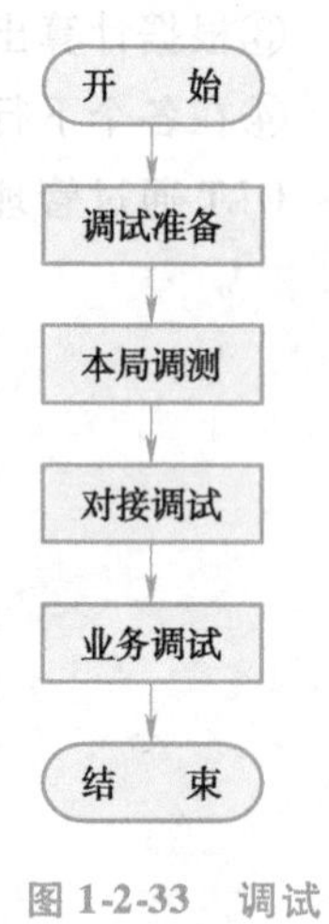

图 1-2-33 调试流程图

2. 调试准备

调试准备包含如下主题:硬件检查、软件检查、工具准备、数据准备。

3. 本局调测

(1)接通设备电源

接通设备电源,使各单板正常上电。前提为:

①设备安装后检查和上电检查已完成。

②直流配电框的所有输出控制开关已关断。

③操作步骤:闭合直流配电框的输出控制开关。

(2)调测供电系统

调测供电系统可靠性,使其为设备稳定供电。操作步骤:

①检查直流配电框供电。当通过两路独立电源向机柜供电时,确保各路电源可以独立为机柜供电。

②检查电源板供电。确保 PRWG 电源板的冗余备份功能正常。

(3)配置维护终端

将维护终端与 ZXA10 C300 正确连接,保证调测过程中维护终端与设备通信正常。单点调测是指使用维护终端通过串口或带外网口对设备进行调测。前提为调测使用的维护终端已经安装好 Windows 操作系统。

操作步骤:

①配置串口调测维护终端。

②配置带外网口调测维护终端。

(4)登录系统

通过维护终端对 ZXA10 C300 进行调测前,必须先登录到 ZXA10 C300。

操作步骤:

①在串口方式下,在 ZXAN > 提示符下输入 enable 命令和密码 zxr10,进入管理员模式,提示符变为 ZXAN#。

②在带外网口方式下,输入用户名和密码(初始值均为 zte),即可进入管理员模式(ZXAN#)。

(5)检查软件版本

检查当前运行的软件版本是否符合现场开局的要求。

操作步骤:使用 show version-running 命令查看系统运行版本信息。

(6)检查单板状态

检查单板的运行状态是否正常,可参看表 1-2-6 的单板状态信息。

表 1-2-6　单板状态信息

单板状态	说　明
INSERVICE	单板正常工作
CONFIGING	单板处于业务配置中
HWONLINE	单板已插入机框,但版本不对,无法正常运行
OFFLINE	已添加单板,但硬件不在位
STANDBY	单板处于备用工作状态
TYPEMISMATCH	单板实际类型和配置类型不一致
NOPOWER	电源板未通电

操作步骤:使用 show card 命令查看所有单板的状态。

(7)检查风扇状态

检查风扇的运行状态是否正常。

操作步骤:使用 show fan 命令查看风扇运行状态。

(8)检查上行端口状态

检查上行端口状态是否为 up,光电属性、协商模式是否正确,端口 VLAN 模式和 PVID 是否正确。

操作步骤:使用 show interface gei_1/x/x 或 show interface xgei_1/x/x 命令查看上联口状态信息。

(9)检查业务端口状态

检查业务端口状态是否正常。

操作步骤:

①使用 show interface gpon-olt_1/x/x 命令查看 GPON OLT 接口状态信息。

②使用 show interface epon-olt_1/x/x 命令查看 EPON OLT 接口状态信息。

③使用 show interface gpon-onu_1/x/x:x 命令查看 GPON ONU 接口状态信息。

④使用 show interface epon-onu_1/x/x:x 命令查看 EPON ONU 接口状态信息

(10)检查双纤双向光口平均发送光功率

检测本端双纤双向光口平均发送光功率,确保光口平均发送光功率正常。

前提:准备好经过校准的光功率计、带不同接头的尾纤、光纤连接器。

检测的注意事项如下:

①选择光功率计的 dBm 单位。

②单模的光模块必须使用单模光纤;多模的光模块必须使用多模光纤。

③光纤接头和光接口板面板上的光模块清洁并连接良好。

④测试用尾纤长度一般为 2 ~ 5 m。建议使用新的尾纤。

⑤切忌眼睛正对光接口板的激光发送口、光纤接头和光纤连接器。

操作步骤:

① 拔下被测端口的 Tx 口光纤,在光纤连接器上套上防尘帽。

② 将测试尾纤的一端连接到被测端口的 Tx 口,另一端连接到光功率计上。

③ 根据被测端口的工作波长,设置光功率计的测试波长。

④ 观察光功率计上的读数。待读数稳定后,记录此时的光功率值。该光功率值即为该端口的实际平均发送光功率。

⑤ 重复步骤③ ~ 步骤④,检查测得的光功率值是否符合技术要求。

⑥ 恢复被测端口的光纤连接。

(11)检查单纤双向光口平均发送光功率

检测本端单纤双向光口平均发送光功率,确保光口平均发送光功率正常。

前提:准备好经过校准的光功率计、带不同接头的尾纤、光纤连接器。

检测的注意事项如下:

①选择光功率计的 dBm 单位。

②单模的光模块必须使用单模光纤;多模的光模块必须使用多模光纤。

③光纤接头和光接口板面板上的光模块清洁并连接良好。

④测试用尾纤长度一般为 2 ~ 5 m。建议使用新的尾纤。

操作步骤:

①拔下被测端口的光纤。

②将测试尾纤的一端连接到被测端口,另一端连接到光功率计上。

③根据被测端口的工作波长,设置光功率计的测试波长。

④观察光功率计上的读数。待读数稳定后,记录此时的光功率值。该光功率值即为该端口的实际平均发送光功率。

⑤重复步骤③ ~ 步骤④,检查测得的光功率值是否符合技术要求。

⑥恢复被测端口的光纤连接。

(12)保存数据

将数据保存到闪存中,防止意外重启时导致数据丢失。命令执行过程中,系统有相应的提示信息。在保存进度未达到 100% 之前,避免系统掉电或进行强行复位操作,否则将破坏保存在闪存中的数据。过于频繁的保存配置数据会影响系统的运行效率。

操作步骤:在管理员模式下,使用 write 命令将数据保存到闪存中。

(13)硬件检测备份系统文件

备份系统文件,避免系统故障造成数据丢失而无法恢复。

前提:维护终端上已安装 TFTP 软件。

操作步骤:

①使用交叉网线将维护终端网口与 ZXA10 C300 的带外网口(交换控制板上的 10/100M 接口)相连。

②在维护终端上运行 TFTP 服务器端程序,设置备份文件存放路径,并选择正确的 IP 地址,保存数据。

③在管理员模式下,使用 upload cfg startrun. dat 命令将文件备份到维护终端。

4. 对接调试

通过对接调试,确保 ZXA10 C300 与上层网络设备之间的正常通信。上行端口的端口速率和物理工作模式要和对端保持一致。

操作步骤:

①在全局配置模式下,使用 vlan 命令创建带内管理 VLAN。

②在上行端口接口模式下,使用 duplex 配置上行端口的物理工作模式。

③在上行端口接口模式下,使用 speed 配置上行端口的速率。

④在上行端口接口模式下,使用 switchport mode 配置上行端口的端口模式(Hybrid、Trunk、Access)。

⑤在上行端口接口模式下,使用 switchport vlan 命令配置上行端口的 VLAN。

⑥在 VLAN 接口模式下,使用 ip address 命令配置带内管理 IP 地址。

⑦在全局配置模式下,使用 ip route 命令配置带内网管路由。

⑧在管理员模式下,使用 ping x. x. x. x 命令 ping 网关或者上层设备的 IP 地址。如果 ping 成功,说明 ZXA10 C300 和上层网络设备之间的通信正常;如果不成功,检查上层网络数据以及设备间的物理连接。

任务小结

本任务主要讲解了在项目实施过程中,PON 产品的功能特点、关键技术等。在讲解 GPON 设备基本工作原理的基础上对产品的功能做了进一步说明,主要介绍了中兴 PON 产品的 L2 端口特性、MAC 地址管理特性、GPON 接入特性、ZXA10 C300 产品的 MAC 特性。同时,通过图表的形式讲解了 GPON ONU 产品的认证和注册步骤,对产品调试的步骤和准备等内容。

思考与练习

一、填空题

1. 交换机工作在 ISO 网络参考模型的(　　)。

2. 在 TCP/IP 体系结构中,每一个 A 类地址包含(　　)个网络地址。

3. 2 M 速率为(　　)。

4. 在 2 M 电路做自发自收测试时，选用的伪随机码为(　　)。做自发自收测试时，2 M 仪表阻抗应设置为(　　)；在线测试时，阻抗应设置为(　　)帧结构应设为(　　)。

5. 以太网使用双绞线连接时，最长距离不得超过(　　)米。

6. 在以太网中，是根据(　　)地址来区分不同的设备。

7. IEEE 802.3u 标准值的是(　　)。

8. 网络管理工具包括连通性测试程序(　　)、路由跟踪程序(　　)和 MIB 变量浏览器。

9. OSI 七层参考模型为物理层、数据链路层、网络层、(　　)、(　　)、会话层、表示层、应用层。

10. TCP 协议通过(　　)和(　　)来区分不同的连接。

11. 网络按照覆盖范围可分为广域网、(　　)、(　　)。

12. 将二进制数字 10111010 转换为等值的十六进制数字是(　　)。

13. IP 地址 172.15.1.1 对应的自然分类网段包含的可用主机地址数为(　　)。

14. 串行数据通信的方向性结构有三种，即单工、(　　)和(　　)。

15. 交换机端口上边的 VLAN 属性类型有(　　)、(　　)、(　　)。

二、判断题

1. (　　)TCP/IP 参考模型中网络接口层对应 OSI 参考模型的物理层和数据链路层。

2. (　　)数据链路层传送的数据单位为帧，网络层传送的数据单位为分组。

3. (　　)在 IP 地址的概念中，网络号是用于三层寻址的地址，它代表了整个网络本身。

4. (　　)CIDR 还将整个世界分为四个地区，给每个地区分配了一段连续的 C 类地址，分别是：欧洲(194.0.0.0 ~ 195.255.255.255)、北美(198.0.0.0 ~ 199.255.255.255)、中南美(200.0.0.0 ~ 201.255.255.255)和亚太(202.0.0.0 ~ 203.255.255.255)。

5. (　　)交换局域网所有站点都连接到一个交换式集线器或局域网交换机上。它的特点是：所有端口平时都不连通，当工作站需要通信时，交换式集线器或局域网交换机能同时连通许多对端口，使每一对端口都能像独占通信媒体那样无冲突地传输数据，通信完成后断开连接。

6. (　　)TCP 连接的建立需要经过 3 次握手。

7. (　　)IEEE 802.1Q 是 VLAN 的标准。

8. (　　)DHCP 协议提供了一种动态指定 IP 地址和配置参数的机制，使网络管理员能够集中管理和自动分配 IP 网络地址。

9. (　　)DHCP 协议是基于 UDP 协议层之上的应用。

10. (　　)PPPoE 通过把以太网和点对点协议 PPP 的可扩展性及管理控制功能结合在一起。

三、选择题

1. 在 TCP/IP 参考模型中，以下哪个协议(　　)不是网络程协议?

A. ARP　　B. ICMP　　C. TELNET　　D. ICMP

2. 下列(　　)设备工作在 TCP/IP 参考模型的网络层。

A. 集线器　　B. 网桥　　C. 交换机　　D. 路由器

3. 下列(　　)协议运行在 TCP/IP 的传输层上。

A. ARP　　B. TCP　　C. PPP　　D. XNET

4. 下面(　　)地址不是私有地址?

A. 10.0.0.0/8 ~ 10.255.255.255/8

B. 172.16.0.0/16 ~ 172.31.255.255/16

C. 192.168.0.0/24 ~ 192.168.255.255/24

D. 1.1.1.1/8 ~ 1.1.1.254/8

5. 数据链路层上,PDU 常用的名称是(　　)。

A. 帧　　B. 数据段　　C. 数据包　　D. 数据链路 PDU

6. 光纤到小区工程的技术用(　　)技术缩写表达。

A. FTTH　　B. FTTC　　C. FTTB　　D. FTTx

7. 在路由器中,决定最佳路由的因素是(　　)。

A. 最小的路由跳数　　B. 最小的时延

C. 最小的 metirc 值　　D. 最大的带宽

8. 以下不属于 OLT 设备功能的有(　　)。

A. 向 ONT 以广播方式发送以太网数据　　B. 发起并控制测距过程,记录测距信息

C. 对用户的以太网数据进行缓存　　D. 为 ONT 分配带宽

9. 网络常见的拓扑形式有(　　)。

A. 总线　　B. 星状　　C. 树状　　D. 环状

10. 以太网使用的物理介质主要有(　　)。

A. 同轴电缆　　B. 双绞线　　C. 光缆　　D. V.24 电缆

四、简单题

1. 请简要说明 TCP/IP 网络模型和 ISO 网络参考模型的区别。

2. 请说说 PPPoE 协议的工作流程是怎样的。

3. PON 产品具备哪些特点和功能?

4. GPON 与 EPON 产品各自的优缺点有哪些?

5. 用表格的形式总结 GPON 和 EPON 的用途和性能指标。

实践活动:调研光宽带网络产业现状

一、实践目的

1. 熟悉我国光宽带网络的产业化情况。

2. 了解光宽带网络将对智慧城市、宽带中国、大数据时代和未来 5G 网络带来哪些影响。

二、实践要求

各读者通过调研、搜集网络数据等方式完成。

三、实践内容

1. 调研我国数据“宽带中国”战略产业情况。

2. 调研 PON 技术的最新进展，分析思考，概括地总结出其要点。

3. 分组讨论：假如你是所在校园的光宽带网络工程师，现已确定了校园网络应用目标和功能，你会选用哪种方式进行校园网络拓扑来实施学校光宽带网络工程，试说明其理由。

项目二

光宽带网络语音及数据业务实现

任务一　初识 PON 语音业务及配置

任务描述

本任务主要围绕着 VoIP 技术和 ZXDSL 9806H 产品 VoIP 的功能特点进行展开。通过学习 H.248 协议的基础知识及相关协议术语和含义，使读者更好地理解 PON 设备是如何实现语音业务的。

任务目标

1. 认识 VoIP 技术及其主要特点。
2. 了解 VoIP 关键技术。
3. 熟悉和了解 H.248 协议的相关概念和应用。

任务实施

一、认识 VoIP 技术

(一)概述 VoIP 技术

1. VoIP

VoIP 网络电话是一种利用 Internet 技术或网络进行语音通信的新业务。从网络组织来看，目前比较流行的方式有两种：一种是利用 Internet 网络进行的语音通信，我们称之为网络电话；另一种是利用 IP 技术，电信运营商之间通过专线点对点联结进行的语音通信，有人称之为经济电话或廉价电话。

两者比较，前者具有投资少，价格低等优势，但存在着无服务等级和全程通话质量不能保证等重要缺陷。该方式多为计算机公司和数据网络服务公司所采纳。后者相对于前者来讲投资较大,价格较高,但因其是专门用于电话通信的,所以有一定的服务等级,全程通话质量也有一定保证。该方式多为电信运营商所采纳。

VoIP 电话与传统电话具有明显区别。传统电话使用公众电话网作为语音传输的媒介;而 VoIP 电话、VoIP 网络电话则是将语音信号在公众电话网和 Internet 之间进行转换,对语音信号进行压缩封装,转换成 IP 包,同时,IP 技术允许多个用户共用同一带宽资源,改变了传统电话由单个用户独占一个信道的方式,节省了用户使用单独信道的费用。与电路交换的语音通信不同,Internet 语音通信是面向无连接的。

(1) VoIP 网络电话的特点

①通信双方不需要进行链路建立的初始化过程,可以随时发送数据。

②Internet 内所有路由都是共享的,联入 Internet 的计算机均不独占路由。

③由于数据包需要排队传输,会产生时延。

④用户计算机至 ISP 的通信通过公众电话网(PSTN),所以仍然会独占该段通信路由。

由于技术和市场的推动,将语音转化成 IP 包的技术已变得更为实用、便宜,同时,VoIP 电话、VoIP 网络电话的核心元件之一——数字信号处理器的价格在下降,从而使电话费用大大降低,这一点在国际电话通信费用上尤为明显,这也是 VoIP 电话、VoIP 网络电话迅速发展的重要原因。

(2) Internet 上实现语音通信的简单原理(见图 2-1-1)

①用户通过计算机向 ISP 发出业务请求,ISP 经过身份认证后,与计算机建立连接,并为计算机提供数据转发。

②发送端通过语音输入设备(麦克风等)将语音信号传送到计算机。

③计算机经过处理(模/数转换、压缩、打包)形成 IP 包,然后通过 ISP 发送到 Internet。

④数据到达接收端后,由接收方 ISP 转接到被叫终端。

⑤计算机将 IP 数据包经过处理还原成语音信息,经由语音输出设备(音箱等)发出。

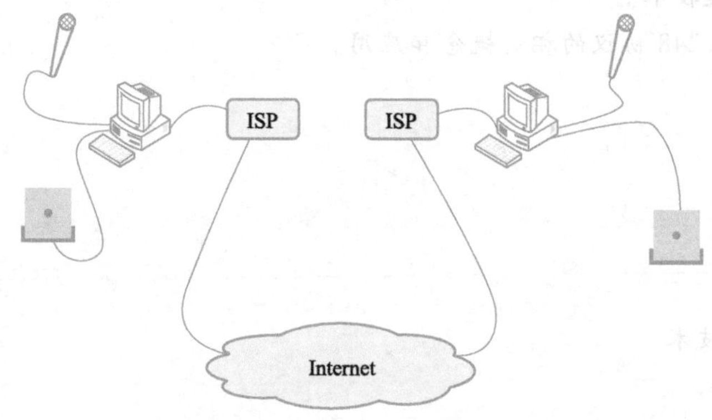

图 2-1-1 语音通信原理

2. 分组交换原理

IP 电话网络是基于分组交换体系结构的系统,而分组交换既解决了电路交换不利于实现不同类型的数据终端设备之间的相互通信的矛盾,又克服了报文交换信息传输时延太长、不满足许多数据通信系统的实时性要求的缺点。

分组交换仍旧采用了报文交换的“存储－转发”方式，把报文截成许多比较短的、被规格化了的“分组(packet)”进行交换和传输。由于分组长度较短，具有统一的格式，便于在交换机中存储和处理，分组进入交换机后只在主存储器中停留很短的时间，进行排队和处理，一旦确定了新的路由，就很快输出到下一个交换机或用户终端，分组穿过交换机或网络的时间很短，能够满足绝大多数数据通信用户对信息传输的实时性要求。

(1)分组交换的主要优点

①为用户提供了不同速率、不同代码、不同同步方式、不同通信控制规程的数据终端之间能够相互通信的灵活的通信环境。

②信息传输时延较小，变化范围不大。

③实现线路的动态统计时分复用，通信线路的利用率很高。

④可靠性高。每个分组可独立地进行差错校验，“分组”还可以自动地选择一条路由以避开故障点。

⑤经济性好。信息以分组为单位在交换机中存储和处理，不要求交换机有很大的存储容量；分组交换网通过网络控制和管理中心(NCC)对网内设备实行比较集中的控制和维护管理，节省维护管理费用。

(2)分组交换的主要缺点

①由于网络附加的传输信息很多，长报文通信的传输效率比较低，技术实现复杂。

②分组交换机要对各种类型的“分组”进行分析处理，为“分组”在网中的传输提供路由，并且在必要时自动进行路由调整，并为用户提供速率、代码和规程的变换，为网络的维护管理提供必要的报告信息等，要求交换机要有较高的处理能力。

IP 电话的快速发展，使得传统的电话技术逐步向分组电话技术过渡，基于 IP 的开放式标准改变了传统的业务模式。

3. VoIP 实现方法

(1)PC-to-PC

这是初期采用的一种方式，它以多媒体技术为基础，建立在网对网的架构上，在技术上较容易实现，但对于用户的要求比较高。通话双方的计算机均须登录到网络上，还要有全双工声卡、话筒等设备，并安装相同的电话软件。早期的 Internet Phone 就是此类产品的代表。

(2)PC-to-Phone

作为主叫方的计算机必须上网，而被叫方使用普通电话机即可。通话时，主叫方登录到与对方电话网相连的 IP 电话网关服务器。主叫方的呼叫信号通过 Internet 到达服务器后，自动转接到被叫方的电话上。Net Phone 便是此类产品的代表。

(3)Phone-to-Phone

这种产品种类很多，实际性能差别也很大。大致可分三种类型。

①双方电话各配置一个类似于 Modem 的设备，通话双方通过它登录到 Internet，每次通话只需简单的操作便能像普通电话一样进行交谈。如美国的 Aplio Inc 公司生产的 Aplio/Phone 系列产品，体积如同普通电话机大小。

②两端都没有计算机与电话连接，而是通过称为“桥接器”的设备进行通话。它可以把

普通模拟电话的音频信号流转换成分组数据，送入 Internet 传输。有些“桥接器”本身还具有小型交换机的功能，如美国的 TouchWare Inc，它研制的 IP 电话产品 WebSwitch 是含有专用小交换机（Private Branch Exchange，PBX）功能的智能 IP 电话系统，可直接插入公司的 LAN 或 Internet。

③利用 IP 电话网关服务器进行通话。网关服务器一端与 Internet 相连，另一端与当地的电话网相连。用户不需要申请 Internet 账户，打电话时拨一个特殊电话号码（接入号）即可连到服务器。服务器收到被叫号码后，通过 Internet 与被叫方当地的相关服务器建立连接。对方服务器收到呼叫后立刻接通本地被叫电话号码。如 Dialogic 公司开发的 DM3/IPLINK 等。

在 IP 电话的技术实现过程中，主要采用了新的设备——电话网关服务器，使长途电话通信由传统的电路交换发展到通过 Internet 的包交换方式，只要通过普通的电话机就可以使用 Internet 上提供的电话服务，用户端操作和传统电话一样，非常简单和方便。

（二）比较 IP 电话与传统电话

1. 工作方式比较

（1）IP 电话

IP 电话是将模拟语音信号经过模数转换，进行编码压缩后，按一定的打包规则将压缩帧转换成 IP 数据包通过数据网进行传输；在目的地经过数据解压、数模转换复原成话音，从而达到语音通信的目的。

IP 电话具有下列特点：

①使用压缩算法处理语音信号以减少其占用的网络带宽。

②经过编码、压缩处理后的语音信号以数据包的形式进行传送。

③语音业务可以容忍少量的数据丢失，同时考虑到语音的实时性，不需要重新传输。

④在国际电信联盟 ITU-T 推荐的综合业务数字网（Intergrated Services Digital Network，ISDN）编号规则 E. 164 或已用的其他编号规则与 IP 地址之间进行转换的地址转换功能。

（2）传统电话

传统的电话是通过电路交换网，采用基于连接的电路方式来传输语音信息的。一个通话流程大致如下：

①主叫摘机；

②交换机给主叫送拨号音；

③主叫拨被叫号码；

④电路建立；

⑤被叫电路响铃，主叫听到回铃声；

⑥被叫摘机，开始通话，交换机开始计费；

⑦主叫或被叫挂机；

⑧交换机将电路拆除并停止计费。

2. 电路交换原理比较

传统的电话是基于电路交换原理进行工作的。交换是通信过程中的一个中心环节，提供信源到信宿的连接方式。普通的电信网，包括我们所熟悉的 PSTN、GSM、TACS 等，都是采用电路交换的形式。

(1)电路交换具备的特征

①任何一次通信两端之间必须独占一条路由。

②占用此路由直到通话结束(或通信终止),在此过程中其他通信无法再用。

③电路接通之后,交换机的控制电路不再干预数据传输,为用户提供了一条透明通路。

(2)电路交换的优点

①信息传输的时延小;而且对一次接续来说,传输时延固定不变。

②信息传输效率比较高。

③信息的编码方法和信息格式不受限制。

(3)电路交换的缺点

①电路的接续时间较长,当通信的数据报文较短时,信息传输通信效率低。

②电路(特别是传输中继线)利用率低。

③限制了各种不同速率、不同编码格式、不同通信规程的用户终端之间的通信。

电路交换方式必须在通信双方连通数据链路之后才能传送信息,这种交换方式存在呼损,即可能出现由于被叫方设备忙或交换网负载过重而叫不通的现象。由于电路交换方式在各类终端之间的互通性较差,所以其发展远没有分组交换方式快。

3. 交换方式比较

目前,在数据通信领域有三种基本的交换方式:电路交换、报文交换和分组交换。IP电话是基于分组交换的原理之上的,而传统的电话网是建立在电路交换的基础上的,电路交换与分组交换的比较如表2-1-1所示。

表2-1-1　交换方式的比较

项目	电路交换	分组交换
接续时间	较长,平均为15 s	较短,虚电路连接一般小于1 s
信息传输时延	短,偏差较小,通常在ms级	短,偏差较大,一般低于200 ms
数据传输可靠性	一般为10^{-7}	高达10^{-11}
对业务过载的反应	拒绝接受呼叫(呼损)	减少输入信息流量,时延增大
信号传输的"透明"性	有	无
异种终端之间的相互通信	不可	可
多点通信	不可	可
电路利用率	低	高
交换机费用	一般较便宜	较高
实时会话业务	适用	不适用

4. 关键技术比较

(1)信令比较

在PSTN和IP网络中,信令的任务都是建立一种连接。

对于PSIN的信令。在PSTN中,完成一次电话的通话需要建立多种形式的信令。首先,提起电话时系统向交换机发送一个"摘机"信号,交换机就会发拨号音进行响应;然后,电话向交换机传送拨号数字,即被叫号码或者相关的数字信息;交换机收到来自电话的拨号数字后,开始进行相应的处理,例如转接等。在转接过程中,又要用到多种信令,如信道辅助信令(CAS)、通用信道信令(CCS)等,最终完成电话的接续。

对于 IP 电话信令。在 IP 电话网络中,信令分为外部信令和内部传令两种。

①外部信令。IP 电话网的外部信令支持如下几种信令方式:

- 标准双音多频(DTMF)或脉冲模拟信令;
- 数字带内信令,用于 T1/E1 数字中继线;
- 模拟通信线路信令,大多数用于 4 路模拟中继线;
- 数字带外信令;
- 七号信令,用于连接电话和请求特殊服务。

②内部信令

内部信令提供两种功能:连接控制和呼叫处理。

- 连接控制信令用于网关之间的联系或建立通道以传输分组语音;
- 呼叫处理是在网关之间发送呼叫状态,如振铃、忙音等。

(2)寻址比较

传统的电话网络的寻址是依靠国际、国内标准以及本地电话公司与内部用户之间规定的特定代码技术相结合来完成的。

在 IP 网络中,采用 TCP/IP 的寻址规则和协议,而后者主要包括以下两个方面:

①地址解析

地址解析,是指在特定的设备处(例如路由器、网关、DNS 服务器等),将 IP 数据包内的地址信息解释成可以识别和处理的地址,然后交由寻址设备进行路由寻找。

②地址简化

地址简化是指将复杂的物理地址抽象为可以简单识别和处理的逻辑地址的过程。

(3)路由

传统电话网络的路由与编号规则和线路密切相关,是用于建立从源节点到目标节点的通话的。

IP 电话网络的路由协议具有丰富的功能,它们使语音业务能够利用 IP 网络的自校正功能,诸如策略路由和访问列表等功能,为语音业务提供复杂、安全的路由方案。

(4)延迟

在 PSTN 语音网络中,距离是导致延迟的主要因素。因为电信号的传播速度接近光速,所以近距离的延迟是难以察觉的,但距离 1 万 km 以上的延迟就比较明显了。在缺乏 QoS 保证的 IP 电话网络中,由于 IP 业务遵循“尽力服务”的原则,即“先来先服务”的原则进行业务处理,所以容易出现较大的延迟和延迟抖动,这是 IP 电话亟待解决的重要问题之一。

(三)掌握 VoIP 体系结构

1. 通信过程

IP 电话系统把来自普通电话的模拟信号转换成可接入 Internet 传送的数据包,同时将收到的数据包转换成模拟信号送到电话。经过 IP 电话系统的转换及压缩处理,每个普通电话传输速率约占用 8 kbit/s ~ 11 kbit/s,因此与普通电信网同样使用传输速率为 64 kbit/s 的路由相比,IP 电话数是原来的 5 ~ 8 倍,IP 电话通信基本模型如图 2-1-2 所示。

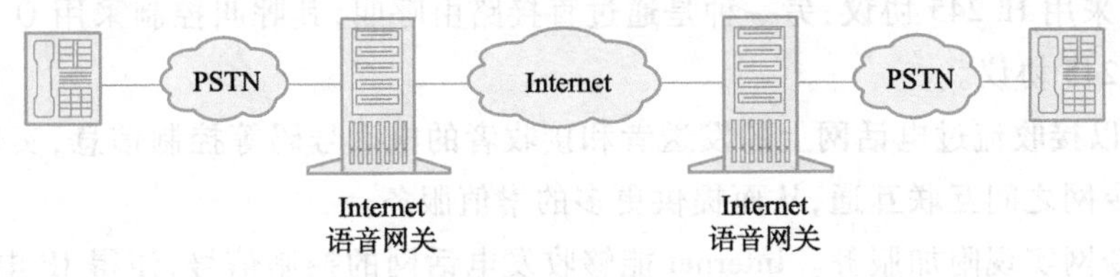

图 2-1-2　IP 电话通信基本模型

IP 电话通信的基本流程如下：

①用户通过 PSTN 本地环路连接到 VoIP 网关。

②网关把模拟信号转换为数字信号并压缩打包成分组语音信号。

③通过 Internet 传送到被叫用户的网关端。

④被叫端的网关进行分组数据的解包、解压和解码，还原为可被识别的模拟语音信号。

⑤最后通过 PSTN 传到被叫方的终端。

在通信过程中，网关分别完成传统电话网侧的传输和 IP 网侧的传输、执行两侧不同的语音编码方法的转换、对来自传统电话网侧的信令和来自 IP 网侧的信令进行必要的翻译。

另外，网关和网关及网关和关守之间遵照 H. 323 协议进行交互，主要可分为三个部分：

①网关和关守间使用 H. 225. 0 RAS（H. 225. 0 协议中定义的远程接入服务）进行认证、地址翻译、计费和控制等。

②网关和网关间使用 H. 225. 0 协议和 Q. 931 协议进行呼叫建立。

③网关和网关间使用 H. 245 协议建立话音通道。

2. 互连互通

（1）IP 电话的三种方式

①连接于 Internet 上的两台 PC 之间进行通话。

②一端为 PC、另一端为普通电话，通过 Internet 连接进行通话。

③两端均为普通电话，通过 Internet 连接进行通话。

第三种方式最接近于普通电话，使用最方便。在 IP 电话发展进程中，实现 Internet 与电话网语音通信技术的融合是极为关键的一步。

现在的大多产品可以实现从 Internet 向 PSTN 的电话呼叫，但是，IP 网除了必须实现现有 PSTN 网的基本功能外，还需具有其他增值功能，例如 QoS 保证、IP 终端的移动性、寻址/路由功能、安全和计费等。

IP 与 PSTN 互连的基本形式：IP 电话端至端连接有几种基本方式，它们包括从 IP 网到电路交换网（Switched Circuit Networks，SCN）的呼叫；从电路交换网到 IP 网的呼叫；从 IP 网到电路交换网再回到 IP 网的呼叫，以及从电路交换网到 IP 网再回到电路交换网的呼叫。

（2）互连协议和信令

在 IP 网上实现电话功能，各厂商可以采用不同的技术灵活实现，因此虽然产品不少，但往往造成设备之间“无法对话”。为解决互连问题，ITU-T 的多媒体通信协议 H. 323 将作为 IP 电话系统国际标准。

IP 与 PSTN 的信令连接的方式有两种：一种是通过关守建立呼叫，其呼叫控制采用 Q. 931

协议,通信控制采用 H. 245 协议;另一种是通过直接路由呼叫,其呼叫控制采用 Q. 931 协议,通信控制采用 H. 245 协议。

Internet 可以接收流过电话网上的发送者和接收者的电话号码等控制信息,实现 Internet 与电话交换的信令网之间互联互通,从而提供更多的增值服务。

①通过信令网实现附加服务。Internet 能够收发电话网的控制信号,使得 IP 电话的服务方便性提高一大步。例如,IP 电话经营者将可以提供传统电话所提供的来电显示和受话方付费等许多附加服务。

②使用信令网实现一次拨号。IP 电话经营者连接于 7 号信令网时,除了可以用 IP 电话实现各种附加服务外,还可以省掉必须向 VoIP 网关拨打电话这样麻烦的操作,而可以直接向通话的对方打电话。这时只要在对方的电话号码前加上规定的区别号,打 IP 电话和打普通电话便可以一样。

(3)控制交换机的新协议

Internet 与电话网融合出现的另一种新技术是从外部经由 IP 网络控制电话网内交换机和企业 PBX 等通信设备的专用协议,目前有 IP 装置控制协议(IPDC)和简单网关控制协议(SGCP)两种。

①IPDC 和 SGCP 协议。两种新协议的基本思路是经由 IP 网络使 VoIP 网关和交换机等通信设备对其内部的各种装置进行控制。

②IPDC 和 SGCP 的基本功能:

- 控制 VoIP 网关和交换机等通信设备。
- 控制连接。通信设备的控制包括从控制器使通信设备的各种功能起作用,以及把通信设备所发生的各种情况通知控制器。
- 新协议可以降低话费。
- 新协议可提供新的附加服务。

3. 网络协议

(1)网络协议介绍

在 TCP/IP 协议族中,主要的 TCP 协议通过重传出错信息保证消息的可靠传输,而 IP 协议可提供消息的路由,检测 IP 数据包的丢失。另外,TCP 还利用滑动窗机制进行流量和拥塞控制。

由于语音与数据特性不同,前者的前后样值有冗余性,所以允许有少量的传输差错,但它有严格的实时性要求,这是电话通信的交互性所要求的。由于普通电话线路上存在的 2/4 线转换,会产生回波,回波声如与主声源的发生间隔时间较长,人耳就能感觉出来,因此 ITU-T 规定,线路上端到端声音传输的时延不得超过 30 ms(在没有回波抵消系统情况下),而数据传输不允许出现差错,但对传输时延要求不高。所以 TCP 协议采用的重传差错信息可保证可靠传输,但其采用的流量拥塞控制机制则不适合于语音。

语音在 Internet 上的传输利用 TCP/IP 协议族中的 UDP/IP 协议,即传输层采用用户数据包协议。UDP 原是设计用于传输较短的无确认消息的,并且也没有 TCP 那样的流量和拥塞控制机制。与目前的电话网比较,基于 Internet 的语音通信不能保证传输的语音质量,这是因为:

①基于电路交换的网络一旦连接建立,信道带宽资源便得到确保,并且由于是同步转移模式(STM)传输方式,收方可从接收信息中提取同步信息,保证收发双方同步比较容易。

②Internet 中由于采用线路统计复用,故带宽没有保证,可能有拥塞所以信息包可能会丢失。各个信息包在传输节点上的排队,导致分组到达收方的时间间隔不等,对语音这种等时业务,带来了收发同步和收方等时回放的困难。

(2)服务质量

服务质量是所有网络首先关注的问题,它由不同网络的技术特征所决定。IP 电话之所以成为争论焦点,正是由于原来是无连接的分组技术用来实现需要有质量保证要求的电话功能。QoS 是 IP 网络的弱点。IP 电话 QoS 可从呼叫建立质量和通话过程质量两方面来描述。

①呼叫建立质量,包括呼叫建立时间(客观)的质量和用户的方便性(主观)两方面,它的质量由这几方面来保证:

- IP 接入网建立的时延(包括 IP 网传输层建立、Modem 接通和互联网业务提供商 ISP 网关注册等)。
- IP 主干网的信令时延。
- 关守内的呼叫建立时延。
- 后端服务(如目录、鉴权)的接入时间和呼叫处理时延。
- 网关内的处理时延。
- 在 PSTN 网络内的呼叫建立时延。

②通话过程的质量,包括通话过程中端到端的延迟和端到端的通话质量。

IP 网的负载均衡机制和由于面向无连接引起的通话双方路径的不对称性对语音通信的时延和抖动具有较大的影响。

通话过程中端到端延迟的质量由以下几方面来保证:

- IP 终端缓冲延时。
- H. 323 分组、缓冲延时;编码延时;网络发送延时等。

通话过程中端到端的通话质量则用语音品质因素描述,总体上是由用户直观感觉测试决定。

IP 电话的回音问题是一个较为关键的技术难点。IP 网数据传输时的时延尚不十分明显,但直接应用在话音上问题很突出,用较好的编码技术和网络带宽的增加可使此问题得到缓解。随着传输网的速度提高、质量改进,简化 IP 协议,采用 IP 和异步转移模式(ATM)、同步数字系列(SDH)相结合方式、增加 QoS 机制或保证有足够带宽均是可行的方法。

4. 体系结构

IP 电话的网络体系结构,可以从不同的角度去理解。

(1)开放式的体系结构

IP 电话系统要能够做到业务、运作、网络、专业服务的统一,以及与其他电信服务系统的互联互通,也即 IP 电话网的目标是要成为一种开放式的体系结构。开放式的体系结构应该具备以下特点:

①通过异类网络提供语音业务。

②独立于最基本的网络传输设施。

③网络的智能化功能。

④与传统网络和业务互操作。

⑤支持快速的网络与业务配置。

(2)IP 网络的分层体系结构

如图 2-1-3 所示,IP 电话的体系结构是一种分层结构,因此,可以充分发挥不同厂商的优势,构造丰富的 IP 电话应用。

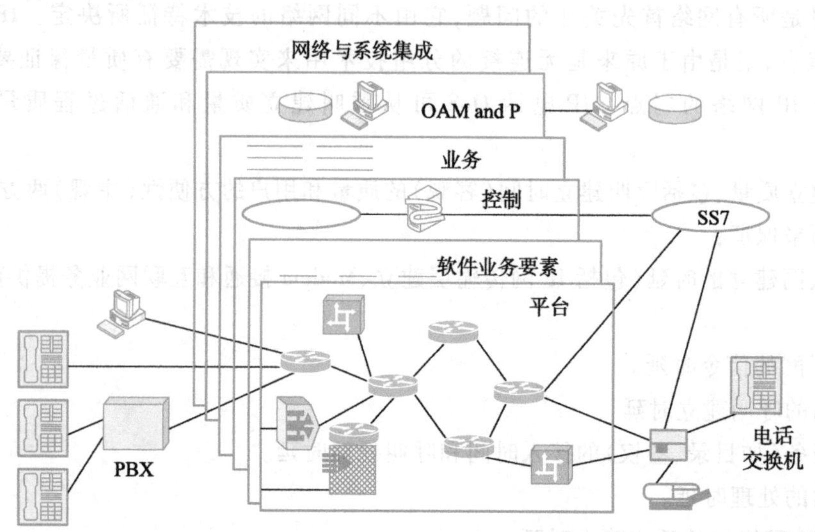

图 2-1-3　IP 电话的分层体系结构

(3)IP 电话网的应用参考体系

基于分组交换结构的 IP 电话参考体系如图 2-1-4 所示,可分为四个部分。

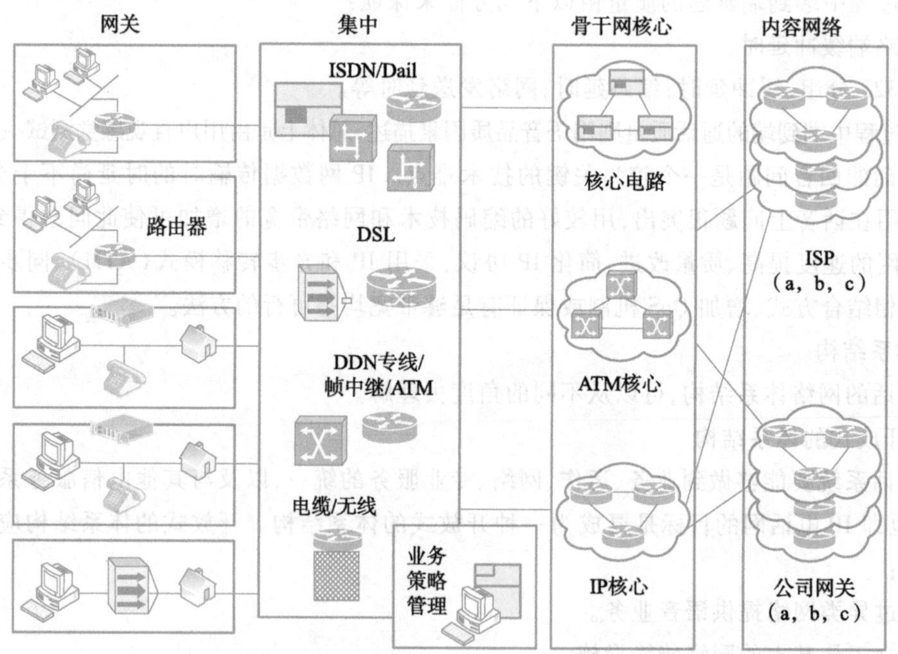

图 2-1-4　IP 电话网参考体系结构

(4)逻辑体系结构

开放式 IP 电话体系主要由呼叫逻辑、业务逻辑和交换逻辑这三种逻辑构成,这三种逻辑是分层次的,层与层之间互相依赖,其结构如图 2-1-5 所示。

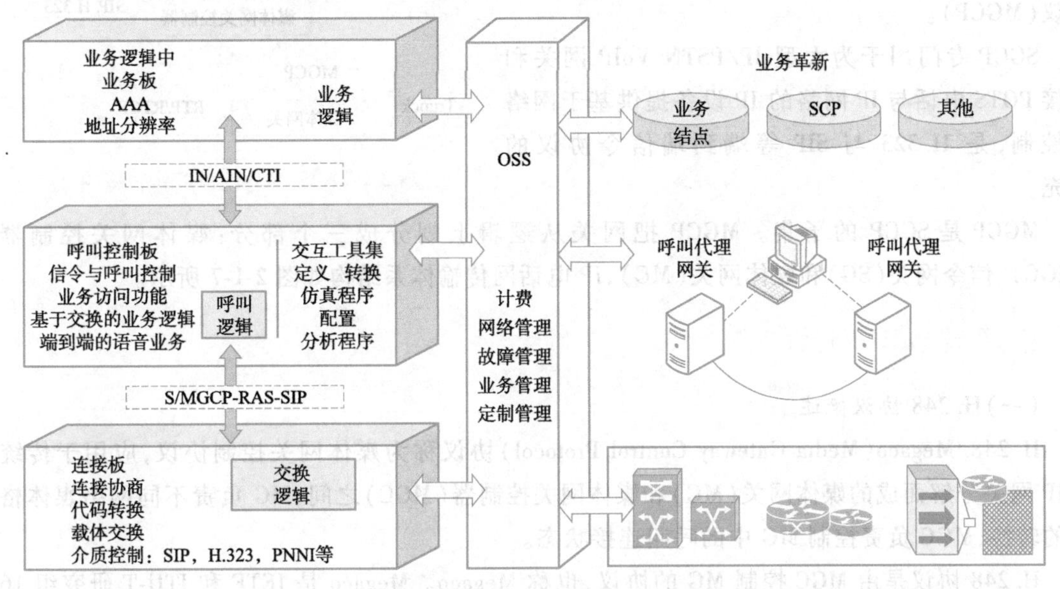

图 2-1-5　IP 电话网逻辑体系结构

(5)控制体系结构

IP 电话系统要求能够兼容或者并入传统的语音服务网络,为未来多项基于 IP 的业务提供足够的扩展余地,因此必须有一套控制体系来进行管理。IP 电话网控制体系结构如图 2-1-6 所示。

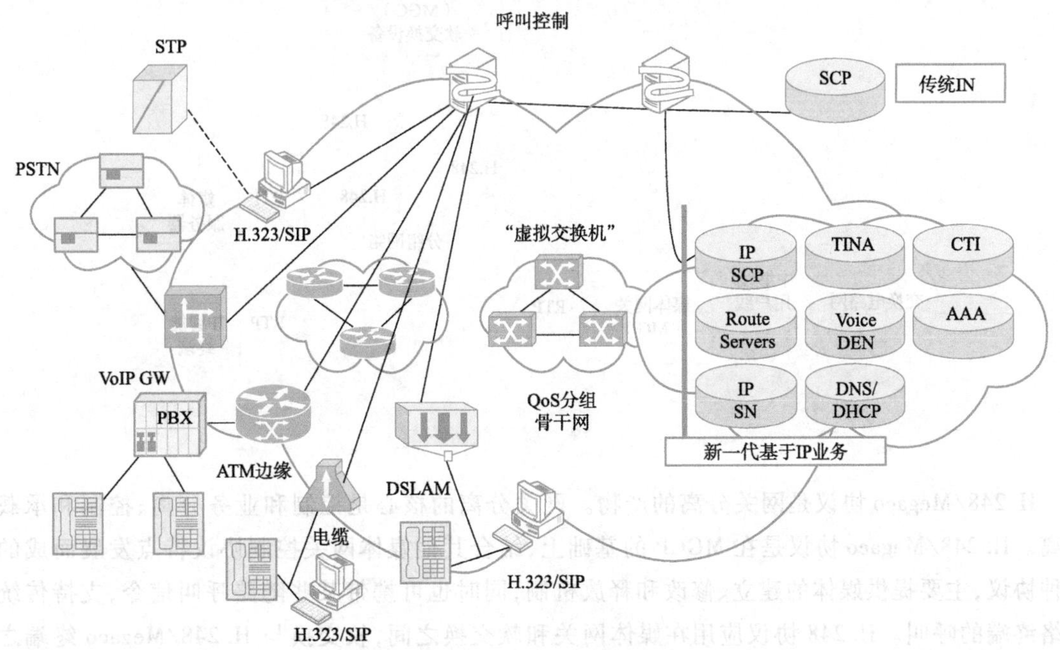

图 2-1-6　IP 电话网控制体系结构

(6)传输体系结构

在IP电话网络中,用于控制数据传输的协议有两个,简单网关控制协议(SGCP)和媒体网关控制协议(MGCP)。

SGCP专门用于为大型IP/PSTN VoIP网关和连接POTS电话与IP网络的IP设备提供基于网络的控制,是H.323与SIP等端到端信令协议的补充。

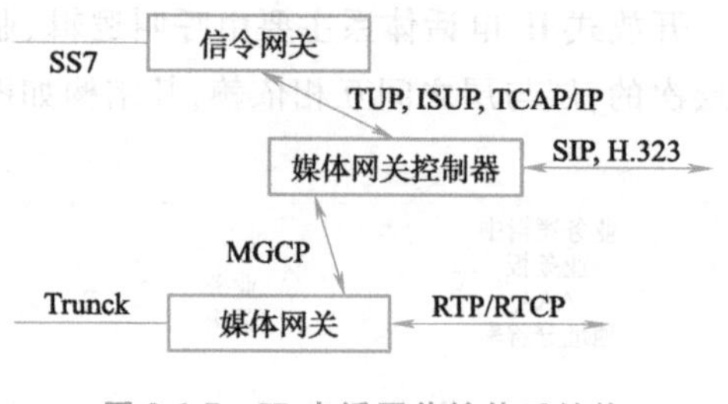

图 2-1-7 IP电话网传输体系结构

MGCP是SGCP的子集。MGCP把网关从逻辑上划分成三个部分:媒体网关控制器(MGC)、信令网关(SG)和媒体网关(MG),IP电话网传输体系结构如图2-1-7所示。

二、了解H.248协议

(一)H.248协议概述

H.248/Megaco(Media Gateway Control Protocol)协议称为媒体网关控制协议,应用于传统VoIP网关分解而成的媒体网关(MG)和媒体网关控制器(MGC)之间,MG负责不同网络媒体格式的转换,MGC负责控制MG中的呼叫连接状态。

H.248协议是由MGC控制MG的协议,也称Megaco。Megaco是IETF和ITU-T研究组16共同努力的结果,因此IETF定义的Megaco与ITU-T推荐的H.248相同。H.248和Megaco在协议文本上相同,只是在协议消息传输语法上有所区别,H.248采用ASN.1语法格式(ITU-TX.6801997),Megaco采用ABNF语法格式(RFC2234)。协议在网络中的位置如图2-1-8所示。

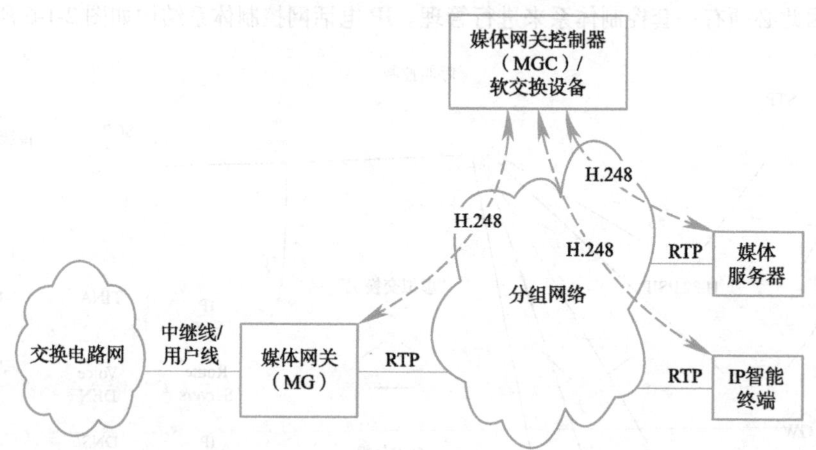

图 2-1-8 H.248协议在网络中的位置

H.248/Megaco协议是网关分离的产物。网关分离的核心是控制和业务分离、控制和承载分离。H.248/Megaco协议是在MGCP的基础上,结合其他媒体网关控制协议特点发展而成的一种协议,主要提供媒体的建立、修改和释放机制,同时也可携带某些随路呼叫信令,支持传统网络终端的呼叫。H.248协议应用在媒体网关和软交换之间,软交换与H.248/Megaco终端之间。将网关分解成MG和MGC是研制大型电信级IP电话网关的需要。

MGC 的主要功能有：

①处理与网守间的 H. 225 RAS 消息。

②处理 No. 7 信令（可选）。

③处理 H. 323 信令（可选）。

MG 的主要功能有：

①IP 网的终结点接口。

②电路交换网终结点接口。

③处理 H. 323 信令（在某类分解中）。

④处理带有 RAS（Registeration Admission Status）功能的电路交换信令（在某类分解中）。

H. 248/Megaco 协议定义的连接模型包括终结点（Termination）和关联（Context）两个主要概念。

终结点是 MG 中的逻辑实体，能发送和接收一种或多种媒体，用属性、事件、信号、统计表示终结点特性。

一个关联是一些终结点间的联系，它描述终端之间的拓扑关系，以及媒体混合/交换的参数。在任何时候，一个终结点属于且只能属于一个关联，只有在位于同一关联的端点之间才能进行通信。媒体网关在创建终结点时，赋予终结点一个唯一的 ID 来标识终端。消息是协议发送的信息单元，H. 248/Megaco 协议的一条消息包含一个或多个事务处理，每个事物处理包含了一个或多个关联，每个关联包含一个或多个命令，每个命令都含有一个或多个参数，这些参数根据描述对象的不同分属不同的描述符，H. 248/Megaco 协议用描述符（Descriptor）来描述终结点的特征，目前定义了 19 个描述符。

终结点的特征可以分为 4 类：

属性（Property）：分为终结点状态特性和媒体流特性，前者主要表示终结点所处的服务状态（如正常服务、退出服务或测试），后者主要表示临时终结点的媒体属性（如收发模式，解码格式等）。

事件（Event）：终结点需要监测并报告 MGC 事件，如摘机、挂机、拍叉簧、收号等。

信号（Signal）：请求 MG 对终结点施加的信号，如拨号音、忙音、DTMF 信号、录音通知等。

统计（Statistic）：指示终结点应该采集并上报给 MGC 的统计数据，统计数据一般在呼叫结束时上报。此外，H. 248/Megaco 协议定义了一种终结点的特性描述扩展机制：包描述符（Package）。凡是未在基础协议中定义的终结点特性，可以根据需要增补定义相应的包，用唯一 PackageID 来标识。包在经批准并得到 IANA 分配的号码后，即成为 H. 248/Megaco 协议的附件，可在 H. 248 命令中引用。

H. 248/Megaco 协议是 MGC 对网关进行控制的信令，该体系结构的先进之处在于实现了呼叫和承载控制的分离，这也是软交换技术的核心所在。H. 248/Megaco 与 MGCP 在协议概念和结构上有很多相似之处，但也有不同。H. 248/Megaco 协议简单、功能强大，且扩展性很好，允许在呼叫控制层建立多个分区网关。MGCP 是 H. 248/Megaco 以前的版本，它的灵活性和扩展性不如 H. 248/Megaco，H. 248/Megaco 支持多媒体，MGCP 不支持多媒体；应用于多方会议时，H. 248/Megaco 比 MGCP 容易实现；MGCP 基于 UDP 传输，H. 248/Megaco 基于 TCP、UDP 等；H. 248/Megaco 的消息编码基于文本和二进制，MGCP 的消息编码基于文本。

(二)H.248 了解协议术语

1. 连接模型

(1)终结点

终结点是 MG 上的一个逻辑实体,它发起和(或)接收媒体流和(或)控制流。终结点用一些特征属性(Property)来描述,这些属性组成了一系列描述符(Descriptor)包含在命令中。MG 在创建终结点时,赋予终结点一个唯一的 TerminationID 来标识终结点。

代表物理实体的终结点(称为物理终结点)具有半永久性。例如,代表一个 TDM 信道的终结点,只要 MG 中存在这个物理实体,这个终结点就存在。

代表临时性的信息流(例如 RTP 流)的终结点(称为临时性终结点),只有当 MG 使用这些信息流时,这个终结点才存在。

临时性终结点可由 Add 命令来创建和 Subtract 命令来删除。而物理终结点则不同,当使用 Add 命令向一个关联添加物理终结点时,是把这个物理终结点从空关联中取出;当使用 Subtract 命令从一个关联中删除物理终结点时,这个物理终结点又被放回到空关联中。可以向终结点加载信号(Signal);也可以指示终结点对事件(Event)进行检测,一旦检测到这些事件发生,MG 就向 MGC 发送 Notify 消息进行报告或由 MG 采取相应的动作;终结点可以对数据进行统计(Statistics),当 MGC 发出审计(AuditValue)请求时,或者当终结点从它所在的关联中被删除时,终结点就将这些统计数据报告给 MGC。

MG 可以处理复用媒体流,在处理复用媒体流的连接模型中,用于携带部分复用流的每个数字承载通道都有一个物理或临时的承载终结点相对应,所有处于这些数字通道的起始和终结位置的承载终结点都被连接到一个称为复用终结点(Multiplexing Termination)的独立终结点。复用终结点是代表一个面向帧的会话的临时性终结点,它使用 Mux 描述符来描述所使用的多路复用方式(例如 H.320 会话中使用的 H.221),以及所包含的数字通道以什么顺序组装成帧。

复用终结点上不同的 Stream 描述符用来描述会话中不同的媒体流。这些媒体流与关联中终结点发出/接收的流相对应,而与生成复用终结点的承载终结点没有对应关系。每个承载终结点只支持一个数据流。这些数据流在复用终结点上并不以流的形式出现,对关联的其他部分它们是不可见的。可以创建终结点用来代表复用的承载通道,例如 ATM AAL2。当创建一个新的复用承载通道时,就同时在关联中创建一个临时性终结点。当删除这个终结点时,同时也就删除了这个复用承载通道。

终结点用 TerminationID 进行标识,TerminationID 的分配方式由 MG 自主决定。物理终结点的 TerminationID 是在 MG 中预先规定好的。这些 TerminationID 可以具有某种结构。

对于 TerminationID 可以使用一种通配机制。该通配机制使用两种通配值(Wildcard):“ALL”和“CHOOSE”。通配值“ALL”用来表示多个终结点,“CHOOSE”则用来指示 MG 必须自己选择符合条件的终结点,例如 MGC 可以通过这种方式指示 MG 选择一个中继群中的一条中继电路。

当命令中的 TerminationID 是通配值“ALL”时,则对每一个匹配的终结点重复该命令,根终结点(Root)不包括在内。当命令不要求通配响应时,每一次重复命令将产生一个命令响应。当命令要求通配响应时,则多次重复命令只会产生一个通配响应,该通配响应中包含所有单个响应的集合。有时,一个命令是针对整个 MG 的,而不是其中的某个终结点。为此,本协议定义了一类特殊的终结点“根”(Root)。根终结点上也可以定义包,可以有属性、事件和统计(信号不适用于根)。根终结点只能用于以下命令:

①在 Modify 命令中,用来改变根终结点的属性,或者设置需要检测的事件。

②在 Notify 命令中,用来报告根终结点所检测到的事件。

③在 AuditValue 命令中,用来检查根终结点上实现属性的当前取值和统计数据。

④在 Auditcapabilities 命令中,用来确定根终结点上实现了哪些属性。

⑤在 ServiceChange 命令中,用来声明网关进入或退出服务。其他命令使用根终结点都是错误的,此时将返回错误码 410“Incorrect Identify”(非法标识符)。

(2)关联

一个关联用于描述一组终结点之间的联系。如果一个关联包含两个以上的终结点时,则关联用于描述终结点之间的拓扑(即某个终结点接收或发送媒体)和媒体混合或交换参数。

空关联(Null)是一类特殊的关联,用于包含所有未被包含于任何关联之内且未与任何其他终结点发生联系的终结点。处于空关联中的终结点参数可以被审计或修改,此外,空关联中终结点上发生的事件还可以被检测。

通常,Add 命令用于向关联添加终结点。如果媒体网关控制器未指定一个已存在的关联用于添加终结点,则媒体网关将创建一个新的关联。

Subtract 命令可以将一个终结点从一个关联中删除,Move 命令可以将一个终结点从一个关联转移至另一个关联中。一个终结点必须只能存在于一个关联内。一个关联中所允许支持的终结点最大数目由媒体网关的属性决定。对于仅支持点对点连接的媒体网关,每个关联最多支持两个终结点。对于支持多点会议的媒体网关,每个关联可以支持三个或三个以上的终结点。

关联特征可以由如下参数进行描述:

①关联标识符(ContextID)。

②拓扑(Topology)描述符(即某个终结点接收或发送媒体)。

关联的拓扑用于描述关联中终结点之间的媒体流方向。相比而言,终结点的模式属性[“仅发送”(Send Only)或“仅接受”(Receive Only)等]用于描述媒体网关的入口和出口处的媒体流流向。

优先级用于向媒体网关指示应使用某个特定的流程对某个关联进行处理。在某种情形下(如重启动时),当媒体网关必须同时处理大量关联时,媒体网关控制器可以利用关联的优先级实现对不同优先级的业务流量进行平滑处理。优先级“0”为最低优先级,优先级“15”为最高优先级。

紧急呼叫标识符用于向媒体网关提供一种优先处理机制。IEPS 呼叫标识符用于实现 E. 106 建议书中规定的业务和技术细节。

(3)包

不同类型的网关上可以实现不同类型的终结点。H. 248 协议通过允许终结点具有可选的属性(Property)、事件(Events)、信号(Signals)和统计(Statistics)来实现不同类型的终结点。为了实现 MG 和 MGC 之间的互操作,H. 248 协议将这些可选项组合成包(Packages),MGC 可以通过对终结点进行审计来确定终结点实现了哪些类型的包。包的定义由属性、事件、信号和统计组成,这些项以及它们包含的参数(Parameter)分别由一些标识符(ID)进行标识。标识符有特定的有效范围。例如，对每个包而言，属性标识符（Property ID）、事件标识符（Event ID）、信号标识符（Signal ID）、统计标识符（Statistics ID）和参数标识符（Parameter ID）都有独立的名字空间，同一个标识符可以用于它们中的每一个。而不同的包中的两个属性标识符也可以相同。当包被扩展了以后，基本包中定义的属性、事件、信号和统计既可以用扩展包的标识符也可以用基本包的标识符来指定。

(4)主要应用场景中终结点的属性和描述符

终结点用一些属性来描述，每个属性由一个 Property ID 标识。大部分属性有缺省值，其缺省值在本协议中或某个包中进行定义。

对于没有缺省值的属性，除了 Termination State 和 Local Control 之外，在终结点刚被创建或返回到空关联时，都认为该属性为空或“无值”（no value）。

MG 中预先规定了的属性值将替换缺省值。因此如果 MGC 想要完全控制一个终结点的属性值，它将该终结点使用。

Add 命令加入关联时就应该为这些属性提供明确的取值。当然，如果是一个物理终结点，在它还处于空关联中时，MGC 就可以通过 Audit 命令确定它的所有预定值。

终结点具有一些公共属性以及与特定媒体流相关的非公共属性，这些公共属性称为终结点状态（Termination State）属性。对于每个媒体流，都有各自的本地（Local）属性和接收流/发送流属性。

在主协议中没有定义的属性都在包中进行定义，这些属性由包名（Package Name）和属性标识符（Property ID）来标识。属性可以是只读的（Read Only）或可读写的（Read/Write）。属性能够采用的值及它们的当前值都可以被审计。对于可读写的属性。

MGC 可以设置它们的值。如果某个属性被指定为全局的（Global），它的值就是唯一的，所有实现了这个包的终结点都共享这个属性值。方便起见，相互有关的属性被组合成描述符。

当使用 Add 命令将一个终结点添加到一个关联时，可以通过加入适当的描述符作为命令输入参数来设置可读写的属性值。类似的，使用 Modify 命令可改变一个关联中的终结点的属性值，当使用 Move 将一个终结点从一个关联中转移到另一个关联中时，也可以改变终结点的属性值。有些情况下，描述符作为命令的输出参数在应答中返回。

表 2-1-2 给出了 H.248 协议中定义的描述符。

表 2-1-2　H.248 协议中的描述符

描述符名称	功能描述
Modem	标识 Modem 的类型和特性
Media	媒体流属性的列表
Mux	描述多媒体终结点的复用类型和形成 Mux 的终结点
TerminationState	与特定媒体流无关的终结点属性（可在包中定义）
Stream	对应于单个媒体流的 remote/local/localControl 描述符的列表
Local	对 MG 从远端实体接收到的媒体流进行描述的一些属性
Remote	对 MG 发送给远端实体的媒体流进行描述的一些属性
LocalControl	MG 和 MGC 之间的一些控制属性（可在包中定义）

续表

描述符名称	功能描述
Events	描述需要 MG 检测的事件,以及当事件被检测到时作出的反应
EventsBuffer	描述当 EventBuffer 处于激活状态时,要由 MG 检测的事件
Signals	描述向终结点加载的信号
Audit	可作为 Auditvalue 和 Auditcapabilities 命令的参数,定义需要审计的信息
Packages	可作为 AuditValue 命令的参数,返回由终结点实现的包的列表
DigitMap	为 MG 定义的号码采集规则,用于匹配拨号事件,使拨号事件按组而非单个上报
ServiceChange	可作为 ServiceChange 命令的参数,描述何种业务发生改变以及业务发生改变的原因,等等
ObservedEvents	可作为 Notify 或者 AuditValue 命令的参数,报告被检测到的事件
Statistics	可作为 Subtract、Auditvalue 和 Auditcapabilities 命令的参数,报告与终结点有关的统计数据
Topology	描述关联中终结点之间的媒体流流向
Error	定义了错误码和错误注释字符串,该描述符可作为命令响应及 Notify 请求命令的参数

2. 命令

H.248 协议规定的命令大部分用于 MGC 对 MG 的控制,通常 MGC 作为命令起始者发起,MG 作为命令响应者接收。但是,Notify 和 ServiceChange 命令除外。Notify 命令由 MG 发送给 MGC;而 ServiceChange 既可以由 MG 发起,也可以由 MGC 发起。

(1)描述符

命令的参数就是描述符。描述符由描述符名称和一些参数项组成,参数可以有取值。通常,描述符的文本格式如下:

```
DescriptorName = <someID>{parm = value, parm = value…}
```

参数的值可以是:完全指定(Fully specified)、部分指定(Underspecified)或多余指定(Overspecified):

①完全指定:指定的参数具有唯一、确定的值。

②部分指定:使用通配值"CHOOSE",允许命令响应方为该参数选择任何一个它所支持的值。

③多余指定:参数具有多个可能的值列表,该列表的顺序指定了命令发起方对于这些值的优选权,命令响应方从该列表中选择一个值作为对命令发起方的响应。

如果一个描述符(除了 Audit 描述符)没有在一个命令中指定,该描述符保持以前的取值不变。除了 Subtract 命令,一个命令中没有指定 Audit 描述符就等于指定了一个空的 Audit 描述符。每个命令都要指定命令所操作的终结点的 Termination ID。Termination ID 可以取通配值。当一个命令的 Termination ID 是通配值时,相当于在该通配值所匹配的所有终结点上重复该命令。

(2)命令

H.248 协议定义了 8 个命令,用于对协议连接模型中的逻辑实体(关联和终结点)进行操作和管理,如表 2-1-3 所示。

表 2-1-3　H.248 协议中的命令

命令名称	功　能
Add	向指定的关联加入终端，MGC→MG
Modify	修改终端的属性、事件和信号，MGC→MG
Subtract	从关联中删减去终端，MGC→MG
Move	将一个终端从一个关联移到另一个关联，MGC→MG
AuditValue	返回终端的属性、事件、信号和运行状态的当前值，MGC→MG
AuditCapabilities	返回反映网关处理能力的终端的属性、事件、信号的所有可能值，MGC→MG
Notify	允许 MG 将检测到得事件通知 MGC，MG→MGC
ServiceChange	允许 MG 通知 MGC 一个或多个终端将要脱离或加入业务，也可以用于 MG 注册到 MGC 表示可用性，以及 MGC 的挂起和 MGC 的主/备倒换通知等，MGC↔MG

本节给出一个应用程序接口（API）来描述协议中的命令。这里的 API 只是描述命令及其参数，而不试图说明实现方法（譬如，模块功能调用等），命令名后面的括号中描述的是命令的输入参数，而命令名前面表示的是命令的返回参数，这种格式只是一种描述方式，实际的命令格式和编码方式在后面的章节中说明。命令中参数的顺序是不固定的，描述符也可以像参数一样在命令中以任何顺序出现，对描述符的处理应按照出现的顺序依次进行。对任何命令的响应都可以包含一个 Error 描述符，API 对此不再作特别说明。

（3）命令错误码

错误包含一个经过 IANA 注册的错误码和一个错误注释字符串。其中，错误注释字符串为可选项。同时，本规范建议最好在错误注释字符串后附加诊断性的信息。当 MG 向 MGC 报告错误时，错误将由 Error 描述符进行定义。Error 描述符包含错误码，并可选地包含相应的注释字符串。表 2-1-4 给出一个错误码的简明列表。

表 2-1-4　H.248 协议中的错误码

错误码	描　述
400	错误请求（Bad Request）
401	协议错误（Protocol Error）
402	未授权（Unauthorized）
403	事务语法错误（Syntax Error in Transaction）
406	协议版本不支持（Version Not Supported）
410	标识符错误（Incorrect identifier）
411	事务指向未知的关联（The transaction refers to an unknown ContextId）
412	没有可用的关联标识符（No ContextIDs available）
421	未知的动作或不合法的动作组合（Unknown action or illegal combination of actions）
422	动作语法错误（Syntax Error in Action）
430	未知的终结点标识符（Unknown TerminationID）
431	不存在匹配的终结点（No TerminationID matched a wildcard）
432	终结点标识超出范围或没有可用的终结点标识符（Out of TerminationIDs or No TerminationID available）
433	终结点已存在于一个关联中（TerminationID is already in a Context）

续表

错误码	描　述
434	关联中的终结点数目超过了最大值(Max number of Terminations in a Context exceeded)
440	协议不支持的包或未知的包(Unsupported or unknown Package)
441	Local 或 Remote 描述符丢失必要参数(Missing Remote or Local Descriptor)
442	命令语法错误(Syntax Error in Command)
443	命令类型不支持或命令类型未知(Unsupported or Unknown Command)
444	描述符类型不支持或描述符类型未知(Unsupported or Unknown Descriptor)
445	属性类型不支持或属性类型未知(Unsupported or Unknown Property)
446	参数类型不支持或参数类型未知(Unsupported or Unknown Parameter)
447	命令中描述符非法类型(Descriptor not legal in this command)
448	同一描述符在命令中重复两次(Descriptor appears twice in a command)
450	包中不存在的属性(No such property in this package)
451	包中不存在的事件(No such event in this package)
452	包中不存在的信号(No such signal in this package)
453	包中不存在的统计数据(No such statistic in this package)
454	包中不存在的参数(No such parameter value in this package)
455	描述符中的参数非法(Parameter illegal in this Descriptor)
456	同一描述符中参数或属性重复两次(Parameter or Property appears twice in this Descriptor)
457	信号或事件参数丢失(Missing parameter in signal or event)
471	添加复用描述符终结点失败(Implied Add for Multiplex failure)
500	内部网关错误(Internal Gateway Error)
501	未执行(Not Implemented)
502	未准备就绪(Not ready)
503	业务不可用(Service Unavailable)
504	命令发起方未授权(Command Received from unauthorized entity)
505	接收 Restart 响应前接收到命令(Command Received before Restart Response)
510	没足够资源可用(Insufficient resources)
512	MG 未装载,不能进行对要求检测的事件的检测(Media Gateway unequipped to detect requested Event)
513	MG 未装载,不能产生请求信号(Media Gateway unequipped to generate requested Signals)
514	MG 不能发送指定的通知(Media Gateway cannot send the specified announcement)
515	媒体流类型不支持(Unsupported Media Type)
517	模式不支持或非法(Unsupported or invalid mode)
518	EventBuffer 满(Event buffer full)
519	无资源装载 DigitMap(Out of space to store digit map)
520	MG 中未装载 DigitMap(DigitMap Media Gateway does not have a digit map)
521	终结点正在发生业务改变(Termination is "ServiceChangeing")
526	没有足够带宽资源(Insufficient bandwidth)

续表

错误码	描　述
529	设备内部硬件故障(Internal hardware failure)
530	网络短暂性故障(Temporary Network failure)
531	网络永久性故障(Permanent Network failure)
532	要求审计的属性、事件、信号或统计信息不存在(Audited Property, Statistic, Event or Signal does not exist)
581	不存在(Does Not Exist)

3. 事务

MG 和 MGC 之间的一组命令组成了事务(Transaction)。每个 Transaction 由一个 TransactionID 来标识。Transaction 由一个或者多个动作(Action)组成。一个 Action 又由一系列命令以及对关联属性进行修改和审计的指令组成,这些命令、修改和审计操作都局限在一个关联之内。因而每个动作通常指定一个关联标识。事务、动作和命令之间的关系示意图如图 2-1-9 所示。

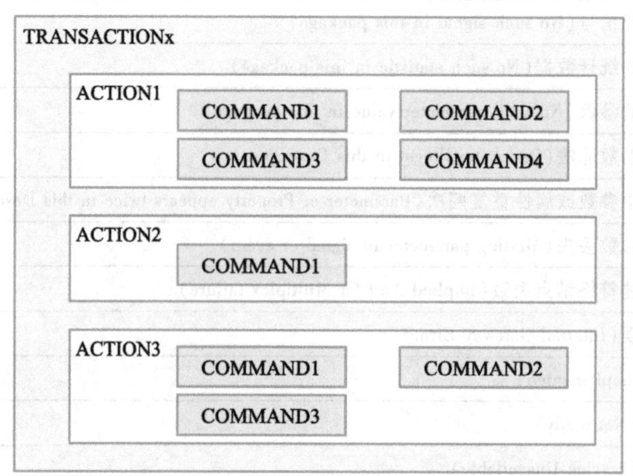

图 2-1-9　H.248 协议事务、动作和命令之间的关系

事务由 TransactionRequest(事务请求)发起。对 TransactionRequest 的响应放在一个单独的 TransactionReply(事务应答)里面。

在收到 TransactionReply 之前,可能会先出现一些 TransactionPending(事务处理中)消息,TransactionPending 命令是用来周期性地通知接收者一个事务尚未结束,尚处于正在积极处理过程中。

事务保证对命令的有序处理,即在一个事务中的命令是顺序执行的。各个事务之间则不保证顺序,即各个事务可以按任意顺序执行,也可以同时执行。如果一个事务中有一个命令执行失败,那么这个事务中的所有剩余命令都将停止执行。

具体实现上,对每个事务都应该设置一个应用层定时器等待 TransactionReply。当定时器超时后,应该重新发送 TransactionRequest。当接收到 TransactionReply 后,就应该取消定时器。当接收到 TransactionPending 消息后,就应该重新启动定时器。该定时器被称为最大重传定时器。

(1)公共参数

事务由 TransactionID 标识,TransactionID 是由事务发起方分配并在发送方范围内的唯一值。如果 TransationRequest 的 TransactionID 丢失,TransactionReply 则带回一个 Error 描述符指示 TransationRequest 中的 TransactionID 丢失,其中包含的 TransactionID 填 0。

目前 IETF 的 H. 248. 8 对事务层只定义了403(Syntax Errorin Transaction)错误码,在没有更合适的错误码之前,暂且使用403 作为 TransationRequest 中的 TransactionID 丢失的错误码。关联由 ContextID 标识,ContextID 是由 MG 分配并在 MG 内的唯一值。在后继的与该关联相关的 Transaction 中,MGC 应使用由 MG 提供的这个 ContextID。

H. 248 协议规定,当涉及一个不在任何关联中的终结点时,MGC 可以使用“空关联”(Null)这个特定的值。通配值“CHOOSE”用来请求 MG 来创建一个新的关联。MGC 可以使用通配值“ALL”来寻址 MG 中所有的关联。空关联不包含在“ALL”内。MGC 不应该使用包含通配值“CHOOSE”或“ALL”的部分通配的 ContextID。

(2)消息

消息是协议发送的信息单元,一个消息由多个 Transaction 组成。每个消息都有一个消息头,其中包含一个消息头和版本号,消息头包含发送者的 ID。

消息中的事务彼此无关,可以独立处理。协议消息的编码格式为文本格式和二进制格式。MGC 必须支持这两种格式,MG 可以支持其中任意一种格式。

4. MG-MGC 的控制接口

MG 和 MGC 之间的控制连接在 MG 冷启动时通过 ServiceChange 消息建立。然而,这种控制连接可能随着后面发生的事件改变,诸如 MG/MGC 故障或人为操作。

(1)冷启动

管理系统应当为 MG 预先提供一个首选 MGC,并可选地提供一组备选 MGC 的列表。当 MG 冷启动时,MG 将向其首选 MGC 发送 TerminationID 等于 Root,ServicechangeMethod 参数等于“Restart”的 ServiceChange 注册消息。

如果 MGC 接受 MG,则它将返回一个不包含 ServiceChangeMgcID 参数的 TransactionReply。如果 MGC 不接受 MG 的注册,它将返回一个 TransactionReply,通过 ServiceChangeMgcId 参数提供下一个可供联系的 MGC 地址。

如果 MG 接收到一个含有 ServiceChangeMgcID 参数的 TransactionReply,则将发 ServiceChange 给该参数指定的 MGC。

MG 持续该过程,直到获得一个接受其注册的控制 MGC,或未能得到任何一个 MGC 的应答。当未能从首选 MGC 或指定的后续 MGC 获得注册应答时,MG 将对预先提供的备选 MGC 按顺序进行尝试。

如果 MG 不能建立与任何 MGC 的控制关系,则 MG 应等待一定的随机时间,然后开始再次联系其首选 MGC;如果有必要,再联系其备选 MGC。ServicechangeMethod 参数等于“Restart”的 ServiceChange 消息的应答可能发生丢失;这时,MG 有可能在尚未接收到 ServiceChange 响应之前接收到其他命令。对此,MG 应返回包含 Error 描述符的响应,错误码为 505(“Command Received before Restart Response”)。

考虑到系统安全的需要,MGC 只接受来自它已知的 MG 的注册消息。管理系统应当为

MGC 预先提供一个 MG 列表，只有在该列表中存在的 MG 才能被 MGC 识别。如果 MGC 不能识别向它注册的 MG，应该返回错误码 402（“Unauthorized”）。

（2）协议版本协商

MG 发送的第一个 ServiceChange 命令中应当带有 ServiceChangeVersion 参数，说明 MG 所支持协议的最高版本号。收到这样一个消息后，如果 MGC 仅能支持更低版本的协议，则 MGC 将发送带有低版本协议信息的 ServiceChange 响应。此后，MG 和 MGC 之间的所有消息传送应符合低版本协议要求。

如果 MG 不支持这个版本，但与这个 MGC 之间已经建立了传输层连接，则 MG 应关闭该连接。并且 MG 应拒绝随后来自这个 MGC 的任何请求，并返回错误响应，错误码为 406（“Version Not supported”）。如果 MGC 支持更高版本的协议但也能支持 MG 所要求的低版本协议，则它应发送带有低版本协议信息的 ServiceChange 响应。

此后，MG 和 MGC 之间的所有消息交互应符合低版本协议要求。如果 MGC 不能支持这个版本，MGC 应拒绝与 MG 建立联系，并返回错误响应，错误码为 406（“Version Not supported”）。当 ServiceChange 消息中 ServiceChangeMethod 等于“handoff”或“failover”的，也可能发生协议版本协商。

（3）MG 故障

如果 MG 发生故障，但还能向 MGC 发送消息，则它将发送一个 TerminationID 等于 root，ServiceChangeMethod 等于“Graceful”或“Forced”的消息。当 MG 故障排除后返回服务时，它将发送 ServiceChangeMethod 等于“Restart”的 ServiceChange 消息。

本协议允许 MGC 向一对冗余备份的 MG 发送重复的消息，以便这对 MG 在其中一个出现故障时能更换到另一个。只有主用的 MG 能够接收或拒绝来自 MGC 的事务请求。当主用 MG 发生故障时，它将发送 ServiceChangeMethod 等于“Failover”，原因值为“MGImpendingFailure”的 ServiceChange 命令，随后 MGC 会使用备选 MG 作为激活的 MG。当首选 MG 故障排除后，将发送一个 ServiceChangeMethod 等于“Restart”的"ServiceChange"消息。

（4）MGC 故障

当 MG 检测到控制它的 MGC 发生故障时，MG 就会试图联系其预先配置列表上的下一个 MGC。MG 从表中的第一个 MGC（即首选 MGC）开始尝试，除非确认它已出现故障，MG 才会从第一个备选 MGC 开始尝试。在尝试故障以前控制它的 MGC 之外的其他 MGC 时，MG 应该发送 ServiceChangeMethod 参数等于“Failover”，SeviceChangeReasons 为“MGCImpendingFailure”的 ServiceChange 消息。

如果 MG 无法与任何一个 MGC 建立控制关系，它应该等待一段随机的时间，然后再次从首选 MGC 开始尝试联系，必要的话再联系备选 MGC。当与故障以前控制它的 MGC 进行联系时，MG 发送 ServiceChangeMethod 为“Disconnected”的 ServiceChange 消息。

当 MGC 发生部分故障时，或者由于人工维护的原因，MGC 可能会指示它所控制的 MG 去联系另外一个 MGC。此时，MGC 应向 MG 发送 ServiceChangeMethod 参数等于“Handoff”（切换）的 ServiceChange 消息，并且在 ServiceChangeMgcID 参数中指定替代它的 MGC。

如果 MG 支持“Handoff”，MG 应向指定的 MGC 发送 ServiceChangeMethod 参数等于“Handoff”，SeviceChangeReasons 为“MGCDirectChange”的 ServiceChange 消息。如果 MG 没有从

指定 MGC 获得注册响应，MG 则认为该 MGC 发生故障，开始按上一段所述的过程尝试与备选 MGC 联系。

若 MG 不能与任何 MGC 建立控制关系，则 MG 应该等待一段随机长度的时间，然后再次从首选 MGC 开始尝试联系，必要的话再联系备选 MGC。

(5)心跳机制

由于 UDP 传送的不可靠，MG 应能够及时检测到 MGC 故障，MGC 也应能及时检测到 MG 故障。为了实现这两方面，MG 和 MGC 之间应该实现心跳机制。主要有两种方式：

①只有 MGC 控制的心跳消息。

MGC 可以为 MG 设置一个最大沉默时间，即正常工作 MG 允许未收到 MGC 发送的任何消息的最大时间。MGC 应该保证向 MG 发送消息的时间间隔不超过最大沉默时间。即使在最大沉默时间内没有任何其他消息，MGC 也必须通过向 MG 发送心跳消息来表明自己还"活着"。

本规范建议 MGC 用针对 ROOT 终结点的空 AuditValue 命令作为心跳消息，心跳周期在 MGC 中可以设置，像 TG 这样的大型网关可以设短些，而 IAD 则应该设长些，每个心跳周期 MGC 向 MG 的 ROOT 终结点发送一个 AuditValue 消息。最大沉默时间设为 8 个心跳周期，当 MG 连续 8 个心跳周期没有从 MGC 收到任何消息时，就判定 MGC 发生了故障，虽然实际上可能是网络故障，而不是 MGC 故障，但对 MG 而言没有区别。

接下来 MG 开始尝试联系其备用表中的 MGC，如果尝试联系其他备用 MGC，MG 发送 ServiceChangeMethod 参数等于"Failover"，SeviceChangeReasons 为"MGCImpendingFailure"的 ServiceChange 消息，如果是尝试联系故障以前控制它的 MGC，MG 发送 ServiceChangeMethod 为"Disconnected"的 ServiceChange 消息。

MGC 利用事务请求的重传机制依靠 LONG-TIMER 超时来判定 MG 故障，由于有周期性发送的心跳消息，可以保证 MGC 及时检测到 MG 故障。

②MGC 和 MG 分别独立控制的心跳消息。

MGC 和 MG 互相向对方发送心跳消息，心跳周期由各自独立决定。协议实体利用事务请求的重传机制依靠 LONG-TIMER 超时来判定对方实体故障，由于有周期性发送的心跳消息，可以保证协议实体及时检测到对方实体故障。与前一种方式相比，MG 可以更自主地控制发送心跳消息的时机。

MGC 仍采用针对 ROOT 终结点的空 AuditValue 命令作为心跳消息。MG 应采用针对 ROOT 终结点的 Notify 命令作为心跳消息，由于 ITU-T 或 IETF 没有定义针对心跳的事件，可以借用其他事件，如 it/ito(见 H. 248. 14)，但消息中所带事件的 RequestID 一定要设为 0，以保证 MGC 能正确识别 MG 发的心跳消息，MGC 收到 MG 发的心跳消息时必须回正常响应。

建议在实现心跳机制时，应采用 MGC 和 MG 分别独立控制的心跳消息。

(6)MGC-MG 控制连接中断业务处理

依靠心跳机制，MGC 和 MG 都可以及时检测到对方故障。当 MGC 检测到 MG 故障后，将拆除现有或即将建立的与该 MG 的连接。从业务实现上应释放该 MG 上相关的呼叫状态和资源，停止计费；当 MG 检测到 MGC 故障，将开始尝试其备用表中的 MGC，必要的话再尝试发生了故障的 MGC，直到一个 MGC 接受它的 ServiceChange。

从业务上，当 MG 确认 MGC 故障后，可以选择将已有呼叫保持至与软交换连接恢复后收到软交换指令进行资源复位,也可以选择在呼叫保持一段时间后主动释放已建立的所有呼叫的资源,考虑到软交换还没来得及检测到与网关中断的网络就已恢复的情况,呼叫保持的时间应不短于长定时器值与 MGC 心跳周期的和。

(7)MGC-MG 控制连接中断后又恢复的处理

如果 MGC 在检测到中断以后,收到了方法为"Disconnected"(或"Failover")的 ServiceChange 消息,或者是收到了对其心跳检测消息的响应,MGC 则断定控制连接恢复。此时,MGC 应立即采取措施和 MG 同步:在响应 MG 的 ServiceChange 消息的同时,发送 Subtract 命令释放中断前 MG 中存在的所有关联及相关终结点。

出于减少消息量的目的,在响应 MG 的 ServiceChange 消息的同时,可以只发送一条 ContextID = ALL、TerminationID = ALL 的 Subtract 命令释放 MG 中存在的所有关联及相关终结点,但 MGC 从断定控制连接恢复起到收到该 Subtract 命令的正常响应之前,不应处理来自该网关的任何呼叫请求。MGC 在等待 MG 对上述 Subtract 命令的响应时,如果收到了 MG 回 505 错误(Command Received before Restart Response),则再次发送上述 Subtract 命令,直至 MG 回正常响应。

当 MG 尝试联系 MGC 时收到某 MGC 的响应,则 MG 断定控制连接恢复。此时 MG 如果收到上述 Subtract 命令应立即执行并回送响应。MG 对于 ContextID = ALL、TerminationID = ALL 的 Subtract 命令应以通配符形式回送一个不带统计信息的正常响应,即使所涉及关联及终结点早已经释放,也不需报错。如果 MG 尚未收到 ServiceChange 消息的响应就收到了上述 Subtract 命令,则回 505 错误(Command Received before Restart Response)。

(8)超长通话的审计

当呼叫进入通话阶段后,可能会发生网关中呼叫已释放,但 MGC 仍不知道的情况,譬如,网关在检测到网络中断后自行释放了呼叫,而 MGC 尚未来得及检测到网络中断,网络就已恢复。为了减轻这种情况对服务质量的影响,MGC 应对超长通话进行审计。

软交换事先设置超长通话保护时限,如半小时,当通话超过时限,MGC 对 MG 发送针对该终结点和关联的 AuditValue 命令,如果 MG 中该关联仍存在,则回正常响应表明通话仍在进行;如果 MG 中该关联已经删除,则回 411(The transaction refers to an unknown ContextId)错误码,MGC 收到该错误码就断定 MG 中的关联已删除,于是清除 MGC 中相关的呼叫状态和资源,停止计费。如果该 MG 对应呼叫的另一端在其他 MGC 的控制下,则 MGC 还应该向其他 MGC 发送对应的呼叫释放消息。

任务小结

本任务主要介绍了 VoIP 技术和 ZXDSL 9806H 产品 VoIP 的功能特点,特别是强调了 VoIP 技术的技术特点、分组交换的原理及 IP 电话和传统电话的比较和分析。同时也介绍了 VoIP 技术的体系结构。学习、了解和掌握了 H. 248 协议的基本概念,包括协议的定义和术语,H. 248 协议的目的就是对媒体网关的承载连接行为进行控制和监视,作用就是将呼叫逻辑控制从媒体网关分离出来,使媒体网关只保持媒体格式转换功能。读者们通过对本任务的学习应重点了解 IP 电话业务的工作方式。

任务二　介绍 PON 组播业务及配置

任务描述

通过任务的学习使读者们了解组播技术在各类宽带业务中所起的作用。通过任务的实施主要学习到包括组播技术的基本概念,组播技术在光宽带产品中的应用。通过介绍组播 VLAN、IGMP 协议、PIM 协议等相关内容使读者们了解组播技术的特点,结合光宽带设备,能够开通基本的组播应用业务如 IPTV 业务、视频会议等。

任务目标

1. 熟悉组播技术的基本概念。
2. 掌握组播 VLAN 的基本配置方法。
3. 了解 PIM、IGMP 等协议的基本配置方法。
4. 掌握可控组播的技术特点和相关概念。
5. 熟悉相关宽带设备的组播特性。

任务实施

一、了解组播

(一) VoIP 组播技术概述

1. 组播简介

组播(Multicast)是一种能够有效地解决单点发送、多点接收,从而实现网络中点到多点的高效数据传送的技术。它能够节约大量网络带宽、降低网络负载。作为一种与单播(Unicast)和广播(Broadcast)并列的通信方式,利用组播技术可以方便地提供一些新的增值业务,包括在线直播、网络电视、远程教育、远程医疗、网络电台、实时视频会议等对带宽和数据交互的实时性要求较高的信息服务。

(1) 单播方式的信息传输

如图 2-2-1 所示,在 IP 网络中若采用单播的方式,信息源(Source)要为每个需要信息的主机(Receiver)都发送一份独立的信息拷贝。

假设 Host B、Host D 和 Host E 需要信息,则 Source 要与 Host B、Host D 和 Host E 分别建立一条独立的信息传输通道,采用单播方式时,网络中传输的信息量与需要该信息的用户量成正比,因此当需要该信息的用户数量较大时,信息源需要将多份内容相同的信息发送给不同的用户,这对信息源以及网络带宽都将造成巨大的压力。

从单播方式的信息传播过程可以看出,该传输方式不利于信息的批量发送。

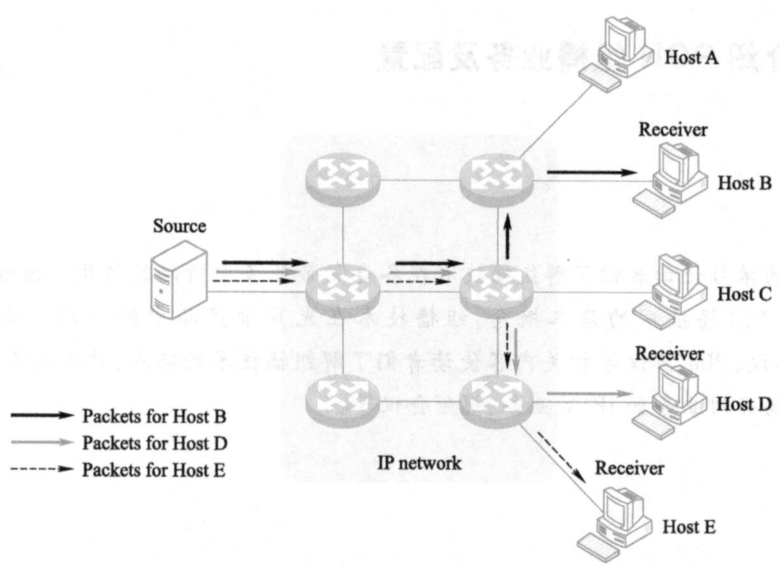

图 2-2-1 单播方式的信息传输

(2)广播方式的信息传输

广播方式如图 2-2-2 所示,在一个网段中若采用广播的方式,信息源将把信息传送给该网段中的所有主机,而不管其是否需要该信息。

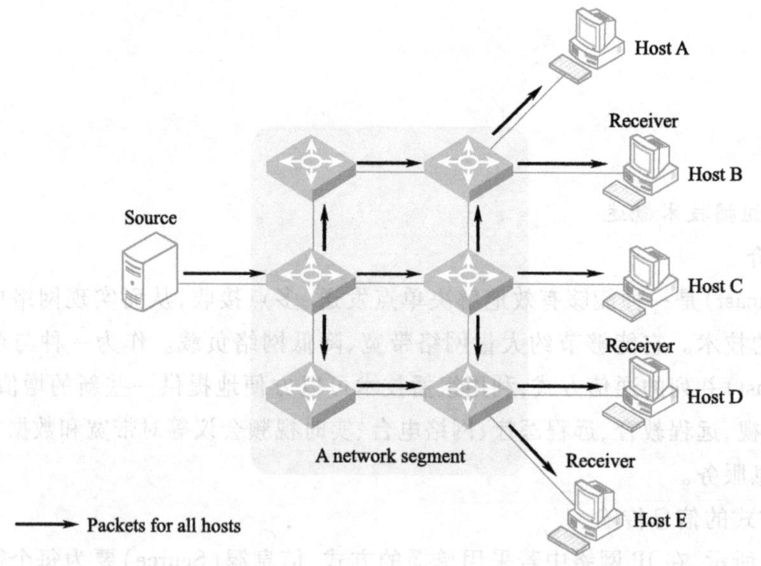

图 2-2-2 广播方式的信息传输

假设只有 Host B、Host D 和 Host E 需要信息,若将该信息在网段中进行广播,则原本不需要信息的 Host A 和 Host C 也将收到该信息,这样不仅信息的安全性得不到保障,而且会造成同一网段中信息的泛滥。

因此,广播方式不利于与特定对象进行数据交互,并且还浪费了大量的带宽。

(3)组播方式的信息传输

综上所述,传统的单播和广播的通信方式均不能以最小的网络开销实现单点发送、多点接收的问题,IP 组播技术的出现及时解决了这个问题。

如图 2-2-3 所示,当 IP 网络中的某些主机需要信息时,若采用组播的方式,组播源仅需发送一份信息,借助组播路由协议建立组播分发树,被传递的信息在距离组播源尽可能远的网络结点才开始复制和分发。

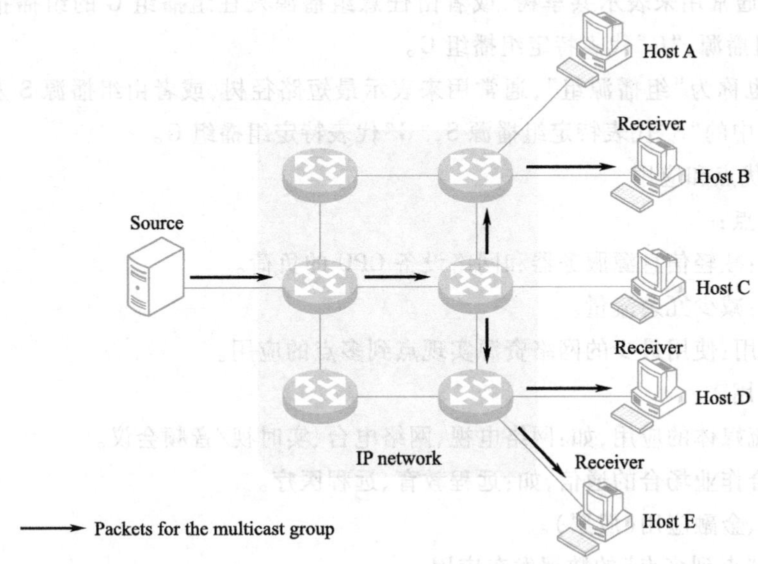

图 2-2-3 组播方式的信息传输

假设只有 Host B、Host D 和 Host E 需要信息,采用组播方式时,可以让这些主机加入同一个组播组(Multicast group),组播源向该组播组只需发送一份信息,并由网络中各路由器根据该组播组中各成员的分布情况对该信息进行复制和转发,最后该信息会准确地发送给 Host B、Host D 和 Host E。

综上所述,组播的优势有:

①相比单播来说,组播的优势在于:由于被传递的信息在距信息源尽可能远的网络结点才开始被复制和分发,所以用户的增加不会导致信息源负载的加重,以及网络资源消耗的显著增加。

②相比广播来说,组播的优势在于:由于被传递的信息只会发送给需要该信息的接收者,所以不会造成网络资源的浪费,并能提高信息传输的安全性;另外,广播只能在同一网段中进行,而组播可以实现跨网段的传输。

(4)组播传输的特点

①“组播组”是一个用 IP 组播地址进行标识的接收者集合,主机通过加入某组播组成为该组播组的成员,从而可以接收发往该组播组的组播数据。组播源通常不需要加入组播组。

②信息的发送者称为“组播源”。一个组播源可以同时向多个组播组发送信息,多个组播源也可以同时向一个组播组发送信息。

③所有加入某组播组的主机便成为该组播组的成员。组播组中的成员是动态的,主机可以

在任何时刻加入或离开组播组。组播组成员可以广泛地分布在网络中的任何地方。

④支持三层组播功能的路由器或三层交换机统称为“组播路由器”或“三层组播设备”。组播路由器不仅能够提供组播路由功能,也能够在与用户连接的末梢网段上提供组播组成员的管理功能。组播路由器本身也可能是组播组的成员。

(5)组播中常用的表示方法

在组播中,经常出现以下两种表示方式:

①(* ,G):通常用来表示共享树,或者由任意组播源发往组播组 G 的组播报文。其中的“ * ”代表任意组播源,“G”代表特定组播组 G。

②(S,G):也称为“组播源组”,通常用来表示最短路径树,或者由组播源 S 发往组播组 G 的组播报文。其中的“S”代表特定组播源 S,“G”代表特定组播组 G。

(6)组播的优点和应用

①组播的优点:

- 提高效率:减轻信息源服务器和网络设备 CPU 的负荷。
- 优化性能:减少冗余流量。
- 分布式应用:使用最少的网络资源实现点到多点的应用。

②组播的应用:

- 多媒体、流媒体的应用,如:网络电视、网络电台、实时视/音频会议。
- 培训、联合作业场合的通信,如:远程教育、远程医疗。
- 数据仓库、金融应用(股票)。
- 其他任何“点到多点”的数据发布应用。

2. 组播模型分类

根据接收者对组播源处理方式的不同,组播模型分为以下三类:

(1)ASM 模型

简单地说,ASM(Any-Source Multicast,任意信源组播)模型就是任意源组播模型。在 ASM 模型中,任意一个发送者都可以作为组播源向某组播组地址发送信息。众多接收者通过加入由该组播组地址标识的组播组以获得发往该组播组的组播信息。在 ASM 模型中,接收者无法预先知道组播源的位置,但可以在任意时间加入或离开该组播组。

(2)SFM 模型

SFM(Source-Filtered Multicast,信源过滤组播)模型继承了 ASM 模型,从发送者角度来看,两者的组播组成员关系完全相同。

SFM 模型在功能上对 ASM 模型进行了扩展。在 SFM 模型中,上层软件对收到的组播报文的源地址进行检查,允许或禁止来自某些组播源的报文通过。因此,接收者只能收到来自部分组播源的组播数据。从接收者的角度来看,只有部分组播源是有效的,组播源被经过了筛选。

(3)SSM 模型

在现实生活中,用户可能只对某些组播源发送的组播信息感兴趣,而不愿接收其他源发送的信息。SSM(Source-Specific Multicast,指定信源组播)模型为用户提供了一种能够在客户端指定组播源的传输服务。

SSM 模型与 ASM 模型的根本区别在于:SSM 模型中的接收者已经通过其他手段预先知道了组播源的具体位置。SSM 模型使用与 ASM/SFM 模型不同的组播地址范围,直接在接收者与其指定的组播源之间建立专用的组播转发路径。

3. 组播框架结构

①对于 IP 组播,需要关注下列问题:

- 组播源将组播信息传输到哪里? 即组播寻址机制。
- 网络中有哪些接收者? 即主机注册。
- 这些接收者需要从哪个组播源接收信息? 即组播源发现。
- 组播信息如何传输? 即组播路由。

②IP 组播属于端到端的服务,组播机制包括以下四个部分:

- 组播寻址机制:借助组播地址,实现信息从组播源发送到一组接收者。
- 主机注册: 允许接收者主机动态加入和离开某组播组,实现对组播成员的管理。
- 组播路由:构建组播报文分发树(即组播数据在网络中的树型转发路径),并通过该分发树将报文从组播源传输到接收者。
- 组播应用:组播源与接收者必须安装支持视频会议等组播应用的软件,TCP/IP 协议栈必须支持组播信息的发送和接收。

为了让组播源和组播组成员进行通信,需要提供网络层组播地址,即 IP 组播地址。同时必须存在一种技术将 IP 组播地址映射为链路层的组播 MAC 地址。

①IP 组播地址。

IPv4 组播地址 IANA(Internet Assigned Numbers Authority,互联网编号分配委员会)将 D 类地址空间分配给 IPv4 组播使用,范围从 224.0.0.0 到 239.255.255.255,具体分类及其含义如表 2-2-1 所示。

表 2-2-1　IPv4 组播地址的范围及含义

地址范围	含　义
224.0.0.0 ~ 224.0.0.255	永久组地址。除 224.0.0.0 保留不做分配外,其他地址供路由协议、拓扑查找和协议维护等使用。对于以该范围内组播地址为目的地址的数据包来说,不论其 TTL(Time to Live,生存时间)值为多少,都不会被转发出本地网段
224.0.1.0 ~ 238.255.255.255	用户组地址,全国范围内有效。包含两种特定的组地址: • 232.0.0.0/8:SSM 组地址 • 233.0.0.0/8:GLOP 组地址
239.0.0.0 ~ 239.255.255.255	本地管理组地址,仅在本地管理域内有效。使用本地管理组地址可以灵活定义组播域的范围,以实现不同组播域之间的地址隔离,从而有助于在不同组播域内重复使用相同组播地址而不会引起冲突。详情请参见 RFC 2365

组播组中的成员是动态的,主机可以在任何时刻加入或离开组播组。GLOP 是一种 AS(Autonomous System,自治系统)之间的组播地址分配机制,将 AS 号填入该范围内组播地址的中间两个字节中,每个 AS 都可以得到 255 个组播地址。部分永久地址的含义可参看表 2-2-2 所示,有关 GLOP 的详细介绍请参见 RFC 2770。

表 2-2-2　常用永久组播地址及其含义

永久地址	含　义
224.0.0.1	所有系统,包括主机和路由器
224.0.0.2	所有组播路由器
224.0.0.3	未分配
224.0.0.4	距离矢量路由协议的路由器
224.0.0.5	开放最短路径优先的路由器
224.0.0.6	OSPF 指定的路由器
224.0.0.7	ST 路由器
224.0.0.8	ST 主机
224.0.0.9	RIP-2 路由器
224.0.0.11	移动代理
224.0.0.12	DHCP 服务器
224.0.0.13	PIM 路由器
224.0.0.14	RSVP 封装
224.0.0.15	所有 CBT 路由器
224.0.0.16	指定 SBM
224.0.0.17	所有 SBM
224.0.0.18	VRRP 协议

②以太网组播 MAC 地址。

以太网传输单播 IP 报文的时候,目的 MAC 地址使用的是接收者的 MAC 地址。但是在传输组播数据包时,其目的地不再是一个具体的接收者,而是一个成员不确定的组,所以要使用组播 MAC 地址。

IANA 规定,IPv4 组播 MAC 地址的高 24 位为 0x01005E,第 25 位为 0,低 23 位为 IPv4 组播地址的低 23 位。IPv4 组播地址与 MAC 地址的映射关系如图 2-2-4 所示。

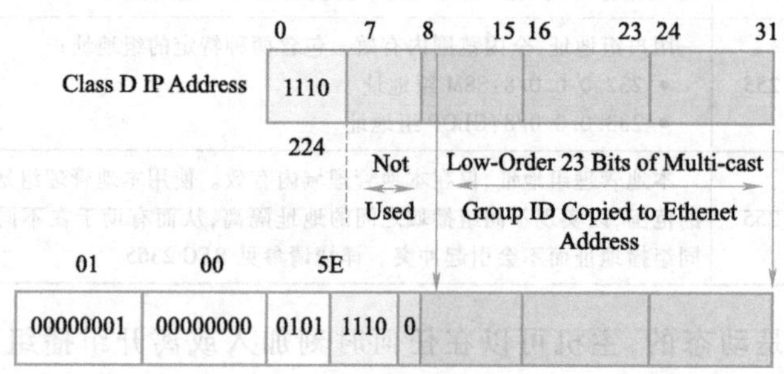

图 2-2-4　组播地址与 MAC 地址的映射关系

由于 IPv4 组播地址的高 4 位是 1110,代表组播标识,而低 28 位中只有 23 位被映射到 IPv4 组播 MAC 地址,这样 IPv4 组播地址中就有 5 位信息丢失。于是,就有 32 个 IPv4 组播地址映射到了同一个 IPv4 组播 MAC 地址上，因此在二层处理过程中，设备可能要接收一些本 IPv4 组播组以外的组播数据，而这些多余的组播数据就需要设备的上层进行过滤。

我们通常把工作在网络层的 IP 组播称为“三层组播”，相应的组播协议称为“三层组播协议”，包括 IGMP/MLD、PIM/IPv6PIM、MSDP、MBGP/IPv6MBGP 等。把工作在数据链路层的 IP 组播称为“二层组播”，相应的组播协议称为“二层组播协议”包括 IGMP Snooping/MLD Snooping、组播 VLAN/IPv6、组播 VLAN 等。

IGMP Snooping、组播 VLAN、IGMP、PIM、MSDP 和 MBGP 应用于 IPv4。

MLD Snooping、IPv6 组播 VLAN、MLD、IPv6PIM 和 IPv6MBGP 应用于 IPv6。

4. 三层组播协议

三层组播协议包括组播组管理协议和组播路由协议两种类型，它们在网络中的应用位置如图 2-2-5 所示。

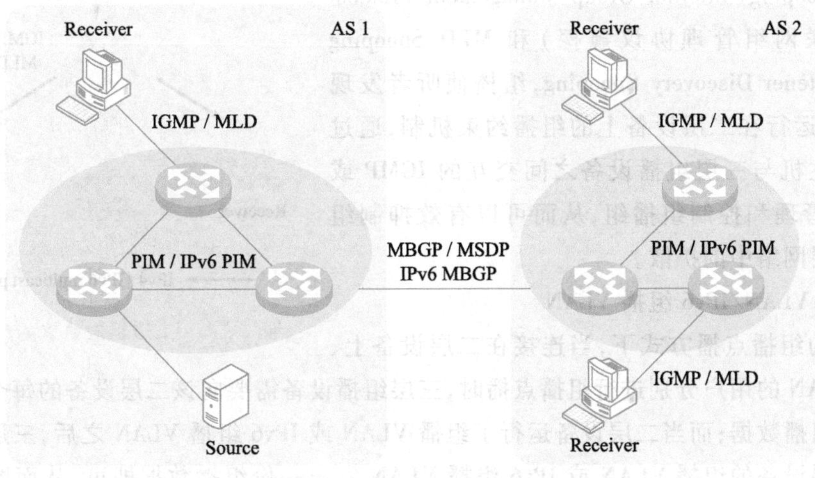

图 2-2-5　三层组播协议的应用位置

(1)组播组管理协议

在主机和与其直接相连的三层组播设备之间通常采用组播组的管理协议 IGMP(Internet Group Management Protocol，互联网组管理协议)或 MLD(Multicast Listener Discovery Protocol，组播侦听者发现协议)，该协议规定了主机与三层组播设备之间建立和维护组播组成员关系的机制。

(2)组播路由协议

组播路由协议运行在三层组播设备之间，用于建立和维护组播路由，并正确、高效地转发组播数据包。组播路由建立了从一个数据源端到多个接收端的无环(loop-free)数据传输路径，即组播分发树。

对于 ASM 模型，可以将组播路由分为域内和域间两大类：

①域内组播路由用来在 AS 内部发现组播源并构建组播分发树，从而将组播信息传递到接收者。在众多域内组播路由协议中，PIM(Protocol Independent Multicast，协议无关组播)是目前较为典型的一个。按照转发机制的不同，PIM 可以分为 DM(Dense Mode，密集模式)和 SM(Sparse Mode，稀疏模式)两种模式。

②域间组播路由用来实现组播信息在AS之间的传递,目前比较成型的解决方案有:MSDP(Multicast Source Discovery Protocol,组播源发现协议)能够跨越AS传播组播源的信息;而MP-BGP(MultiProtocol Border Gateway Protocol,多协议边界网关协议)的组播扩展MBGP(Multicast BGP)则能够跨越AS传播组播路由。

对于SSM模型,没有域内和域间的划分。由于接收者预先知道组播源的具体位置,因此只需要借助PIM-SM构建的通道即可实现组播信息的传输。

5. 二层组播协议

二层组播协议包括IGMP Snooping/MLD Snooping和组播VLAN/IPv6组播VLAN等,它们在网络中的应用位置如图2-2-6所示。

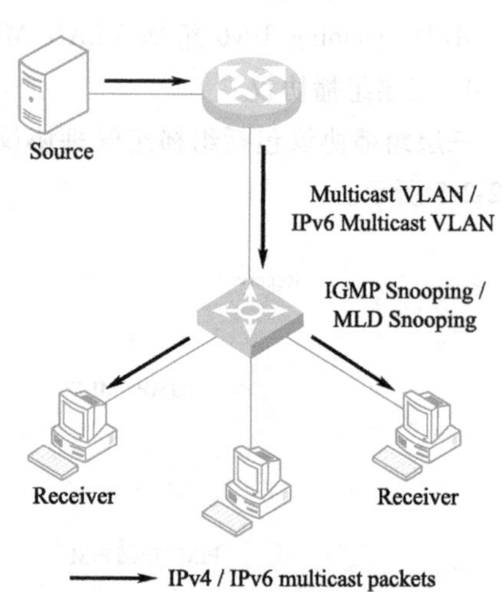

图2-2-6 二层组播协议的应用位置

(1) IGMP Snooping/MLD Snooping

IGMP Snooping(Internet Group Management Protocol Snooping,互联网组管理协议窥探)和MLD Snooping(Multicast Listener Discovery Snooping,组播侦听者发现协议窥探)是运行在二层设备上的组播约束机制,通过窥探和分析主机与三层组播设备之间交互的IGMP或MLD报文来管理和控制组播组,从而可以有效抑制组播数据在二层网络中的扩散。

(2)组播VLAN/IPv6组播VLAN

在传统的组播点播方式下,当连接在二层设备上、属于不同VLAN的用户分别进行组播点播时,三层组播设备需要向该二层设备的每个VLAN分别发送一份组播数据;而当二层设备运行了组播VLAN或IPv6组播VLAN之后,三层组播设备只需向该二层设备的组播VLAN或IPv6组播VLAN发送一份组播数据即可,从而既避免了带宽的浪费,也减轻了三层组播设备的负担。

6. 组播报文的转发机制

在组播模型中,IP报文的目的地址字段为组播组地址,组播源向以此目的地址所标识的主机群组传送信息。因此,转发路径上的组播路由器为了将组播报文传送到各个方位的接收站点,往往需要将从一个入口接收到的组播报文转发到多个出接口。以决定转发还是丢弃该报文。RPF(Reverse Path Forwarding,RPF)检查机制是大部分组播路由协议进行组播转发的基础。

(二)认识组播VLAN

如图2-2-7所示,在传统的组播点播方式下,当属于不同VLAN的主机Host A、Host B和Host C同时点播同一组播组时,三层设备(Router A)需要把组播数据在每个用户VLAN(即主机所属的VLAN)内都复制一份发送给二层设备(Switch A)。这样既造成了带宽的浪费,也给三层设备增加了额外的负担。

可以使用组播VLAN功能解决这个问题。在二层设备上配置了组播VLAN后,三层设备只需把组播数据在组播VLAN内复制一份发送给二层设备,而不必在每个用户VLAN内都复制一份,从而节省了网络带宽,也减轻了三层设备的负担。

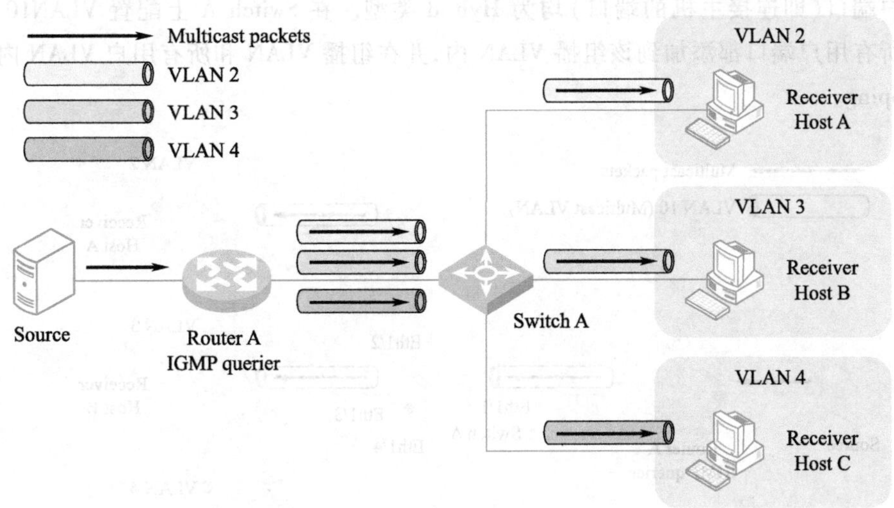

图 2-2-7　未运行组播 VLAN 时的组播数据传输

1. 基于子 VLAN 的组播 VLAN

如图 2-2-8 所示，接收者主机 Host A、Host B 和 Host C 分属不同的用户 VLAN。在 Switch A 上配置 VLAN10 为组播 VLAN，将所有的用户 VLAN 都配置为该组播 VLAN 的子 VLAN，并在组播 VLAN 内使能 IGMP Snooping。

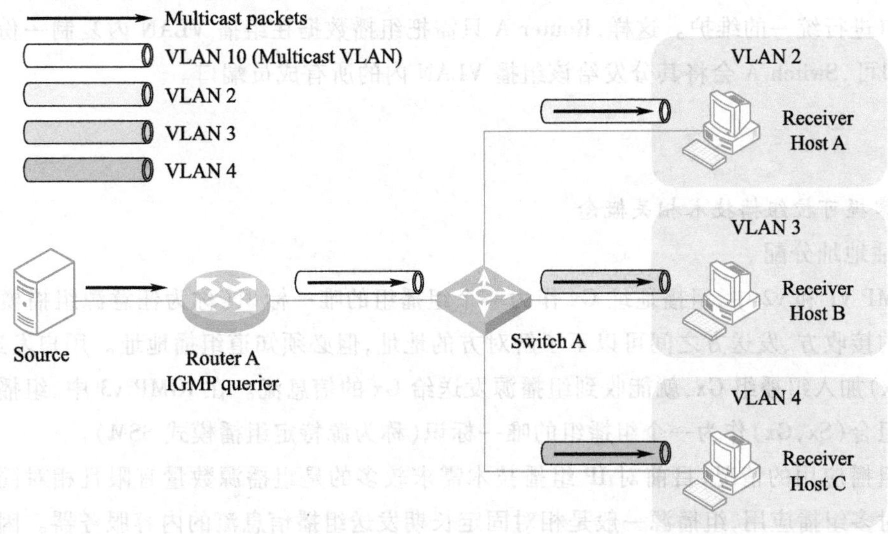

图 2-2-8　运行组播 VLAN 时的组播数据传输

配置完成后，IGMP Snooping 将在组播 VLAN 中对路由器端口进行维护，而在各子 VLAN 中对成员端口进行维护。这样，Router A 只需把组播数据在组播 VLAN 内复制一份发送给 Switch A 即可，Switch A 会将其分发给该组播 VLAN 内那些有接收者的子 VLAN。

2. 基于端口的组播 VLAN

如图 2-2-9 所示，接收者主机 Host A、Host B 和 Host C 分属不同的用户 VLAN，Switch A 上

的所有用户端口(即连接主机的端口)均为 Hybrid 类型。在 Switch A 上配置 VLAN10 为组播 VLAN,将所有用户端口都添加到该组播 VLAN 内,并在组播 VLAN 和所有用户 VLAN 内都使能 IGMP Snooping。

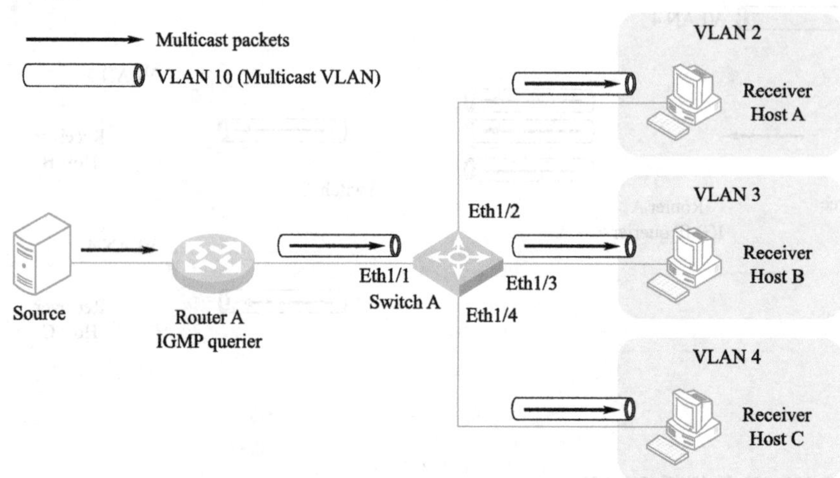

图 2-2-9　运行组播 VLAN 时的组播数据传输

配置完成后,当 Switch A 上的用户端口收到来自主机的 IGMP 报文时,会为其打上组播 VLAN 的 Tag 并上送给 IGMP 查询器,于是 IGMP Snooping 就可以在组播 VLAN 中对路由器端口和成员端口进行统一的维护。这样,Router A 只需把组播数据在组播 VLAN 内复制一份发送给 Switch A 即可,Switch A 会将其分发给该组播 VLAN 内的所有成员端口。

二、讨论可控组播技术

(一)掌握可控组播技术相关概念

1. 组播地址分配

在 IGMP v1 和 v2 中,组播地址 Gx 作为一个组播组的唯一标识(称为任意源组播模式),组播信息流的接收方、发送方之间可以不了解对方的地址,但必须知道组播地址。用户发送 IGMP Join(* ,Gx)加入组播组 Gx,就能收到组播源发送给 Gx 的信息流。在 IGMP v3 中,组播地址和源地址的组合(Sx,Gx)作为一个组播组的唯一标识(称为源特定组播模式 SSM)。

根据组播应用的情况,目前对 IP 组播技术需求较多的是组播源数量有限且相对固定的一对多和多对多组播应用,组播源一般是相对固定长期发送组播信息流的内容服务器。因此在实际的组播业务商业化运营中,一个或一组组播源应当被静态分配一个或多个固定的组播地址,发送特定类型的组播信息流。对于其他未来可能逐渐广泛的多对多组播应用,组播源也应当是范围和地址可控的。

网络运营商在全网范围内管理组播地址的分配与回收,在一项组播业务申请创建时为其分配特定组播地址,在该业务申请终止时回收所分配的组播地址,保证各种组播信息流不发生冲突。如果要支持跨运营商域的组播业务,则需要由 IANA 给网络运营商预先分配组播地址范围,以避免网络运营商之间发生组播地址分配冲突问题。

尽管目前IETF已给出了动态组播地址分配协议的相关推荐性或试验性标准，但目前跨域组播业务为数极少。因此，建议网络运营商近期采用静态组播地址分配方法，由人工管理组播地址的分配与回收，保证域内不发生组播地址冲突。随着组播应用的推广以及标准的不断完善，再考虑动态组播地址分配协议。

IANA将MAC地址范围01:00:5E:00:00:00～01:00:5E:7F:FF:FF分配给组播使用，这就要求将28位的IP组播地址空间映射到23位的MAC组播地址空间中，具体的映射方法是将IP组播地址中的低23位放入MAC组播地址的低23位。这样会有32个IP组播地址映射到同一MAC组播地址上。因此在分配IP组播地址时，还应尽量避免多个IP组播地址映射到相同MAC组播地址的冲突问题。

2. 组播源控制

组播业务创建前，组播源必须向网络运营商进行组播业务申请，包括申请组播源地址、组播地址、带宽、优先级和组播路由。组播业务终止后，组播源必须向网络运营商申请回收组播源地址、组播地址、带宽、优先级和组播路由。

组播业务的创建包括组播业务的发布和组播源的授权，组播源应当准备组播信息流发送端和接收端软件，并将接收端软件公布给用户。

组播业务的发布是指将组播地址与业务的对应关系及业务类型发布给网络用户。组播业务的发布有以下两种方法：一种是将这些对应关系用一个众所周知的组播地址组播出去，用户主机监听这些组播报文；另一种是将这种对应关系发布到一个或多个众所周知的Web站点上，用户主机到该Web站点上查询。从网络资源占用和管理角度，建议采用Web方式发布，可以将业务分类分级发布给用户，并同时发布各业务对应的用户侧接收软件，便于业务发布的维护和更新。

组播源的认证授权必须保证只有已申请并被授权的组播源才能够发组播报文进入网络。根据组播源授权方式的不同，组播源的认证授权有以下两种方法：

(1)静态长期授权

网络管理员为组播源分配源地址、组播地址、带宽、优先级和组播路由之后，通过网管（或组播管理服务器）或命令行在与组播源直接相连的边缘路由器上配置组播ACL和CAR，完成长期性的授权，直到组播源申请终止组播业务时才删除授权。边缘路由器监测下行来的组播报文，只在本地进行认证。

(2)动态认证授权

网络管理员为组播源分配源地址、组播地址、带宽、优先级和组播路由之后，将这些参数作为组播源权限列表配置在认证服务器（或组播管理服务器）上。边缘路由器监测下行来的组播报文，将组播源地址和组播地址发给认证服务器（或组播管理服务器）进行远程认证。认证服务器（或组播管理服务器）进行认证后将授权结果发回。边缘路由器根据授权结果在本设备上配置组播ACL和CAR参数，当检测到组播源停止发送组播报文时删除授权结果。边缘路由器与认证服务器（或组播管理服务器）之间的认证、授权和计费信息交互可以采用RADIUS或类似功能的协议。

从管理角度，对于组播源数量有限相对固定的一对多和多对多组播应用，静态长期授权方法较为稳定简单。

组播源控制要求所有接入边缘设备和边缘路由器在缺省状态下禁止转发下行来的组播报文,除非符合所配置的组播 ACL 和 CAR 参数。当主机向网络发送组播报文时,第一个接收到该数据的边缘路由器利用组播 ACL 和 CAR 对组播报文进行过滤,只有满足通过要求的报文才能被转发到组播分发树。

组播路由配置使组播数据能从组播源经过组播分发树到达组成员,采用不同的组播路由协议有不同的配置命令和方法。对于安全性要求较高的组播业务,可以配置静态组播分发树,以便严格控制组播包的路径、范围及流量。

当组播源不再发送组播报文且申请释放了组播地址和删除了组播授权时,该项组播也终止。

信源管理是指在组播流进入骨干网络前,组播业务控制设备应负责区别合法和非法媒体服务器,转发合法的组播信息流,阻断非法的组播信息流。

在网络规模比较大的情况下,手工配置的工作将变得非常复杂,阻碍网络的发展,图 2-2-10 所描述的业务管理平台可以实现组播信源管理功能,可以很容易地完成信源的管理配置。

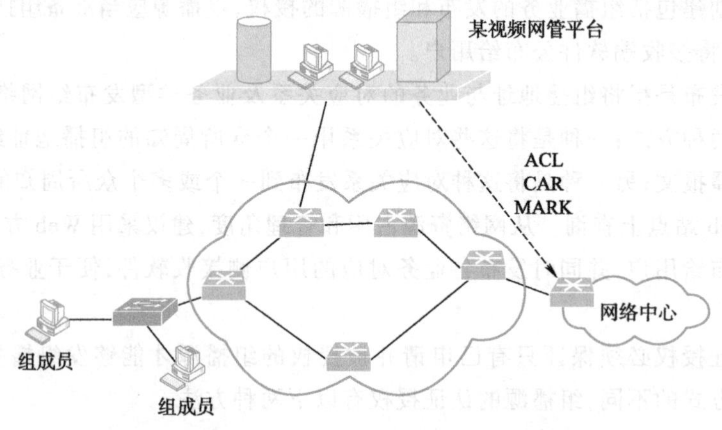

图 2-2-10　业务管理平台实现组播信源管理

3. 组播流量控制

基于组播数据流量较大、接收者众多的特点,为避免对网络和单播业务造成冲击,应当采取措施控制网络中的组播流量。

配置组播报文进入网络的优先级,使用网络的 DiffServ 等 QoS 转发处理方法;同时在边缘路由器上配置 ACL 和 CAR(包括组播组标识和承诺速率),禁止转发未经授权的组播报文,对组播报文进入网络的流量进行限制;如果实际流量超出承诺速率,边缘路由器根据 SLA(业务等级协定)对数据流进行整形或丢弃。

在骨干网中可以通过隧道或 MPLS VPN 隔离组播流量和单播流量;可以通过限制隧道和 VPN 的带宽对组播流量进行控制。对域间组播报文的流量进行控制,在边界路由器上使用组地址和出接口匹配形式的 ACL 和 CAR 限制域间组播报文的转发流量。

在接入网中可以通过 VLAN 划分隔离组播流量和单播流量;可以通过端口限速和 VLAN 限速对组播流量进行控制;在接入网中通过 VLAN 划分隔离用户端口之间的流量时,应当支持跨 VLAN 的组播复制。

用户申请加入组播组时进行资源准入控制,只有用户与网络运营商约定带宽、接入链路带宽和网络带宽满足组播流量所需带宽时,才能接受用户的加入请求,以防止因过量提供服务而不能保证服务质量。

通过限制接入网中组播组最大数量、组播组的最大成员数和二/三层网络设备上组播表项的最大规模,可以在一定程度上控制组播分发树的数量和规模,防止针对组播设备的 DoS 攻击;如果需要,可以采取配置组播静态分发树的方式。

4. 组播接收者控制

接入边缘设备或者网络接入服务器负责对用户加入组播组进行本地或远程认证和授权,在网络层实现组播接收者控制,并收集可供计费的数据信息。组播业务可由网络运营商统一管理,应用层的组播用户控制不在本技术讨论的范围之内。

以下是用户访问一项组播业务的完整过程:

①接入认证——用户接入网络的认证。

②业务选择——用户登录 Web 网页或通过组播接收端软件,选择组播业务。

③组播认证——用户加入组播组的认证。

④组播接收——用户通过组播接收端软件接收和解读组播信息流。

⑤组播退出——用户退出组播组。

⑥接入退出——用户断开网络下线。

用户接入认证主要有三种方式:基于物理端口认证、基于用户账号认证、用户账号和物理端口认证。其中,基于物理端口认证的方式不需要用户输入账号和密码。基于用户账号认证目前主要有三种方式:PPP 认证方式、802.1x 认证方式、基于 Web 的强制 Portal 认证方式。不同的接入认证方式所采用的用户接入身份标识可能不同,如:用户接入账号、VLANID、物理端口号、MAC 地址及其绑定信息。

无论哪种用户接入认证方式下,负责组播认证的网络设备都必须检测用户发向网络的 IGMP Join 报文,才能在网络层实现本地或远程认证组播用户能否加入组播组,并根据认证和授权结果处理用户的 IGMP Join 报文。组播接收者的认证授权必须保证只有已申请并被授权的组播接收者才能够从网络接收到所授权的组播组流量。

如果组播认证通过,该 IGMP Join 报文被通过透传或者代理(Proxy)方式发往组播路由器,或者该 IGMP Join 报文被终结后依靠组播路由协议 PIM-SM 加入到组播分发树中;所授权的组播组流量被按照流量控制参数向该用户转发,该用户成为组播组的接收者。如果组播认证不通过,该 IGMP Join 报文被直接丢弃或做其他特殊处理。

当检测到用户发来的 IGMP Leave 报文或者通过定时器查询到用户已退出某组播组时,接入边缘设备停止对用户转发该组播组的流量。

全网范围内的组播用户认证和授权例子如图 2-2-11 所示。

业务管理平台可以为用户建立组播访问规则表项,用户通过认证后,二层设备生成到用户的组播通道,否则禁止用户加入。

5. 组播接收者认证和控制点

按照组播认证节点的不同,组播接收者的认证授权有以下两种方法:

(1)在接入边缘设备处进行组播认证

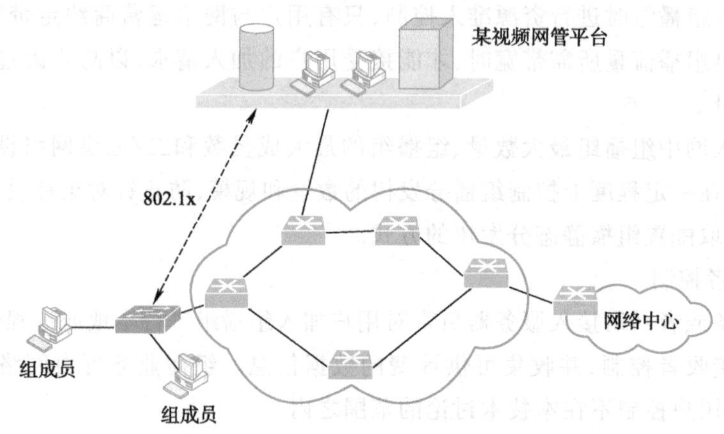

图 2-2-11　全网范围内的组播用户认证和授权解决方案

接入边缘设备可以对 IGMP 报文终结、代理或者透传。接入边缘设备检测用户发出的 IGMP Join 报文，根据 IGMP 报文的用户源地址、组播组地址、用户端口号等信息进行本地组播认证，或者向认证服务器（或组播管理服务器）发起远程组播认证请求。根据认证结果，接入边缘设备对该组播组流量向用户的转发进行直接控制，不需要与网络接入服务器设备进行交互以保证接入网中的组播流量安全。

（2）在网络接入服务器处进行组播认证

这种方法要求接入设备必须能将用户的 IGMP 报文透传到网络接入服务器。网络接入服务器检测用户发出的 IGMP Join 报文，根据 IGMP 报文的用户源地址、组播组地址等信息进行本地组播认证，或者向认证服务器（或组播管理服务器）发起远程组播认证请求。根据认证结果，网络接入服务器对该组播组流量向用户的转发进行控制，并且还需要主动控制接入边缘设备的组播转发行为以保证接入网中的组播流量安全。

6. 组播接收者授权方式

按照组播接收授权方式的不同，组播接收者的认证授权有以下两种方法：

（1）静态长期授权

网络管理员通过网管（或组播管理服务器）或命令行在接入边缘设备或者网络接入服务器上，为申请开通组播业务的用户配置组播接收权限列表和流量控制参数，完成长期性的授权，直到用户组播源申请终止组播业务时才删除授权。接入边缘设备或者网络接入服务器检测到用户发来的 IGMP Join 报文时，只在本地进行认证。

（2）动态认证授权

网络管理员为申请开通组播业务的用户在认证服务器（或组播管理服务器）上配置组播接收权限列表和流量控制参数。接入边缘设备或者网络接入服务器检测到用户发来的 IGMP Join 报文时，先在本地查找是否已授权和处理，过滤掉重复的 IGMP Join 报文。如果不是重复请求，立即触发一次远程组播认证。通过该报文的用户 IP 地址或用户端口信息查找到用户接入身份标识，然后将组播地址和用户接入身份标识、IP 地址或端口等信息包含在组播认证请求信息中，发给认证服务器（或组播管理服务器）。认证服务器（或组播管理服务器）进行认证后将授权结果发回。

接入边缘设备或者网络接入服务器与认证服务器之间的认证、授权和计费信息交互可以采用 RADIUS 或类似功能的协议,组播认证授权需要采用 RADIUS 的扩展属性。

7. 组播安全控制

在接入网环境中,二层交换设备支持 IGMP Snooping 或 IGMP Proxy,或者其他的二层组播控制标准协议,抑制二层网络中的组播泛滥,防止未经授权的用户接收到组播流量。否则,即便实现了组播认证与授权,如果接入设备以广播方式转发组播报文,未经认证的用户依然可能收到组播信息流。

在网络接入服务器处进行组播认证的情况下,如果不是配置了每个 VLAN 只包含一个用户,那么网络接入服务器在处理 IGMP 报文时或者通过定时器检测到用户已退出组播组时,应当主动控制接入边缘设备的组播转发行为,抑制接入边缘设备将组播流量转发给未通过组播认证的用户。

配置了 VLAN 的情况下,如果一个 VLAN 内含有多个用户端口时,接入设备每个端口应当单独维护组播组列表,抑制组播报文在 VLAN 内部各端口之间的泛滥;如果需要进一步节省组播流量所占用的网络资源,接入设备需要支持跨 VLAN 组播复制。

为了保证组播认证的有效性,网络接入服务器和二层交换设备应当能检测出不同 VLAN 下的 MAC 地址仿冒情况。为了防止不同 VLAN 下其他用户的 MAC 地址仿冒,用户认证通过后应当进行基于 MAC 地址和用户信息的绑定。

接入设备必须抑制从用户端发送的未经授权的组播报文。接入设备在缺省状态下禁止转发下行来的组播报文,除非符合所配置的组播 ACL 和 CAR 参数(包括组播组标识和承诺速率)。

在标准的组播中,接收者可以加入任意的组播组,也就是说,组播树的分支是不可控的,信源不了解组播树的范围与方向,安全性较低。为了实现对一些较重要的信息的保护,协议控制器扩散范围。静态组播树方案就是为了满足此需求而提出的。

静态组播树就是组播树事先配置,控制组播树的范围与方向,不接收其他动态的组播成员的加入,这样能使组播信源的报文在规定的范围内扩散,如图 2-2-12 所示。通过配置静态组播树,可以满足高价值用户的安全需求。

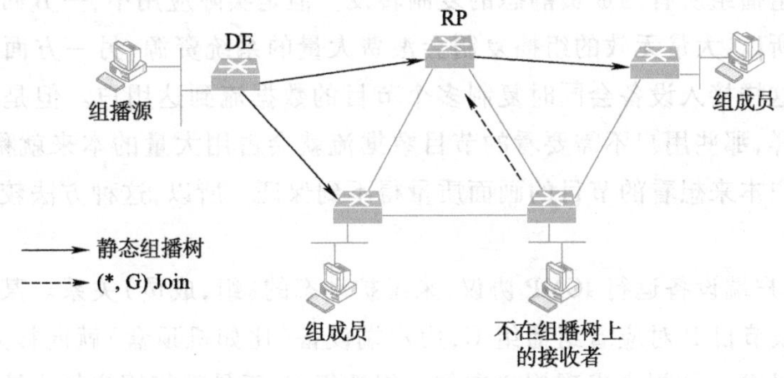

图 2-2-12　使用静态组播树实现组播安全控制

(二)了解相关宽带设备的组播特性

1. 组播业务承载

由中兴公司生产的 ZXDSL 9806H 设备业务承载主要指承载组播业务时的 MVLAN

(Multicast Virtual Local Area Network,组播虚拟局域网)、组播协议处理,以及组播数据流在系统内容的复制方法。

IPTV 业务形式有多种,典型的是直播和点播。在网络中,点播通过单播来承载,而直播一般通过组播来承载。

(1)组播复制

直播节目自节目源处由业务分发网络抵达接入网,由系统完成节目流的复制,分发到用户。系统的组播复制节省了网络带宽,实现了 IPTV 直播节目的快速、流畅的分发。

(2)MVLAN

MVLAN 是一种特殊的 VLAN,隔离 IPTV 业务流服务。MVLAN 实现了组播数据和单播数据的隔离。所以,为了承载 IPTV 直播业务,至少应设定一个 MVLAN。

在实际的应用中,如果系统租给多个运营商使用,可以设定多个 MVLAN,借此隔离不同运营商的 IPTV 直播业务。

系统只向当前节目所在的 MVLAN 中的用户复制 IPTV 直播节目流,非当前节目所在 MVLAN 的用户无法收看节目,减少了节目数据不必要的复制。节目所在的 MVLAN 和该 MVLAN 中的用户通过网管进行配置。系统支持跨 VLAN 组播,能够将一个 MVLAN 中的节目复制到用户的 VLAN 中。

(3)动态组播和静态组播

系统并不是向 MVLAN 中的所有用户都复制节目流,而是只向已经加入了节目流所对应的组播组的用户复制节目流。假设 MVLAN 是 VLAN 1000,有 N 个用户 U1,U2,U3,…,Un,该 MVLAN 中有节目 P,P 对应的组播组是 G,而只有用户 U1,U2,U3 加入了组 G 中,那么,节目 P 的数据流只会复制到用户 U1,U2,U3 中。也就是说,只有用户 U1,U2,U3 能看到节目 P,其他用户 U4,U5,…,Un 都无法收看节目 P。

哪些用户加入哪个组播组中,又有两种方式进行控制:

①静态组播。

通过网管直接配置用户所加入的组,这种方法得到的(组,成员)关系是静态的,在任何时候,节目流都会向组播组所有的成员静态的复制转发。但是实际应用中,一方面,用户不会总是需要看这些节目,所以,大量无效的组播复制会浪费大量的系统资源;另一方面,用户可能不止加入一个组播组,这样接入设备会同时复制多个节目的数据流到达用户。但是,用户只需要看其中某个节目,这样,那些用户不需要看的节目数据流就会占用大量的本来就稀缺的用户线路带宽资源,导致用户本来想看的节目的画面质量得不到保证。所以,这种方法较少使用。

②动态组播。

通过系统和用户端设备运行 IGMP 协议,来维护动态的(组,成员)关系。某个时刻,用户 U 点播某个节目 P,该节目 P 对应着组播组 G,用户端设备(比如机顶盒)就向接入设备发 Report 报文,接入设备通过 Report 报文发现用户向加入组播组 G,于是就将用户加入该组播组,接入设备就将节目 P 的数据流复制到用户 U。一旦某个时间,用户 U 离开组播组 G,接入设备就不会将节目 P 的数据流复制到用户 U。显而易见,这种方法减少了无效数据的复制,节省了系统资源。所以,普遍使用的是这种方法。

(4)IGMP 协议

系统支持 IGMP V1/V2,可工作在两种模式 IGMP Snooping、IGMP Proxy 下,能适应运行不同 IGMP 协议类型用户终端,实现了多种组网模型,优化了 IGMP 协议处理能力。

①GMP Snooping。

实现到达设备的 IGMP 组播协议报文的侦听功能,根据 IGMP 报文的不同请求类型(Report 或 Leave)将用户端口加入相应的组播组中,或从组播组中删除。

- 支持 IGMP 侦听的使能,当打开侦听功能时设备将到达设备的 IGMP 报文截获并交给设备协议层进行处理,否则将 IGMP 报文透传或丢弃。
- 接收到某个用户端口的 IGMP Report 报文后能够将该用户端口设置到相应组播组的转发表中,以便在设备接收到组播业务报文后转发给请求该业务的用户。
- 接收到某个用户端口的 IGMP Leave 报文后能够将该用户端口从相应组播组的转发表中清除,以终止相应组播业务向该用户的转发。
- 支持在收到用户端口的 IGMP Leave 报文后的立即终止业务或老化后终止业务。
- 支持组播组的自动老化功能,能设置老化时间。
- 将网络侧接收到的 IGMP Query 报文转发给组播用户端口。
- 将用户端口接收到的 IGMP Report/Leave 报文转发给网络侧。

②GMP Proxy。

根据 IETF 有关标准,在本地实现 IGMP Router 和 IGMP Host 功能,以向上一级设备请求所需的节目源。

- 在用户侧实现 IGMP Router 状态机,用于管理用户发送的 IGMP 请求。
- 在网络侧实现 IGMP Host 状态机,用于向组播网络动态请求组播业务。
- 设备上的 IGMP Host 与 Router 状态机配合实现 IGMP 报文的 Proxy 功能。
- 支持在收到用户端口的 IGMP Leave 报文后立即终止业务或老化后终止业务。
- 系统接收到达设备的 IGMP 报文并交给设备协议层进行处理;协议层解析 IGMP V1 或 V2 报文。
- 将用户端口接收到的 IGMP Report/Leave 报文解析终结,同时组织相应的代理 IGMP Report/Leave 报文给网络侧。
- 主动发送 IGMP Query 报文给组播用户端口,查询用户状态。

2. 组播业务控制

组播业务控制是实现组播业务接纳控制有关的功能。组播业务控制包括以下功能:

①业务的暂停和恢复。

②带宽控制。

③点播节目数限制。

④CAC(Channel Access Control,频道访问控制)。

⑤PRV(Preview,预览)。

⑥源 MAC 控制。

(1)业务暂停和恢复

在动态组播的情况下,如果运营商需要暂停组播业务,可以通过设备的开关来达到目的。开关关闭,表示暂停组播业务;开启则表示恢复组播业务。开关关闭以后,系统不处理任何的组播协议报文,因此在恢复组播业务前,用户不能加入任何组,也无法点播任何节目。

系统提供了两级的业务暂停和恢复控制开关:系统级和用户级。

①系统级的控制开关对接入设备上所有的用户都有效,通常用在全面停止系统的组播业务的情况下。

②用户级的开关只对当前的用户有效,通常用在用户欠费和重新缴费的情况下。

(2)带宽控制网络侧

随着 IPTV 节目频道数的快速增加和单个节目所需要的带宽的提高,网络侧的线路的带宽可能无法满足所有频道同时点播的需要,为此,系统对总组播带宽进行了控制。一个新的频道点播,需要检查其带宽需求是否超过系统的剩余带宽,如果是,则其点播请求被拒绝。一旦某个频道所有点播的用户都离开,其占用总带宽的部分就被释放,剩余带宽就增加。

(3)带宽控制用户侧

由于用户线路的带宽也是有限的,所以也无法满足一个用户同时点播所有的节目,为此,通过用户侧的带宽控制,来保证点播成功的节目的组播带宽需要,从而保证其画面质量。每当用户点播一个新的频道,需要检查其频道带宽是否超过用户线路剩余的组播带宽,如果是,则点播请求被拒绝。一旦用户离开观看的节目,其占用的用户线路的组播带宽资源被释放,用户线路剩余带宽增加。

以上两种总带宽和频道的带宽都可以通过网管来设置,而剩余带宽初始化应该都为总带宽。

(4)系统级 MVLAN 组播业务带宽控制

支持基于 MVLAN 的组播带宽控制,此带宽为 MVLAN 允许请求的组播流的最大允许带宽,当系统所有用户请求的 MVLAN 内的组播流带宽累加和超过该值时应不再向上联设备请求新的组播频道数据流。

(5)点播节目数限制

为了保证点播成功的节目的质量和防止恶意点播,接入设备限制了用户可以同时点播的组播组的个数。在用户每次点播节目的时候,要进行用户当前点播的组播组的个数检查,如果超过允许同时点播的组播组的个数,则用户的点播请求被拒绝。

例如,通过网管配置用户 A 允许同时点播一个频道,如果用户试图同时点播两个及两个以上的频道,则只有第一个被接收,其他的频道的点播请求都被拒绝。

(6)CAC

如果 IPTV 直播业务采用动态申请的方式收看,就需要对用户收看节目进行控制,防止未付费或者非法用户收看节目。这就是用户权限控制技术。每个用户对于某个频道具有三种权限。

假设用户为 U,频道为 CH,U 对于 CH 必定为以下三种权限之一:

①允许:用户可以随时观看该频道的节目。

②预览:用户可以看很短时间的一个片段,并且可以看一定的次数,每次预览一定的间隔。

③拒绝:不让用户看该节目的任何内容。

在用户加入组播组之前,对用户的权限进行检查:如果该用户对组播组关联的频道的权限是"允许",那么就让用户加入这个组播组。如果是"预览"权限,那么就只允许用户看一个片段,片段看完以后,用户就自动退出这个组播组,下次如果预览次数没有用完,还可以继续预览。

如果是“拒绝”权限，那么就不让用户加入这个组播组，这样用户根本就无法看这个频道的节目。

(7)PRV

频道预览可以吸引用户收看频道。频道预览允许用户浏览一个很小的片段，该片段的时间长度(预览时间)，可以预览一定次数(最大预览次数)，两次预览之间有一定的间隔(预览间隔时间)。每次预览以后，用户还可以预览的次数就自动减一，如果预览次数用完，在复位之前，就无法再预览了。

频道预览可以定时复位或者通过网管复位。复位以后，用户后续可以预览的次数恢复到初始值。

频道预览的三个参数(最大预览次数、预览时间和预览间隔时间)是通过预览模板来管理的。“预览参数模板”实际上是将节目总表中与预览相关的参数(最大预览次数、预览时间和预览间隔时间)使用模板的方式进行管理，从而减少管理者对每个频道进行预览参数配置的工作量。节目总表中的每个频道对应于“预览参数模板”集合中的任一模板，用于进行预览控制。在频道没有应用任何模板或在频道上的模板被删除时，关联的预览参数恢复为默认配置。

(8)源 MAC 控制

源 MAC 控制是针对单个家庭多个 STB(Set-top Box，机顶盒)点播节目进行的，应用场景如下：

当一个家庭不止一个 STB，比如两个，分别是 S1 和 S2。如果 S1 和 S2 都在播放节目 CH1，此时 S2 切换到节目 CH1，这样 S2 向接入网络发送离开报文。按照标准的组播协议的处理，该家庭用户就会从 CH1 对应的组播组中离开。于是，S1 和 S2 都收不到节目 CH1。而事实上，S1 还是希望继续接收节目的 CH1。

源 MAC 控制机制在标准组播协议中引入控制来解决上述问题。当用户加入组播组时，会针对用户加入的组播组依据 STB 发送的 Report 报文携带的源 MAC 地址进行检查，如果是新的 MAC 地址，则 MAC 地址计数增一；而当收到 STB 发送的离开报文时，针对用户离开的组播组的源 MAC 地址进行检查，如果是新的 MAC 地址，则 MAC 地址计数减一，只有当 MAC 地址计数为零的时候，此时表明该用户所有的 STB 都希望离开这个组，此时，该用户才离开这个组播组，该组对应的节目才停止推送到用户。

3. 组播业务管理

业务管理主要是指以直播频道打包订购 IPTV 业务。功能规格业务管理主要包括以下功能：

①SMS(Service Management System，业务管理系统)。

②套餐。

③CDR(Call Detail Record，呼叫详细记录)。

④视频质量监控。

相关原理及描述如下：

(1)SMS

网管系统的 SMS 提供一个友好的图形管理界面，和网管逻辑独立，可配置系统的组播管理信息和控制权限信息，以及查询 CAC 表和 CDR 信息。

①能够独立运行，不依赖于网管系统。

②能够按照中兴公司生产的主流光宽带产品 ZXDSL 9806H 配置，查看系统节目总表。

③能够按照光宽带产品 ZXDSL 9806H 和端口来配置,查看端口节目权限表。

④查看 CDR 数据,查询条件可以是端口(生成该 CDR 记录的端口号)、记录类型(订购频道 CDR 记录和预览频道 CDR 记录)、时间范围。

⑤能按相关标准从 OSS 组播运营系统中动态获取组播节目表及用户权限表信息。

⑥能长期保存 CDR 记录,并能按相关标准传输到 OSS 组播运营系统中。

(2)套餐

套餐是对频道权限进行管理的一种方法。每个套餐是一个频道集合,并为套餐中的每个频道指定“允许”或“预览”两种权限中的一种。任何频道都可以配置在任何一个套餐中,且在每个套餐中可以进行相互独立的权限指派。

套餐最终应用于一个具体的用户上,从而影响该用户的组播频道访问权限。一个用户可以应用多个套餐,当不同套餐中相同频道的权限不一致时,将进行权限的合并。合并的原则是取所有权限中的最高权限,权限的高低按照“允许”>“预览”>“拒绝”的规则。删除一个套餐时,需要按照合并权限的方法重新结算权限。

(3)CDR

在 IPTV 业务的运营中,运营商需要了解用户的点播行为、需求和偏好。ZXDSL 9806H 对用户点播和离开的事件进行记录,同时将这些记录送到 SMS,SMS 对这些记录进行处理和统计分析,可以给运营商提供比较详细、可信、科学的参考。

(4)视频质量监控

在 IPTV 业务的运营中,运营商需要监控节目流的质量,分析每一节点的视频流丢包情况,以提前预防节点故障造成的业务质量下降。

ZXDSL 9806H 可以对恒速视频流进行统计,并与预配速率进行比较,辨别是否有丢包现象。如果存在较为严重的丢包情况,则上报告警,辅助运营商预防 IPTV 故障。

视频质量监控依靠以下控制参数:

①被监控恒速视频流的 MAC 地址、IP 地址、VLAN ID 可配置。

②被监控恒速视频流的速率可配置,单位为 pps(数据包每秒)。

③丢包告警阈值可配置,单位为 pps(数据包每秒)。

④统计时间段可在 5 ~60 秒的区间内配置。

⑤该功能可独立开启/关闭。

4. 组播业务用户体验

用户体验是指为用户提供较好体验服务的前提下,在针对接入网络设备中所采取的一些优化处理方法和功能。

IPTV 业务最终服务于用户,必须保证用户具有较好的业务体验。好的用户体验体现主要在三个方面:

①清晰的画面质量:由节目的编码方式决定,清晰度越高,需要的线路带宽越高,接入设备需要足够的带宽和交换容量来保证。

②流畅的画面质量:要求不能丢包,也需要充足的带宽作为保障,同时减少节目流的时延。

③较小的频道切换时延:要求切换到一个新的节目时,离开的节目流要快速停止,而新点播的节目流要快速送到用户机顶盒。

用户体验优化的处理方法和功能主要包括：

(1)组播预加入

IPTV 业务的节目源越接近用户，则用户能越快地收到节目。组播预加入是设备上的一种主动将节目流“拉”到设备上的技术。如果某个频道属于需要预加入的频道，那么设备会定时地向上行方向发送加入该组播组的 Report 报文。通过这种方法，节目流不断地抵达设备。一旦有用户成功加入这个组播组，节目就是从设备上快速地送到用户，而不是从 IPTV 组播服务器上送到用户。从而，减少了用户点播到收到节目的时延。

(2)快速离开

通常情况下，在频道切换时，机顶盒(STB)先向上发送一个对一个组播组的离开报文，再发一个对另一个组播组的 Report 报文。按照 IGMP 协议，如果是 IGMP Snooping 模式，当设备到老化时间之后，用户才会真正的离开；如果是 IGMP Proxy 模式，只有特定查询一定次数之后超时，用户才会真正的离开。一般情况下，这个时延都会比较大，至少超过 1 s。而在 IPTV 业务中，得到普遍认可的是，通常用户可以接受的从发送离开报文到所离开的节目停止的时延最大是 100 ms。快速离开提供了这样一种机制：当设备收到用户的离开报文之后，如果确定可以离开该组，就不等待超时，立即从控制节目流转发的表中该组的表项中清除这个用户，节目流立即停止转发到这个用户，节目流立即停止。所以从发出离开报文到节目流停止的时延基本上就是离开的发送、接收和处理的时延，完全能够达到小于 100 ms 的要求。

三、讨论 PON 组播特性

(一)实现组播技术实现

1. 基本管理对象

组播用户就是指：组播数据的接收者，必须为其配置一个上行承载组播控制报文的业务流(设备可以通过流分类识别出该用户)，所以它是对应一个唯一的终端或发放用户。同时，必须为组播用户指定一个组播 VLAN，即该发放用户隶属于哪个 ISP。

基本对象之间的关系如图 2-2-13 所示。基于 ONT 是放在用户家庭的设备，目前不支持一个 ONT 发放多个组播用户的场景，只发放一个组播用户不影响一个 ONT 下接多 STB 的场景。

QinQ 属性的业务流不支持组播用户。Double VLAN 流分类的业务流不支持组播用户。

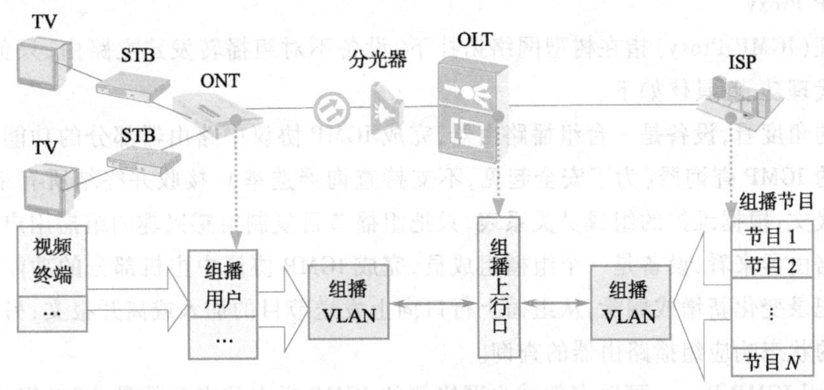

图 2-2-13　组播管理对象

2. 设备转发框架

(1)组播转发表[OLT]

分布式的2+1级复制结构:第一级在主控板,以(VLAN+GMAC)为索引,按需复制给对该节目感兴趣的业务板,可以有效地节约背板带宽。第二级在业务板,首先以(VLAN+GMAC)为索引,按需复制给对该节目感兴趣的GPON端口,可以有效地节约GPON端口的下行带宽;然后在GPON端口以组播Gemport(系统级参数,可配置)进行封装和发送。第三级在ONT,首先以(VLAN+GMAC)为白名单进行过滤,丢弃其他不需要的组播数据,避免下行入口带宽溢出;然后以(VLAN+GMAC)为索引,按需复制给ONT的端口。

此处仅描述最常用的单拷贝复制机制下的转发框架。多拷贝机制下的硬件转发框架情况类似。

①分布式的2+1级复制结构:第一级在主控板,以(VLAN+GMAC)为索引,按需复制给对该节目感兴趣的业务板,可以有效地节约背板带宽。

②第二级在业务板,首先以(VLAN+GMAC)为索引,按需复制给对该节目感兴趣的GPON端口,可以有效地节约GPON端口的下行带宽;然后在GPON端口以组播Gemport(系统级参数,可配置)进行封装和发送。

③第三级在ONT,首先以(VLAN+GMAC)为白名单进行过滤,丢弃其他不需要的组播数据,避免下行入口带宽溢出;然后(VLAN+GMAC)为索引,按需复制给ONT的端口。

(2)组播转发表[DSLAM]

支持分布式2级复制结构:第一级在主控板,以(VLAN+GMAC)为索引,按需复制给对该节目感兴趣的业务板,可以有效地节约背板带宽。第二级在业务板,首先以(VLAN+GMAC)为索引,按需复制给对该节目感兴趣的组播用户(通常对应一个端口)。

①支持分布式2级复制结构。

②第一级在主控板,以(VLAN+GMAC)为索引,按需复制给对该节目感兴趣的业务板,可以有效地节约背板带宽。

③第二级在业务板,首先以(VLAN+GMAC)为索引,按需复制给对该节目感兴趣的组播用户(通常对应一个端口)。

3. IGMP控制框架

(1)IGMP Proxy

组播代理(IGMP Proxy)指在树型网络拓扑下,设备不对组播转发建立路由,只负责对组播协议报文的代理功能,具体如下。

从终端的角度看,设备是一台组播路由器,完成IGMP协议中路由器部分的功能:固定充当用户侧网络的IGMP查询器(为了安全起见,不支持查询器选举);接收并终结所有组播用户的加入和离开报文,根据维护的组成员关系表,只把组播节目复制给感兴趣的组播用户。

从组播路由器来看,设备是一个组播组成员,完成IGMP协议中主机部分的功能:根据组成员关系表的记录变化新增或删除,从组播上行口向上发送节目的加入或离开报文;另外,根据组成员关系表的状态响应组播路由器的查询。

所以,采用IGMP Proxy,可以有效减少网络侧的IGMP报文的交互数量,减轻组播路由器的负荷。下行IGMP通用查询报文是向所有组播用户发送还是只向感兴趣的组播用户发送,设备是可以配置的。

(2)分布式 IGMP[OLT]

集中式控制组播是指对于 IGMP 协议的处理都集中在主控板完成的方式。

分布式的两级 IGMP 协议栈:第一级在主控板,网络侧和用户侧都是基于 MVLAN;第二级在业务板,网络侧基于 MVLAN,用户侧基于组播用户——保证各个用户之间的控制面互不干扰。通过业务板 IGMP 协议栈的收敛,减轻了主控板 IGMP 协议栈的处理负荷,在相同的硬件条件下,系统可以同时处理更多的组播用户的频道切换。

基于组播数据流量较大、接收者众多的特点,为避免对网络和单播业务造成冲击,应当采取措施控制网络中的组播流量。

配置组播报文进入网络的优先级,使用网络的 DiffServ 等 QoS 转发处理方法;同时在边缘路由器上配置 ACL 和 CAR(包括组播组标识和承诺速率),禁止转发未经授权的组播报文,对组播报文进入网络的流量进行限制;如果实际流量超出承诺速率,边缘路由器根据 SLA(业务等级协定)对数据流进行整形或丢弃。

在骨干网中可以通过隧道或 MPLS VPN 隔离组播流量和单播流量;可以通过限制隧道和 VPN 的带宽对组播流量进行控制。对域间组播报文的流量进行控制,在边界路由器上使用组地址和出接口匹配形式的 ACL 和 CAR 限制域间组播报文的转发流量。

在接入网中可以通过 VLAN 划分隔离组播流量和单播流量;可以通过端口限速和 VLAN 限速对组播流量进行控制;在接入网中通过 VLAN 划分隔离用户端口之间的流量时,应当支持跨 VLAN 的组播复制。

用户申请加入组播组时进行资源准入控制,只有用户与网络运营商约定带宽、接入链路带宽和网络带宽满足组播流量所需带宽时,才能接受用户的加入请求,以防止因过量提供服务而不能保证服务质量。

通过限制接入网中组播组最大数量、组播组的最大成员数和二/三层网络设备上组播表项的最大规模,可以在一定程度上控制组播分发树的数量和规模,防止针对组播设备的 DoS 攻击;如果需要,可以采取配置组播静态分发树的方式。

4. 组播转发加入流程

(1)加入流程[OLT]

①组播用户切换频道,发送点播新节目 GIP1 的加入报文。

②业务板接收加入报文,进入该用户的 IGMP 协议栈,通过组播控制后,业务板创建如下的组成员关系表。

同时在业务板创建如下组播转发表,然后根据节目对应的 MVLAN1,业务板代理组播用户 1 向主控板发送加入报文。

③主控板接收加入报文,进入 MVLAN1 的 IGMP 协议栈,主控板创建组成员关系表,如表 2-2-3 所示。同时在主控板创建如下组播转发表。

④然后主控板从 MVLAN1 的组播上行口向组播路由器发送加入报文。

⑤当设备收到组播流后,会先按主控板组播转发表复制到业务板 1;然后再按业务板组播

转发表复制到 GPON Port1。

说明：

虽然组播用户对应的 SVLAN 不同于 MVLAN，但是设备可以通过组播成员配置关系实现到 MVLAN 的映射，自然支持跨 VLAN 的组播，不需要额外配置。

业务板接收加入报文，进入该用户的 IGMP 协议栈，通过组播控制后，业务板创建如表 2-2-4 所示的组成员关系。

表 2-2-3　组成员关系表

索　引	在线成员/复制目的
MVLAN1 + GIP1	组播用户 1
MVLAN1 + GMAC1	GPON PORT1

(2)加入流程[DSLAM]

①组播用户切换频道，发送点播新节目 GIP1 的加入报文。

②主控板接收加入报文，进入该用户的 IGMP 协议栈，通过组播控制后，在主控板创建如下的组成员关系表。

同时在主控板和业务板创建组播转发表、主控板转发表、业务板转发表。

③然后根据节目对应的 MVLAN1，业务板代理组播用户 1 向主控板发送加入报文。

④然后主控板从 MVLAN1 的组播上行口向组播路由器发送加入报文。

⑤当设备收到组播流后，会先按主控板组播转发表复制到业务板 1；然后再按业务板组播转发表复制到 Port1。

虽然组播用户对应的 SVLAN 不同于 MVLAN，但是设备可以通过组播成员配置关系实现到 MVLAN 的映射，自然支持跨 VLAN 的组播，不需要额外配置。

主控板接收加入报文，进入该用户的 IGMP 协议栈，通过组播控制后，在主控板创建如下表 2-2-4 所示的组成员关系表。

表 2-2-4　组成员关系表

索　引	在线成员/复制目的
MVLAN1 + GIP1	组播用户 1
MVLAN1 + GMAC1	用户端口 1

(二)了解高级组播技术

1. 多组播实例

随着开放网络的推行，运营商网络需要给不同的组播内容提供商(ISP)提供独立的组播域，避免不同 ISP 之间的干扰。在设备上通过不同组播 VLAN 的划分在管理面、控制面和转发面实现各自独立的组播域。

(1)管理面

在每个 MVLAN 内，可以配置每个 ISP 需要发放的组播节目、组播上行口和组播用户。这里特别强调组播节目，为了保证每个 ISP 可以独立地规划各自组播节目，组播节目三元组(组播

VLAN,源 IP,组播 IP)需要满足以下规则:

①为了保证转发面上组播转发表项的唯一性,必须保证(组播 VLAN,组播 IP)的唯一性。

②为了保证控制面 IGMPv3 报文的点播节目的唯一性,必须保证(组播 IP,组播源 IP)的唯一性。

③对于 IGMPv2 报文或者 ASM(任意源)模式的 IGMPv3 报文就相当于组播源 IP 等于任意值(常表示为 * 或 any),此时只要满足第二条即可。

上节中的例子,由于第二条规则要求(组播 VLAN,组播 IP)唯一,而子图 G 中(VLAN1,G1)并不唯一,所以子图 G 是禁止配置或生成的。其他的子图也可以按照上述规则来判断。

在网络侧,每个 MVLAN 都有独立的 IGMP 协议栈——每个 ISP 可以选择协议的版本、报文优先级和 Proxy 或 Snooping。在用户侧,每个组播用户都有独立的 IGMP 协议栈,不会受其他组播用户的影响。

(2)转发面

组播转发表都是以组播 VLAN 和组播 MAC 为索引,保证了不同组播 VLAN 间不会互相干扰。详见"组播转发表"。而对于在主控板、业务板上不同组播 VLAN 的流量在同一个端口的 QoS 调度等同于单播,组播节目三元组示例如图 2-2-14 所示。

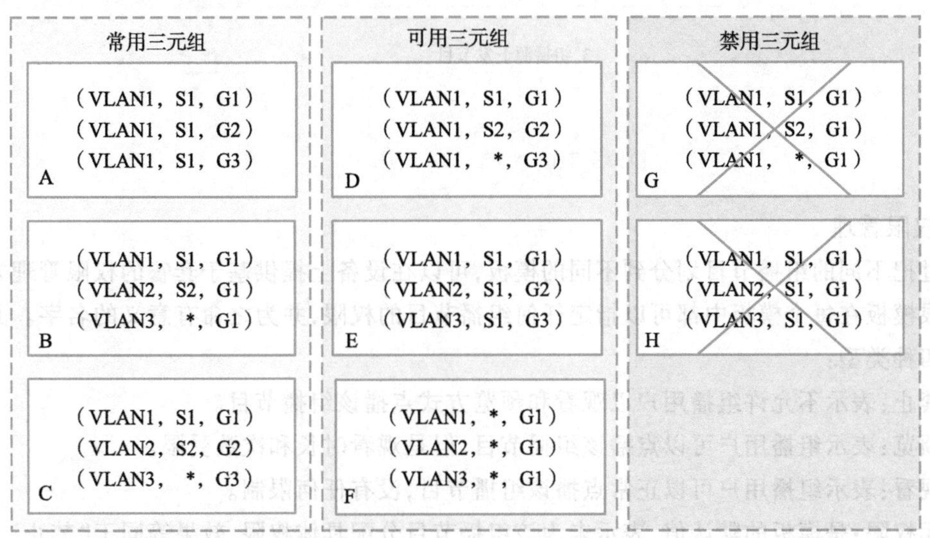

图 2-2-14　组播节目三元组示例

2. 动态节目

在现实应用场景中,如果不需要在设备上进行精细化的管理,那么可以使用动态节目,免去节目频繁变更带来的维护麻烦。此时节目的维护可以统一到 EPG(Electronic Program Guide)系统上。

STB 在启动后会自动从 EPG 服务器上获取节目菜单信息,并呈现给用户。

用户点播节目,会产生相应的 IGMP 报文发送给设备。所以,此时设备上的节目信息不是管理员输入的,而是从组播用户实时的 IGMP 报文中把组 IP 和源 IP 提取出来,并在组播用户所在的 MVLAN 内动态生成,如图 2-2-15 所示。

组播源组播节目到达 STB。为了防止用户使用不合适的组 IP,也可以在设备上基于 MVLAN 为动态节目配置合法的组播地址范围,只有符合该范围才会生成组播节目,否则用户的 IGMP 报文会被丢弃。除了范围匹配之外,实际可以动态生成的节目数量受到硬件规格和 License 限制。动态节目不支持在设备上的精细管理,包括:CAC、权限管理、组播预览和预加入节目。

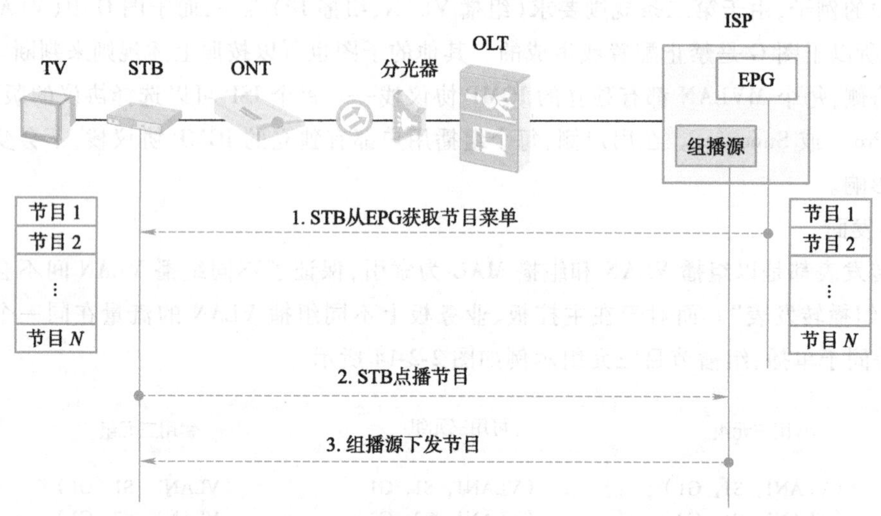

图 2-2-15 动态节目生成流程

3. 权限管理

通过把不同的组播节目划分到不同的模板,可以在设备上提供基于套餐的权限管理方式。

权限模板在每个模板中都可以指定任何组播节目的权限,并为之命有意义的名字。其中权限包括四种类型:

①禁止:表示不允许组播用户以观看和预览方式点播该组播节目。

②预览:表示组播用户可以点播该组播节目,但是观看时长和次数受限。

③观看:表示组播用户可以正常点播该组播节目,没有任何限制。

④无权限:是模板的默认值,表示未为该组播节目分配具体权限,效果等同于“禁止”。

运营商可以按照自定义的规则进行模板的规划,常见有三种方式。

第一种是以内容差异进行划分,比如划分为新闻类、体育类、电影类。此时,一个组播节目只会属于一个模板,不存在模板间节目的重叠。所以,一个用户通常会绑定多个模板。如权限模板第一种划分示例所示。

第二种是以包含内容多少进行级别划分,比如划分为基本类、家庭类、成人类。此时,一个组播节目可能会属于多个模板,模板间存在重叠。所以,一个用户通常只会绑定一个模板。如权限模板第二种划分示例所示。

第三种是第一种和第二种的混合,这种使用方式最复杂也最灵活。此时,组播节目存在重叠且一个用户也会绑定多个模板。为了保证多个权限模板对同一个节目叠加后得到运营商想要的结果,需要配置模板中权限的优先级,该配置建议在开局之初就规划好,避免变化带来不正确的结果。

权限控制可以通过以下两个步骤来配置每个组播用户的权限：

①规划所有组播节目的权限模板。

②按用户订阅的服务内容来绑定需要的权限模板。设备提供开放的 MIB 接口来提供以上操作。另外，权限的控制还有一种常用方式——通过头端系统和 STB 的加密来实现，此时就不需要在设备上进行权限管理，运营商可以通过系统级或组播用户级配置把权限控制功能关闭。

4. 组播预览

通过给组播用户提供某些特色频道的预览功能，来吸引用户订购更多的节目观看权限，达到推销的目的。

设备是通过预览模板来管理每个组播节目的预览参数，也就是说，每个组播节目可以绑定一个预览模板来配置预览参数，类似的节目可以绑定到同一个预览模板来简化管理。预览模板包括三个预览参数。

①预览间隔：两次预览最小时间间隔要求，间隔跨度为新点播开始到上次点播结束（从 T2 到 T3）；如果用户两次预览该节目的时间间隔未达到该时间间隔，则暂时不能再次预览该节目。可以保证用户不会出现“流氓”行为——通过不断预览同一个节目来达到不订阅“观看”权限的目的。

②预览次数：限制组播用户对同一个节目一天最多可以预览多少次，当离开该节目后增加 1 次计数；超过该次数后，用户点播请求将会被拒绝——等同于权限降级为“禁止”，但第二天可以恢复。

③预览时长：限制组播用户对同一个节目一次最长可以观看多久，从点播开始计算（从 T1 到 T2）；超过该时长后，用户将接收不到该组播节目数据。

组播用户预览的访问控制可以参见“3. 权限管理”。

5. 组播 CAC

CAC（Call Admission Control，呼叫准入控制），这里是特指 IGMP 会话建立的控制，如果会话建立不成功则组播用户就不能接收到请求的组播节目。从广义上看，CAC 控制首先要通过系统一级控制，目前包括：

①防御 DoS 攻击。来自用户侧的 IGMP 报文速率不能超过系统限制，否则也会被认为是 DoS 攻击而被丢弃；当然，不仅仅是针对 IGMP，而是包括 DHCP、PPPoE 等控制报文。

②防御 IP 欺骗。打开该功能后，用户进行正常点播前，必须先通过 DHCP 获得合法的 IP 地址，然后以合法 IP 地址为源 IP 的 IGMP 报文才会被系统接受，否则会被认为是非法用户而被丢弃。详见“防御 IPSpoofing”。

③宽带报文过载。当出现大量业务时，系统资源不足以支撑所有业务，会按定义的策略进行丢弃保证部分高优先级业务不受影响。在这种情况下，为了减轻系统的负荷，IGMP 报文有可能被“牺牲”。详见“宽带报文过载”。其次，才是组播一级控制，包括组播用户并发节目数，限制一个组播用户下可以同时点播多少个频道，可以基于组播用户配置。

④带宽校验。虽然设备支持对各种流量的 QoS 控制，但是在某个传输点出现带宽过载，就会出现丢包（按优先级丢或尾丢弃），可是由于组播节目实时性、不可重传的特质决定事后 QoS

的做法，直接造成所有被丢包节目的花屏（而不只是新点节目），不能很好满足 IPTV 高质量体验的要求。而带宽校验可以事前控制新点频道，保证已点频道的带宽充裕—不受影响，这样受影响的就只有新点节目不能观看。

6. 组播用户带宽 CAC

首先为每一个预配置节目配置带宽（可以参考视频的码流，再加上报文封装、网络传输抖动的余量；如果有实测的网络流量就更合适）；然后为每一个组播用户配置可用带宽（可以参考实际线路带宽或者业务发放的规划）。这样，当设备收到节目的第一个 IGMP 加入报文，就会从该用户的可用带宽减掉相应节目的所占带宽，如果余数小于 0 则拒绝用户的点播请求；如果收到一个 IGMP 离开报文，就可以归还相应节目的带宽给该用户（归还的时刻是在停止转发组播数据时，即该终端下没有任何终端用户需要该节目，参见“快速离开”）。该功能可以基于系统级或用户级配置。

7. GPON 端口带宽 CAC[OLT]

对于 GPON 单拷贝复制功能（缺省配置）——同一个 GPON 端口下即使多个组播用户点播同一个组播节目，也不会复制多份，而是通过下行的组播通道来到达相应组播用户；所以，使用该功能可以保证下行组播带宽不溢出 GPON 端口下行线路带宽。首先为每一个预配置节目配置带宽（参见“组播用户带宽 CAC”）；然后为每一个 GPON 端口分配可用的组播带宽（可以参考实际线路带宽或者业务发放的规划）。这样，当设备收到节目的第一个 IGMP 加入报文，就会从该 GPON 端口的剩余带宽减掉相应节目的所占带宽，如果余数小于 0 则拒绝该用户的点播请求；如果收到一个 IGMP 离开报文，就可以归还相应节目的带宽给该 GPON 端口（归还的时刻是在停止转发组播数据时，即该 GPON 端口下没有任何组播用户需要该节目）。对于 GPON 多拷贝复制功能（参见“GPON 复制方式”），由于组播节目的复制是基于组播用户，所以带宽的控制也是与之一致——基于每个组播用户的加入和离开来控制。与单拷贝复制的差异可以通过下图看出来。该功能可以基于系统级或 GPON 端口级配置。可以和组播用户带宽 CAC 同时使用。

8. GPON 端口 ANCP 带宽 CAC[OLT]

IPTV 业务通常包括单播和组播两种流量，分别对应 VoD 和 TV 业务。该功能可以通过 ANCP 与 RACS、VoD 服务器共同配合实现 IPTV 所有流量的带宽 CAC（而不仅仅是组播带宽 CAC）。该功能可以基于系统级配置。不能和前两种带宽 CAC 同时使用。

9. 计费模式

对于组播业务，运营商或内容提供商通常有两种计费模式：

①固定计费：就是将节目分成不同的套餐，不同套餐在固定的周期（比如年、月）上收取确定的费用，这种方式就不限制组播用户的点播次数或点播流量。

②PPV（Pay Per View）：就是根据不同的节目的点播次数进行费用收取。

对于第一种，由于是固定收费，和组播用户的行为无关，所以，设备天然支持，不需要提供额外的功能。对于第二种，设备可以记录每个组播用户的点播行为，并以 CDR（Call Detail Record）方式提供给计费系统进行费用结算。

完整 CDR 功能配置包含 3 步：

● 使能日志功能，开关可以基于组播用户、组播节目（预配置节目可配置，动态节目默认打开)或系统级配置;当用户产生一个完整的观看行为——从点播开始到点播结束,或者未通过组播 CAC 造成点播失败,就会产生日志。说明:系统可以记录 10K 条日志,记满后会覆盖旧的记录,所以为了避免用户快速浏览频道而消耗大量日志资源,可以配置日志生成的标识时间,即如果组播用户观看频道的时长小于该值,则不会产生日志。相反,为了及时记录长时间用户在线的日志,当用户在线时间超过配置值,设备会自动生成日志。

- 配置文件服务器:选择 CDR 的传输协议,可以在 TFTP/FTP/SFTP 中选择;配置主备服务器的 IP 地址等。

- 使能 CDR 功能(系统级配置)。使能后,设备会在满足上报 2 个条件之一后即达到上报的时间间隔或者达到上报的日志数量阈值,自动把需上传的日志合成为一个文本文件传送给文件服务器。文本文件名的格式为:HWCDR-主机名称-YYYYMMDDHHMMSS. txt。

10. 点播行为分析

相对于传统的电视业务,IP 组播业务的点播行为可以得到更精确的统计和分析,包括热点节目统计、用户兴趣分析、点播高峰时段等。对此,设备需要准确记录每个用户的点播行为作为日志,并以开放的接口输出该日志内容。根据不同的输出方式,设备有两种方法:一种是 CDR;另外一种是 syslog(RFC3164)。两者组播部分的格式是一致的。

11. 组播验收

在完成站点的建设后,通常会进行站点的测试验收。测试验收主要目的是检查工程安装工艺和质量(硬件的连通性)、验证设备配置(软件配置和外部对接参数的正确性)。

在 BMS 上,操作员通过以下几步配置实现高效率、低成本的验收。

①远程配置接入设备数据。

②启动仿真,可以多个设备并行仿真。

③自动获得仿真结果,无须人工干预,组播仿真的流程如下:基于方案的限制,组播仿真可以验收的仿真项目如下:同时,以上组播仿真功能设备提供开放的 MIB 接口供第三方进行二次开发。

任务小结

本任务主要讲解了组播技术的基本概念,包括组播模型分类、结构等,同时也讲解了组播 VLAN 的相关基础知识,讲解了基本的通过组播 VLAN 的划分来控制组播域的方式。特别区分介绍了基于 VLAND 组播业务划分方式和基于端口组播的业务划分方式。同时也解释了组播业务中基本管理对象,同时介绍了 IGMP 等协议的控制及转发框架,还介绍了组播转发加入的流程,学员们通过学习应掌握基本组播业务实现的方法。

思考与练习

一、填空题

1. 作为一种与单播(Unicast)和广播(Broadcast)并列的通信方式,(　　)技术能够有效地解决单点发送、多点接收的问题,从而实现网络中点到多点的高效数据传送,能够节约大量网络带宽、降低网络负载。

2. 一个网段中若采用广播的方式,(　　)将把信息传送给该网段中的所有主机,而不管其是否需要该信息。

3. IP组播属于端到端的服务,组播机制包括(　　)、(　　)、(　　)、(　　)四个部分。

4. 我们通常把工作在网络层的IP组播称为“三层组播”,相应的组播协议称为“三层组播协议”,包括(　　)、(　　)、(　　)等。

5. 在二层设备上配置了组播VLAN后,三层设备只需把组播数据在组播VLAN内复制一份发送给二层设备,而不必在每个用户VLAN内都复制一份,从而节省(　　),也减轻了三层设备的负担。

6. 基于ONT是放在用户家庭的设备,目前不支持一个ONT发放多个组播用户的场景,只发放一个组播用户不影响一个ONT下接多(　　)的场景。

7. 采用IGMP Proxy,可以有效减少网络侧的IGMP报文的交互数量,减轻组播路由器的负荷。下行IGMP通用查询报文是向(　　)发送还是只向感兴趣的组播用户发送,设备是可以配置的。

8. 目前对IP组播技术需求较多的是组播源数量有限且相对固定的一对多和多对多组播应用,组播源一般是相对固定长期发送组播信息流的(　　)。

9. 组播源的认证授权有哪两种方法(　　)、(　　)。

10. 在骨干网中可以通过隧道或MPLS VPN隔离组播流量和单播流量;同时可以通过限制(　　)和(　　)的带宽对组播流量进行控制。

二、判断题

1. (　　)视频点播业务开通中,应同时分配每个用户相同的流量带宽。

2. (　　)对于建有垂直布线桥架的住宅楼,在开展视频组播业务时应可能缩短业务线路的布放长度,线缆总长度最好控制在1000米以内。

3. (　　)ZXA10 C300宽带PON产品也支持视频组播业务。

4. (　　)QINQ的产生主要是为了解决组播VLAN资源不足问题。

5. (　　)GPON的封装方式就是ATM的封装方式。

6. (　　)IANA将MAC地址范围01:00:5E:00:00:00 ~ 01:00:5E:7F:FF:FF分配给组播使用。

7. (　　)为了避免视频数据冲突并提高网络利用效率,下行方向采用TDMA多址方式并对各ONU的数据发送进行仲裁。

8. (　　)组播业务创建前,组播源必须向网络运营商进行组播业务申请,包括申请组播源地址、组播地址、带宽、优先级和组播路由。

9. (　　)在GEM中,固定长度块由GPON OMCI协商,缺省值是48字节。

10. (　　)IPTV业务形式有多种,典型的是直播和点播。在网络中,点播通过单播来承载,而直播一般通过组播来承载。

三、选择题

1. ONU接收光功率为(　　)dBm时较为合理。

A. 3　B. -3　C. -24　D. -29

2. ONU 发光光功率为(　　)dBm 时较为合理。

A. 8　B. -6　C. 3　D. 22

3. 对于 PON 网络,在 ONU 没有接到网络上来之前,ONU 是不发光的,所以如果检测出来从 ONU 侧上来的尾纤有光信号,则表示该 ONU(　　)。

A. 设备损坏　B. 单板损坏　C. 光路不正常　D. ONU 为流氓 ONU

4. 用户使用 PPPoE 方式上网,当用户下线时,客户端发起结束会话的报文是(　　)。

A. PADR　B. PADT　C. PADM　D. PADS

5. ONU 的 PON 指示灯闪烁,不可能的原因是(　　)。

A. 在 OLT 上还未添加该 ONU　B. ONU 的接收光功率太弱

C. OLT 上联 SW 的光缆纤芯损耗大　D. 同 PON 口下存在流氓 ONU

四、简答题

1. 请根据本讲学习内容,说说单播、广播和组播的区别和各自特点。

2. 组播 VLAN 可以有哪几种分类方式?

项目三

维护光宽带网络基础及技术展望

任务一　机房设备运维

任务描述

本任务主要介绍了光宽带接入网设备的日常维护和故障处理等内容，包括机房宽带设备维护的基本概念、设备出现故障后的一般处理方法和处理流程，为工作提供必要的理论和经验。

任务目标

1. 熟悉光宽带设备日常维护内容。
2. 掌握光宽带设备的故障处理方法。

任务实施

一、了解光宽带设备与机房维护内容

1. 机房日常维护注意事项

①保持机房正常温度和湿度，保持环境整洁，防尘防潮，防止鼠虫进入机房。

②保证系统一次电源的稳定可靠，定期检查系统接地和防雷接地的情况。尤其是在雷雨季节来临前和雷雨后应检查防雷系统，确保设施完好。

③建立完善的机房维护制度，对维护人员的日常工作进行规范。应有详细的值班日志，对系统的日常运行情况、版本情况、数据变更情况、升级情况、问题处理情况等做好详细的记录，便于出现问题后进行分析和处理。应有交接班记录，做到责任分明。

④严禁在计算机终端上玩游戏、上网等，禁止在计算机终端中安装、运行、复制任何与系统

无关的软件或将计算机终端挪作他用。

⑤网管口令应该按级设置,严格管理,定期更改,并只向维护人员发放。

⑥维护人员应该进行上岗前的培训,掌握设备的基础知识和相关的网络知识,维护操作时要按照设备相关手册的说明来进行,接触设备硬件前应正确佩戴防静电手环,避免因人为因素而造成事故。维护人员应该有严谨的工作态度和较高的维护水平,并通过不断学习提高维护技能。

⑦不能盲目对设备复位、加载或改动数据,尤其不能随意改动网元数据。改动数据前要做数据备份,修改数据后应在一定的时间内(一般为一周)确认设备运行正常,才能删除备份数据并及时备份新数据,改动数据时要及时作好记录。

⑧应具备常用的工具和仪表,应定期对仪表进行检测,确保仪表的准确性,机房最常用的主要仪表和工具有:螺丝刀(一字、十字)、信令仪、斜口钳、网线钳、万用表、维护用交流电源、电源延长线和插座、电话线、网线。

⑨经常检查备品备件,要保证常用备品备件的库存和完好性,防止受潮霉变等情况的发生。备品备件与维护过程中更换下来的板件分开保存,要做好标记进行区别,常用的备品备件在缺乏时要及时补充。

⑩维护过程中可能用到的软件和资料应该指定位置就近存放,在需要使用时能及时获得。

⑪机房照明应达到维护的要求,平时灯具损坏应及时修复,不要有照明死角给维护带来不便。

⑫将中兴通讯当地办事处的联络方法放在醒目的地方并周知所有维护人员,发现故障应及时处理,无法处理的问题应及时与中兴通讯当地办事处联系。

2. 设备日常例行维护

(1)环境监控

环境监控的主要监控内容有:机房温度、机房湿度、机房洁净度(是否有灰尘)、空调运行状态、蓄电池运行状态、设备清洁卫生等。

(2)主设备日常维护

主设备运行状态的日常维护主要包括:电源线和地线检查、电源电压检查、风扇运行状态检查和单板运行状态检查。

(3)单板运行状态

单板运行状态检查是通过指示灯的状态来判断单板运行状态是否正常。

3. 网管日常维护

(1)告警实时监控

为了及早发现、解决设备运行过程中存在的问题,建议每日检查系统是否存在未处理的重要紧急告警。

以中兴宽带设备网管举例,参考步骤如下:

①在 NetNumen U31 客户端窗口中选择菜单:“告警”→“告警监控”命令。

②打开告警监控视图。

③双击需要查看的告警,在弹出的对话框的详细信息页面可以查看告警的详细信息。

④在详细信息页面,可以执行以下操作。

⑤单击处理建议页面,可以查看对该告警的处理建议和处理步骤,根据网管系统的分析,来处理所出现的告警。

(2)检查网元配置文件备份情况

ZXA10 C320 设备支持通过网管系统对网元配置文件进行备份。网元的配置文件默认保存在网管主机的指定目录。为了确保配置文件的有效性,需要手动检查网元配置文件的备份情况。

步骤如下:

①在 C:\ftpdir\uni\conf\manual 目录下,双击以日期命名的文件夹,下一级的文件夹按照网元 IP 地址命名。

②双击文件夹,下级目录是网元数据文件。

(3)系统监控

为了保证网管服务器和数据库具有良好的运行状况,需要定期对网管服务器和数据库的性能进行监控,便于及时发现异常并加以处理。

①在 nNetNumen U31 统一网管系统客户端窗口中选择菜单:"维护"→"系统监控"命令,打开系统监控窗口。在窗口左侧的导航树中选择"设备树"→"服务器"→"应用服务"选项。

②监控网管服务器性能。

③查看网管服务器性能。

二、处理光宽带设备故障

1. 故障处理说明

故障是设备或者系统软件在工作过程中,由于某种原因而"丧失规定功能"或危害安全的现象。按照故障影响的业务和故障影响的范围,故障分为:

(1)紧急故障

紧急故障指严重影响业务运营的故障,包括系统关键指标严重下降、业务大面积甚至全部中断等。

(2)一般故障

一般故障指除紧急故障以外的,对业务运营影响不大的故障。而故障来源主要有下面三类:

①终端用户投诉。业务无法使用或使用异常,导致用户投诉。

②网管界面告警。系统设备或软件异常产生告警,上报到网管,并在网管界面进行声光告警。

③例行维护检查。维护工程师在日常例行维护中发现的设备或系统异常情况。

2. 故障处理注意事项

在平时维护中,为提高故障处理效率,请在平时维护中做好准备工作:

①制作现场设备之间的物理连接关系图。

②制定部件/设备的通信、互联和权限信息表,包括 VLAN、IP 地址、互联端口号、防火墙配置、用户名/密码等。

③制作现场部件/设备档案,记录其软硬件配置、软硬件版本和任何变更信息。

④定期维护备用的设备,保证同现网运行设备的硬件配置、软件版本和参数配置一致,使其在紧急情况下能迅速替换故障设备。

⑤定期检查远程接入设备和各种故障诊断工具,保证其正常运行,如测试仪表、抓包工具等。

⑥及时更新故障类系列文档(如《故障处理》《告警参考》《例行维护》等,可以从网站下载),并存放于方便获取的位置。

在日常检查中,发现故障时,应及时做好以下工作:

①发生故障时请先评估是否为紧急故障,如是则需要尽快恢复业务。

②在维护过程中遇到的任何问题,应详细记录各种原始信息,包括故障现象、故障前操作、版本情况、数据变更情况。

③发现故障应及时处理,无法处理的问题应及时与中兴通迅技术支持工程师联系。

④处理故障时应同时根据经验判断故障点的位置。

⑤严格遵守操作规程和行业安全规程,确保人身安全与设备安全。

⑥更换和维护设备部件过程中,要做好防静电措施,佩戴防静电腕带。

⑦严格控制网络服务的启用,如 DHCP、RTP。

⑧禁止随便接拉不能明确的设备网线,禁止随便断开不能明确的设备网线。

⑨应有详细的故障处理跟踪日志,对故障处理情况做好详细的记录,便于进行分析和处理。对于持续性的故障处理过程应有交接班记录,做到责任分明。

⑩所有的重大操作(如重启进程、删除文件、修改配置)均应做记录,并在操作前仔细确认操作的可行性。在做好相应的备份、应急和安全措施后,方可由有资格的操作人员执行。

3. 故障处理方法

处理故障要遵循从大到小,从外到内的原则。先要判断故障是不是在主要设备上,避免造成不必要的资源浪费。

(1)原始信息分析

原始信息是指通过用户故障申告、其他局所故障通告、维护中所发现的异常等所反映出来的故障信息,以及维护人员在故障初期通过各种渠道和方法收集到的其他相关信息的总和,是进行故障判断与分析的重要原始资料。

原始信息分析主要用来判断故障的范围、确定故障的种类,在故障处理的初期阶段,为缩小故障判断范围、初步定位问题提供依据。如果维护信息丰富,甚至能够直接定位故障原因。

原始信息主要包括:事故发生的时间、事故的性质、事故的主要表现现象,以及事故的详细处理过程等。在事故未解决的情况下,运营商可以直接联系设备厂商的当地办事处或热线电话进行故障信息的通报。

原始信息分析不仅可以用在用户故障的处理上,在其他故障特别是跨设备故障的处理上,由于需要与承载系统对接以及存在参数配合的问题,原始信息的收集就更具有举足轻重的作用。比如,承载系统运行是否正常、对端设备是否改动过数据、某些对接参数的定义等。

(2)告警信息分析

告警信息是指客户端中输出的信息,以声音、灯光、屏幕输出等形式提供给维护人员,具有简单、直接的特点。告警信息包括以下两方面的应用:

①设备类故障处理;

②业务类故障处理。

(3)指示灯状态分析

指示灯除了直接反映单板的工作状况以外,还可反映电路、链路、光路、节点、通道、主备用等的工作状态,因此单板指示灯状态是进行故障分析和定位的重要依据之一。主要应用在单板工作状态异常或电路、链路、主备用等异常。设备的每块单板上都有相应的运行、告警指示灯。

(4)例行测试分析

设备运行期间,通过例行测试可以对设备的软硬件资源进行例行化检测,通过将诊断结果呈现给用户,可以使维护人员提前发现设备潜在的故障或运行错误,及早采取预防措施,主要完成以下对象的例行测试:

①硬件;

②链路;

③电路。

任务小结

网络维护管理的基本概念是对网络进行监控、统计,并采取措施对网络行为和网络资源进行控制和管理维护。本任务主要介绍了网络、机房、设备管理的一般内容,包括网络管理的基本概念、接入网网管的管理功能以及应用举例,使读者在学习后能够掌握机房与设备的基本维护和故障处理的方法。

任务二　光宽带接入技术展望

任务描述

本任务主要讲解了光宽带接入技术的发展历程,以及目前光宽带接入发展的现状。比较了PON接入方式和xDSL接入方式的优点和劣势,还介绍了下一代光宽带网络的演进动力,以及下一代光宽带PON设备的发展趋势和技术特点。

任务目标

1. 熟悉光宽带网络的发展历程。

2. 了解下一代光宽带网络可能的发展方向。

任务实施

一、了解光宽带接入技术的发展历程

1. 宽带接入网发展的驱动力

长期以来，接入网一直是电信网领域中耗资最大、技术变化最慢、成本最敏感、法规影响最大和运行环境最恶劣的老大难领域。当核心网和用户驻地网频繁地更换和应用各种现代新技术时，接入网领域仍然基本维持着原始的模拟技术和窄带接入技术为主的局面。显然，接入网正日益成为全网进一步发展的瓶颈。

随着核心网迅速向太比特网演进和用户驻地网迅速向吉比特网演进，中间的接入网正经历有史以来最剧烈的变化，即向宽带化转型，主要的驱动力有六方面：

①新业务、新收入和新商务模式的需要；

②技术进步和创新的驱动；

③有线电视或其他新兴电信公司的竞争压力；

④实现全网端到端宽带连接的需要；

⑤政府的管制和政策的影响；

⑥宽带对世界经济发展的巨大拉动作用。

首先，由于IP和移动业务的分流，传统电信运营商固定网中与话音有关的一切，包括用户数、通话时长和业务收入都在走下坡路。美国2000年后电话主线持续下降，每年减少250万，2003年则比2002年减少了470万线。日本NTT几年内用户线减少了1 000万线。西欧前十位运营商的固网有90%出现了收入负增长局面。显然，作为新的业务增长点，宽带接入及其应用已经成为维系固网可持续发展的出路和未来。

第二，近几年来，由于微电子、光电子、软件技术、系统技术方面所带来的巨大进步使各种宽带接入技术的实现成为可能，而且其成本持续不断地下降，在客观上为宽带接入的发展准备了物理条件。

第三，由于电信市场的全面开放，电信公司已经或即将面临有线电视公司或新兴电信公司在宽带数据和电话业务方面的激烈竞争。为了保留已有用户，争取新用户，电信公司不得不开始大规模敷设宽带接入网。

第四，目前核心网正在迅速向太比特网演进，实用化波分复用系统的容量已达1 600 Gbit/s。另一方面，用户侧终端的速率也在突飞猛进，低成本千兆以太网将局域网的速率提高了一个量级，10 Gbit/s以太网也已经普遍应用。这种用户接入的宽带化和IP化趋势也反映在普通居民用户群中，从电子邮件到Web浏览乃至视频业务，带宽要求正以几倍、几十倍的速度增长。然而，面对核心网和用户侧带宽的快速增长，接入网已经成为全网实现端到端宽带连接的最后瓶颈，接入网的宽带化和IP化将成为21世纪初接入网发展的主要大趋势。

第五，政府的管制和政策也会在相当程度上影响宽带接入的发展，诸如消除法律障碍、放松管制、制定产业鼓励和税收鼓励政策、加速折旧政策等。例如，韩国将发展宽带接入作为国策，大力倡导并给予各种政策倾斜，花了三年时间，就成为世界上宽带接入发展最快的国家。

第六，宽带接入网本身及其巨大的业务应用潜力对世界经济发展具有巨大的拉动作用，有可能创造出万亿美元的世界性新市场。

2. 宽带接入网发展的状况和应用

进入21世纪以来，全球宽带接入网进入了大发展阶段，其中亚太地区，韩国和日本是发展最迅猛的国家，这与其政府的大力推动政策密不可分。韩国经过了三年的大发展，宽带普及率达世界第一，互联网家庭达到了90%，市场规模达40亿美元。日本政府也通过各种措施（包括eJapan，uJapan等一系列国家项目）大力推进宽带发展，2003年日本的宽带用户总数为1 500万，其中FTTH达120万，2013年宽带用户总数已提高到了5 000万，其中FTTH达到4 000万。美国的宽带接入是以电缆电视和ADSL为主发展的，光纤到驻地（FTTP）也引起不少地方政府的兴趣，成为FTTP的主要驱动力。传统电信公司中的Verizon态度最积极。根据ITU统计，2016年，美国已有7 340多万宽带用户，其他宽带接入技术的数量都不是很大。而根据Point Topic预计，到2020年底，全球固网宽带用户数将达到9.894亿，如图3-2-1所示。

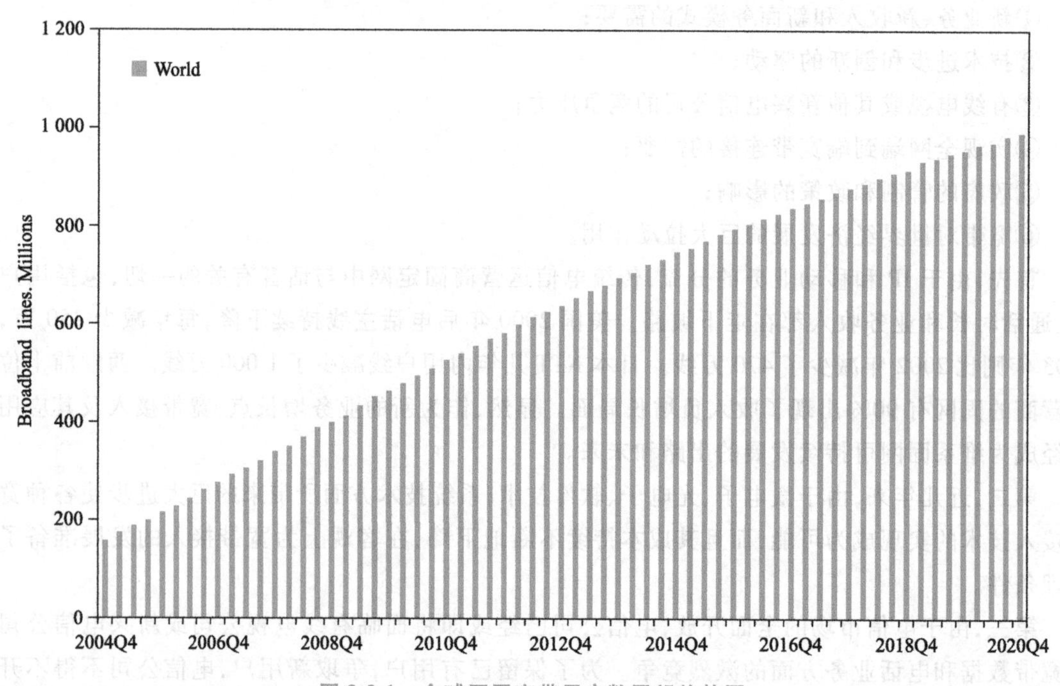

图3-2-1　全球固网宽带用户数展望趋势图

我国宽带接入网的发展也十分迅速，据中国工信部统计，2003年底我国宽带上网用户只有1 740万，宽带用户达1 010万；但到了2010年底就已达到1.2亿；2015年底据不完全统计固定宽带接入用户累计达到2.5亿户，年均增长率385%。宽带用户增长率是上网用户增长率的5.7倍，说明我国宽带用户增长进入高速发展期。

在宽带应用方面，按照美国麦肯锡公司的最新分析，初期的宽带应用主要是高速上网，可以使上网的时间增加约30%。此后，随着业务的大规模拓展，开发新业务成为继续发展的动力。美国RHK在2015年一季度的调查结果显示，2014年美国前五名的宽带消费是网上赌博、娱乐节目、游戏、音乐下载和点播电视，具有明显的向消费类倾斜的趋势。韩国宽带发展的成功主要有两大因素，因素之一为政府的大力支持，包括政策推进，政府资金的支持。韩国政府拨出

15 亿美元资助运营商建网，10 亿美元低息贷款鼓励建网，开发 200 美元的低价计算机扶贫以及开放健康的市场竞争环境。因素之二是丰富的在线应用和内容，教育与游戏结合形成的应用突破，使网民上网时间从每月 17 h 提高到 44 h。

需要指出，讨论应用驱动需要注意一个基本认识上的误区，即不能寄希望于人为地事先研究开发出一两项所谓“杀手锏应用”之后，再推广应用。事实上，从电信发展历史看，当网络用户数达到一定规模，各种应用会自然产生，这也是迈特卡夫定律的威力所在。历史上没有一种技术生来就带着一大堆应用，无论是移动通信还是互联网，其短信、浏览、网上聊天等关键应用都是在用户规模发展到一定程度后自然产生的，而不是事先刻意设计策划出来的。

3. 宽带接入网的优势

宽带接入网的技术实现手段有多种，包括铜线上的 DSL 和以太网技术，同轴电缆上的 HFC 技术，光纤上的各种有源、无源技术和无线上的宽带接入技术等。当前各种宽带接入技术都在发展和应用，就世界范围看，全球固定宽带用户数量是在稳步增大的。根据 ITU 统计，2004 年全球已有 7 340 多万 ADSL 宽带用户，其他宽带接入技术的数量都不是很大。

然而，目前的 ADSL 技术是建立在铜线基础上的宽带接入技术。铜是世界性战略资源，随着国际铜缆价格持续攀升，以铜缆为基础的 xDSL 线路成本越来越高。其次，作为有源设备电磁干扰难以避免，维护成本越来越高。最后，随着全网的光纤化进程继续向用户侧延伸，端到端宽带连接的限制越来越集中在接入段。目前 ADSL 的上行 1 Mbit/s 和下行 8 Mbit/s 的连接速率无法满足高端用户的长远需求。尽管 ADSL2 和 ADSL2 + 技术有望缓解这一压力，但其速率和传输距离的继续大幅度提高是受限的，不能指望有本质性突破。显然，随着光纤在长途网、城域网乃至接入网络的大量应用，逻辑的发展是继续向接入网的配线段和引入线部分延伸，关键是推进速度有多快，这将取决于多种因素，包括市场的需求、竞争的需要、应用的刺激、技术的进步、成本的下降和配套运维系统的开发，等等。我国 2008 年举办奥运会和 2010 年举办世界博览会这两大事件，在一定程度上已经推进了宽带光纤接入网的发展。

二、基于 10 Gbit/s ~100 Gbit/s 的下一代千兆级无源光网络技术展望

光接入是下一代网络的重要组成部分，也是未来十年固定光通信技术发展的主要方向。随着业界“光进铜退”战略的实施，光纤网络正由过去的骨干网、城域网向接入网延伸，尤其是“光纤到户”技术的发展，使光纤“信息高速公路”直通用户。光接入网的发展要求实现视频、数据和语音三种业务，网络融合技术尤其是融合接入高带宽的视频业务（如 VOD、视频组播等），而现有 EPON/GPON 技术在用户量增大时并不能很好地满足用户带宽的增长需求，作为下一代光接入技术 10 Gbit/s EPON/WDM-PON 能够解决此问题。

1. 下一代宽带接入的演进动力

光接入是下一代网络的重要组成部分，也是未来光通信技术发展的方向。作为下一代网络架构的“神经末梢”，光接入网不仅具有巨大的应用市场，而且对各种业务和技术融合开发的需求也不断增长。近几年，光接入网络建设在各国的发展势头迅猛，欧洲及美国、日本、韩国等都将光接入作为抢滩信息制高点的核心技术。现有的光接入技术包括 GPON 和 EPON。其中，GPON 具有较好的 QoS 性能，其建设成本过高，短时期内很难在国内大规模推广应用；EPON 结合以太网和无线网络两者优点，具有良好的经济性和实用性，但当终端用户数目增加，带宽保障

及 QoS 性能也随之下降。目前,运营商机房与终端用户之间几千米乃至几十千米,而其间光缆资源相对十分有限,现有的 GPON 或 EPON 都遍采用 1:32 分支比。为了提高覆盖率,需增加铺设光缆数量,从而导致建设成本增大,同时也会面临管线资源受限的困境;若增加分支比,一方面带来 QoS 性能降低,同时降低了终端用户带宽。另一方面,光接入网的发展要求实现视频、数据和语音三种业务都将融合接入,特别是高带宽的视频业务(如 VOD、视频点播等)。而现有 EPON/GPON 还不能很好地满足用户带宽的增长需求。

下一代光接入技术,主要包括 10 Gbit/s EPON、10 Gbit/s GPON、WDM-PON 等,其中 10 Gbit/s EPON 的标准已于 2009 年 9 月正式发布,产业链快速成熟,事实上在 2010 年已经开始商用。作 GPON 的下一代技术,NGPON 的标准正在制定中,NGPON 演变划分为两个阶段:NGPON1 和 NGPON2。其中,NGPON1 是个中期的演进方案,即在兼容现有网络的基础上,通过扩展 GPON 标准过渡到 NGPON。XGPON1 和 XGPON2 是 NGPON1 的两个主要备选架构。XGPON1 是下行 10 Gbit/s 上行 2.5 Gbit/s 的非对称系统;XGPON2 是上下行 10 Gbit/s 的对称系统。NGPON2 则是基于全新光网络的长期的演进方案,其目标是提供一个独立的下一代光网络接入方案,该方案不再受制于现有的 GPON 标准和光分配网络。备受关注的 WDM-PON 技术属于 NGPON2 范畴;它通过在一根光纤中使用多个波长实现接入网的扩容。WDM-PON 的真正商用还要突破一系列的关键技术要点,包括突发模式粗波分复用、无色 ONU 收发器、可调谐 WDM、DWDM 集成和低成本 WDM 光源等。

IEEE 802.3PON 标准的制定旨在将 EPON 系统的数据速率从 1 Gbit/s 提高至 10 Gbit/s,以适应 10 Gbit/s 以太网接口。10 Gbit/s EPON 与 EPON 共享大部分协议,结合波分复用(WDM)与时分多路复用(TDM),以使 EPON 与 10 Gbit/s EPON 系统能够在同一 PON 上实现共存。与 EPON一样,10 Gbit/s EPON 也依靠 VoIP 技术进行语音通信,并通过电路仿真业务(CES)传输其他 TDM 客户端信号。

在采用动态带宽分配(DBA)情况下,OLT 可以根据不同 ONU 所必须发送的数据为其分配带宽,而非针对每个 ONU 进行静态分配。EPON 采用 ONU 发送的 REPORT 信息通知 OLT 其当前的带宽需求。带宽请求按照不同优先级队列等待上行传输的字符数进行报告。此外,OLT 还可将专为与 ONU 相关联的业务流而指定的服务水平协议(SLA)考虑在内。例如,具有主动 VoIP 业务的 ONU 需要定期的固定带宽。因此,ONU 无须将上行带宽浪费在报告该业务流所需带宽请求上。另外一个例子是,如果 OLT 收到多个 ONU 的上行带宽请求,则其可以将更多带宽分配给最近一直请求更多带宽的 ONU,而非最近请求较少的 ONU。在本例中,DBA 算法需要确保在满足带宽请求更多的 ONU 的需求的同时,防止带宽请求较少的结点缺乏带宽或遭遇更长时延。

EPONDBA 可以根据不同电信运营商的需求灵活地定制 EPON 网络行为。EPON DBA 的灵活性在两种 EPON 标准(1 Gbit/s 与 10 Gbit/s)中均得到了定义,以便快速适应电信运营商面临的潜在挑战,从而使 EPON 基础架构能够满足电信运营商日益增长、不断变化的需求。可将用户与业务流映射到由 DBA 管理的特定装置中,并为每个用户和业务提供所需要的 QoS。与 EPONDBA 相关的两个可调节直接参数是时延与总体系统性能(上行带宽利用率)。

10 Gbit/s EPON 系统的优势之一是其能够通过调整 EPON DBA 算法消除系统瓶颈。DBA 循环时间和每个 ONU 的带宽分配可以调节,从而使进入交换机的整体 OLT 上行传输变得"更平滑”，突发性更低，使电信运营商能够消除其网络拓扑结构中的阻塞因素（如为 OLT 端口分配比连接至 OLT 的交换机中的上行端口更高的带宽，以节省资本支出）。

2. EPON 与 10 Gbit/s EPON 的特性

由于光纤具有极高带宽容量，因而成了家庭宽带业务最灵活的介质。作为一种极有潜力的“下一代”技术，FTTH 在多年的发展之后终于成为在提供家庭三重播放业务方面极具经济可行性的一种选择。现在，影响 FTTH 大规模部署的各种技术与运行障碍大多已经得到解决。

PON 是提供 FTTH 最经济的方法。与采用线缆调制解调器 DSL 或同轴线缆等基于铜线的技术相比，PON 不仅可针对不同业务提供高度灵活的平台，同时还消除了接入网络的有源电子设备，从而帮助电信运营商显著节约日常 OAM 开支。10 Gbit/s EPON 标准可为现有 EPON 标准提供大幅扩展，即可为每位用户提供更高的带宽，又可基于同一 PON 为更多的潜在用户提供服务。10 Gbit/s EPON 的关键特点之一是其能够在同一 PON 中与 EPON 共存。这种共存使得电信运营商能够以低成本机制实现现有 PON 网络带宽的升级。此外，它还可采用 10 Gbit/s EPON ONU 为需要高带宽的企业用户提供服务，同时采用成本更低的 EPON ONU 为带宽需求较低的个人用户提供服务。

任务小结

下一代光宽带接入网的发展将会紧紧围绕光接入网技术发展和网络演进这一主线，从技术标准、产业链发展现状、网络架构模型、业务承载、QoS、运维管理等多个方面进行不断更新。在未来 1 Gbit/s EPON/GPON、10 Gbit/s EPON、XGPON、WDMPON、基于光码分多址 PON、基于时分复用、波分复用混合 PON、三网融合等各种最新的技术将共同发展，共同为人们的信息互通作出贡献。

思考与练习

一、填空题

1. 如发生大面积客户障碍，应按照（　　）的优先级别，疏通电路和业务。

2. 故障处理完毕，业务恢复后（　　），各级网络部门需汇总故障处理情况，向客户经理或集团客户投诉受理热线反馈。

3. 网络故障分为客户基础业务功能无法使用的（　　）故障和客户基础业务功能可以使用，但业务质量低（如存在时延丢包、个别网站无法访问等），对客户工作或业务影响较小的（　　）。

4. 对运营商而言，对客户服务内容以外的应急演练服务属（　　）范畴。

5. 按照故障影响的业务和故障影响的范围，故障可分为（　　）故障和（　　）故障。

6. 接入网的宽带化转型，所依据的六大方面分别是：（　　）、（　　）、（　　）、（　　）、（　　）。

7. 宽带接入网的技术实现手段有多种，包括（　　）技术，（　　）技术，（　　）技术和

(　　)技术等。

8. 下一代光接入技术,主要包括(　　)、10 Gbit/s GPON、(　　)等。

9. 通信保障服务指根据客户需要提供(　　)服务。

二、判断题

1. (　　)设备维护人员应在出发前再次与用户确认到达时间。若因特殊原因无法准时到达的,应提前10分钟通知客户并取得客户的谅解;若因特殊原因确实需要改变上门服务时间的,应至少提前2个小时通知客户。

2. (　　)在设备维护工作中,对客户提出的要求(走线要求,施工时间),在符合规定、条件允许的情况下,应予满足;对客户的不合理要求,应给予耐心解释并婉言拒绝;对不清楚或没有把握回答、解决的问题,要以"客户满意就是我们的工作标准"为前提,做好解释工作,并尽快将解决方案或处理反馈给用户。

3. (　　)遇到联系不到或关机、停机的用户,维护人员将直接上门,如用户不在家,以留纸条和发短信的形式联系用户。

4. (　　)设备维护人员判断故障原因,如在职责范围内的应在规定时限内修复。如不在职责范围内,上端设备或出光缆问题,必须在第一时间电话通知工程维护部门处理,并同用户进行沟通解释,说明目前存在的问题及下一步措施,取得客户的感知认同。

5. (　　)巡检的项目都要拍下来,并把巡检的照片传到资料服务器上。巡检过程中不合格的都要拍照,并把整改后的拍照纪录,以做证明。照片的分辨率不宜过高,保持每张设备照片在100 K以内,环境照片在200 K以内。

6. (　　)在服务工作中,不论遇到何种情况都不顶撞、责备用户,不得对用户流露出不满或不耐烦情绪,不得使用服务忌语;应忍耐克制,不与用户争辩。如发生服务现场不能解决的问题,应及时向主管负责人汇报,及时妥善处理。

7. (　　)在工作中不准接受客户的任何招待,不准利用工作之便索要或接受客户馈赠、报酬、回扣及各种名目的好处费。

8. (　　)运营商客户综合代维的维护时间是7*8小时。

三、选择题

1. 光缆的色谱顺序(　　)。

A. 蓝、橙、绿、棕、灰、紫、粉红、青绿、白、红、黑、黄

B. 蓝、橙、白、红、黑、黄、绿、棕、灰、紫、粉红、青绿

C. 蓝、橙、绿、棕、灰、白、红、黑、黄、紫、粉红、青绿

2. 标准的光衰耗范围为(　　)。

A. 10 db ~10 db 上下　　B. 10 db ~20 db 以下　　C. 10 db ~30 以下

3. 进机房非防静电三要方法的是(　　)。

A. 建议进机房换胶底的拖鞋　　B. 检查设备没有接地

C. 打开机架请带防静电护腕　　D. 不要用手去擦拭设备表面

4. 查看网络跳数和路由跟踪的命令是(　　)。

A. PING　　B. TELNET　　C. TRACERT　　D. IPCONFIG

5. 远程登录网络设备的命令是(　　)。

A. PING　　B. TELNET　　C. TRACERT　　D. IPCONFIG

6. 光纤通信网络技术的发展方向(　　)。

A. 超长距离传输　　B. 下一代网络(NGN)

C. 光纤接入网　　D. 信道容量不断增加

7. OptiX 机柜上的 PGND 表示(　　)。

A. 工作地　　B. 电源地　　C. 保护地　　D. 防雷地

四、简答题

1. 请结合自己的理解,说说通信设备机房的日常维护内容有哪些。

2. 请说说在日常设备,检查中,如果发现了设备故障,应及时采取哪些措施?

3. 请结合自己的理解,谈谈未来光通信接入网技术发展的方向有哪些。

4. 你认为在无线互联网蓬勃发展的今天,光宽带接入网可以怎样更好地与无线网络相互融合呢?

实战篇

引言

2016年3月9日，青岛海信宽带多媒体技术有限公司发布了XGS-PON OLT光模块和XGS-PON ONU光模块，型号分别为LTH7226-PC＋（OLT）和LTF7225-BH＋（ONU），为正在讨论的XGS-PON标准提供可以评测的商用化光模块。

武汉光迅科技股份有限公司也在2016年研发了XGS-PON光模块，和海信一样遵循G.9807.1的规范，系统下行采用1 577 nm的波长，可支持9.953 Gbit/s的连续发射；上行采用1 270 nm的波长，可以支持9.953 Gbit/s的突发接收。ONU光模块采用SFP＋封装。在固定宽带网络接入技术中，无源光网络已经是全球各大运营商主要的FTTx解决方案。通过案例引入和分析，让我们一起深入光宽带网络实战吧！

学习目标

1. 掌握光宽带相关系列设备的定位。
2. 掌握xDSL、EPON、GPON等相关系列设备的特点。
3. 熟悉光宽带网络设备组网应用的案例实践。
4. 掌握光宽带相关系列设备的业务配置，特别是光网络PON设备的配置及维护。

知识体系

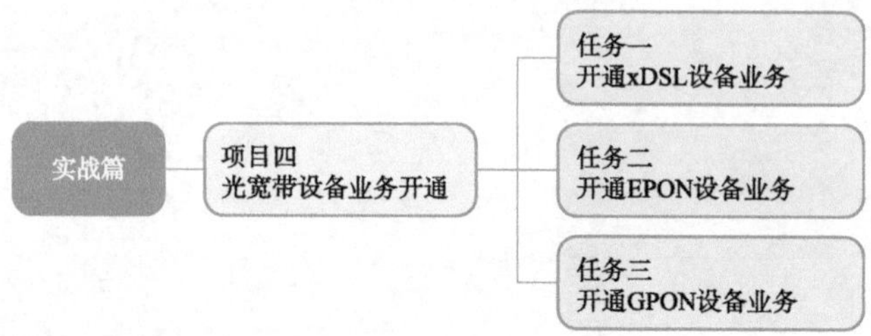

项目四 光宽带设备业务开通

某电信局点新进安装中兴公司生产的 ZXDSL 9806H 宽带设备一套，要求满足以该电信局点机房为圆心，半径为 1 km 以内的所有小区用户高速上网的需求。

任务一　开通 xDSL 设备业务

任务描述

ZXDSL 9806H 宽带接入设备可以安装在电信局点机房，或作为小区接入点安装在小区接入网机房，根据实际光纤资源灵活搭建网络，满足多用户的高速宽带上网、电话、电视等业务需求。本任务需要在实验室环境中，对设备进行基本调试实验，利用调试线直联 ZXDSL 9806H 调试端口来进行设备的调试。

任务目标

1. 熟悉 ZXDSL 9806H 宽带接入局端设备的基本硬件结构。
2. 熟悉 ZXDSL 9806H 的操作命令。
3. 熟悉 ZXDSL 9806H 的配置方法。

任务实施

ZXDSL 9806H 宽带接入设备的组网图如图 4-1-1 所示。实验操作中建议读者做好以下实验准备，如表 4-1-1 所示。

表 4-1-1　ZXDSL 9806H 实验室调试实验准备参考

名　称	型　号	数　量	备　注
宽带 xDSL 产品	中兴-ZXDSL 9806H	8	
计算机调试终端	联想 PC 或笔记本电脑	若干	

续表

名　称	型　号	数　量	备　注
平行网线	RJ-45	若干	
ADSL modem	中兴	若干	
设备调试线	有线网口	若干	

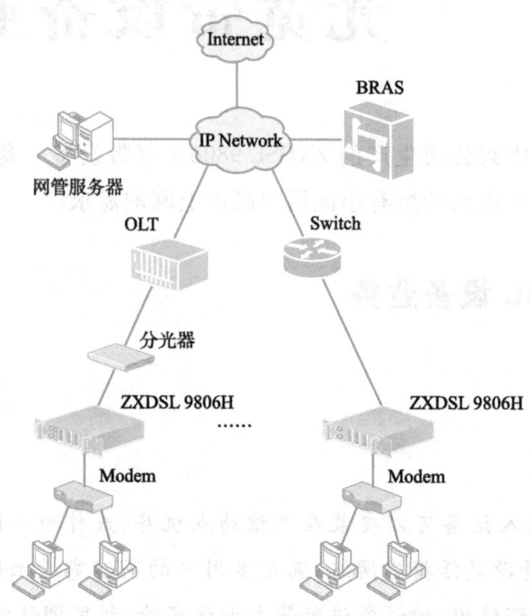

图 4-1-1　ZXDSL 9806H 设备通用组网图

一、设备特性介绍

1. 用户接口和系统架构

用户接入系统可根据需要使用不同类型的用户板,可以提供如下用户接口:

①POTS 模拟电话用户接口:支持 48/64 路模拟电话用户接入。

②VDSL2 用户接口:支持 16/24 路或 32 路 VDSL2 用户接入。

③ADSL2/2 + 用户接口:支持 24/32 路 ADSL2/2 + 用户接入。

④SHDSL 用户接口:支持 16 路 SHDSL BIS 用户接入。

⑤E1 接口(分平衡型和非平衡型,以及支持 CES 和不支持 CES 四种):4 路 E1 用户接入。

⑥U 接口(分支持 CES 和不支持 CES 两种):8 路 U 接口用户接入。

⑦以太网接口:2GE + 14FE 电口或 2GE + 12FE 光口接入。

ZXDSL 9806H 适合 POP 节点、园区、住宅、企业、村通等中、小容量多业务的业务节点。ZXDSL 9806H 在整网中的多业务组网如图 4-1-2 所示。

ZXDSL 9806H 的系统架构有以下特点:

①采用集中式设计理念,芯片布局合理,降低生产和加工难度,提升系统稳定性。

②具备良好的可扩展性,易于不断更新技术,满足带宽和业务的可持续发展。

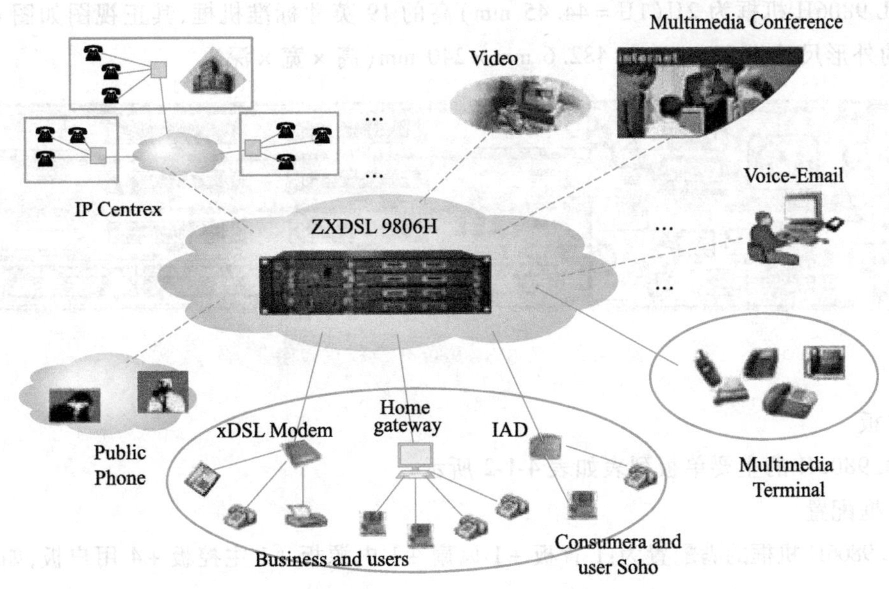

图 4-1-2　ZXDSL 9806H 在整网中的多业务组网图

③采用插卡式设计,具备高集成度和灵活配置的双重优点,业界容量与体积比领先。

④卓越的性能表现,VDSL2 和 FE 接入均可提供对称 100 Mbit/s 带宽,为用户提高接入带宽。

⑤多接入方式的融合实现多业务支持融合,并提供电信级的运营支撑,有效减少网络节点和层次。

ZXDSL 9806H 支持以下高可靠性特点:

①严格的器件选型、先进的加工工艺和卓越的热设计,适应 -30 ~ +60℃的工作环境。

②先进的系统构架大量减少内部接口数量,显著提升产品性能和可靠性。

③单板和器件防腐设计,预防单板腐蚀,适应多种恶劣环境,降低故障率。

④卓越的散热设计,提升设备稳定运行能力。

⑤可靠的防雷设计,电源防雷接口范围为 6 KV,用户端接口范围为 4 KV。

⑥过热告警机制,保护设备不受损坏。

⑦ZXDSL 9806H 支持多种业务应用。

⑧支持点到点和点到多点应用,支持星状、链状、环状等组网方式,为运营商提供多种解决方案。

⑨支持数据、语音和视频业务的融合平台,既可作为 DSLAM 使用,亦可作为 MDU(Multiple Dwelling Unit,多驻地住户单元)和 AG(Access Gateway,接入网关)使用,为住宅用户和商业用户提供多业务融合解决方案。

⑩覆盖 PON 网络中的 FTTB(Fiber to the Building,光纤到楼)/FTTC(Fiber to the Curb, 光纤到路边)/FTTCab(Fiber to the Cabinet,光纤到交换箱)应用,并具备极强的可扩展性。

2. 设备硬件结构

ZXDSL 9806H 插箱由单板、背板和风扇盒组成。

(1)机框

ZXDSL 9806H 机框为 2U(1U = 44.45 mm)高的 19 英寸标准机框,其正视图如图 4-1-3 所示。机框的外形尺寸为 88.1 mm × 482.6 mm × 240 mm(高 × 宽 × 深)。

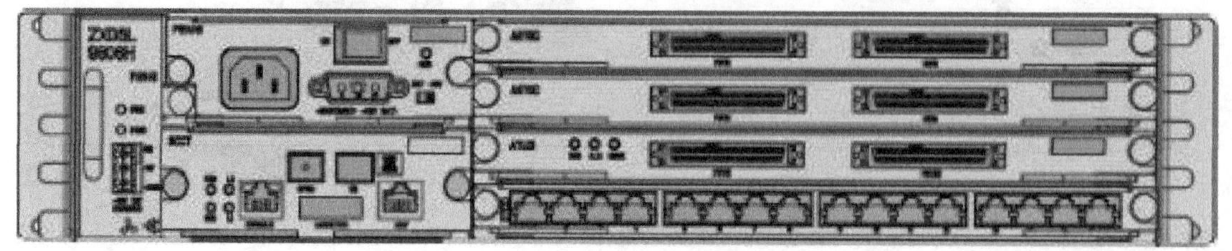

图 4-1-3　ZXDSL 9806H 机框正视图

(2)单板

ZXDSL 9806H 的主要单板列表如表 4-1-2 所示。

(3)机框配置

ZXDSL 9806H 机框的满配置为:1 背板 +1 风扇 +1 电源板 +1 主控板 +4 用户板,如图 4-1-4 所示。

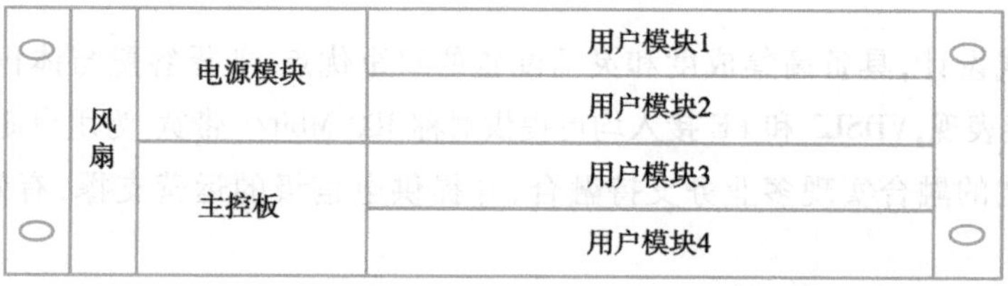

<table>
<tr><td rowspan="4"></td><td rowspan="4">风扇</td><td rowspan="2">电源模块</td><td>用户模块1</td><td rowspan="4"></td></tr>
<tr><td>用户模块2</td></tr>
<tr><td rowspan="2">主控板</td><td>用户模块3</td></tr>
<tr><td>用户模块4</td></tr>
</table>

图 4-1-4　ZXDSL 9806H 机框配置图

最小配置为:1 背板 +1 风扇 +1 电源板 +1 主控板 +1 用户板。用户板位置可以任意配置在用户板槽位。

表 4-1-2　ZXDSL 9806H 的主要单板列表

单板类型	单板名称	中文名称	基本功能	对外接口
控制交换板	SCCT	控制交换板	系统控制和交换	1 个本地管理串口,1 个带外网管口,1 个开关量输入口
子卡	OGSDA	上联子卡	千兆以太网上联	2 个 GE 电口,支持同步以太网
	SGGA/10		GPON ONT 上联	1 个 GPON ONT 光口
	SEGB/1		EPON ONT 上联	1 个 EPON ONT 光口
	OTSSC		10GE 以太网上联	1 个 10GE 以太网光接口,1 个 GE 以太网光接口,同步以太网
	XGQE/1		XG-PON 上联	1 个 XG-PON 光接口
VoIP 业务处理子卡	VOPCB/1	语音处理子卡	完成语音编码解码、打包拆包,提供 128 路 VoIP 资源	

续表

单板类型	单板名称	中文名称	基本功能	对外接口
ADSL2	ASTEC	24 路 ADSL2 + over POTS 用户接口板	ADSL2/ADSL2 + 用户	DB50 用户接口
VDSL2 用户板	VSTDNP	16 路 VDSL2 over POTS 用户接口板	VDSL2 业务的接入	DB50 用户接口
SHDSL 用户板	SSTDF	16 路电路仿真 SHDSL. bis 用户板	SHDSL. bis 用户接入，TDM 业务接入	DB68 用户接口
POTS 用户板	ATLDI	64 路窄带语音用户板	POTS 用户接入	DB68 用户接口
COMBO 用户板	APTGC	32 路 ADSL2 + over POTS 和 32 路 POTS 混合用户接口板	ADSL2 + 用户接入，POTS 用户接入，内置分离器	DB68 用户接口
以太网用户板	ETCD	16 路以太网用户接口板	以太网用户接入	16 路以太网用户电接口
电源板	PWDHF	直流电源板	-48 V 直流供电	3 芯直流电源插座
	PWAHF	交流电源板	220 V/100 V 交流供电，支持蓄电池备电接入	3 芯交流电源插座和 3 芯直流电源插座
风扇监控板	FCBH	风扇监控板	风扇监控	-48 V 直流输出接口

（4）设备指示灯说明

ZXDSL 9806H 指示灯状态如表 4-1-3 所示。

表 4-1-3　ZXDSL 9806H 指示灯状态

指示灯		示意图	状态	描述
电源板	电源板指示灯		绿灯长亮	电源正常
			红灯长亮	电源故障
风扇板	风扇指示灯		红灯长亮	风扇故障
			灯灭	风扇运行正常
主控板	运行指示灯 RUN		绿灯长亮	设备运行故障
			灯灭	设备运行故障
			闪烁	设备运行正常
	电源指示灯 PWR		绿灯长亮	电源正常
			灯灭	电源故障
	光口链路指示灯 L1		绿灯亮	光口链路连接正常
			绿灯闪烁	光口链路有流量
			灯灭	光口链路断

续表

指示灯		示意图	状态	描述
OTS、COMBO用户板	运行灯 RUN	RUN ALM HOOK	绿灯亮	运行正常
			灯灭	运行故障
	告警灯 ALM		红灯亮	有故障告警
			灯灭	运行正常
	摘挂机检测指示灯 HOOK		绿灯亮	有摘机信号
			灯灭	无摘机信号
以太网用户板	端口收发数据连接灯（RJ-45 自带）		绿灯亮	链路连接正常
			灯灭	链路未连接
			黄灯闪烁	以太网电口有数据收发
			灯灭	以太网电口无数据收发

二、调试设备前的软硬件准备

对网元配置数据之前，网元的软硬件应满足的条件如表 4-1-4 所示。

表 4-1-4　软硬件配置

分类	条件
软件	版本软件已经安装完毕
硬件	机架、机框和单板已经安装完毕。 各单板、机框之间的连线已经连接正常。 设备已经加电开启

采用超级终端方式对网元进行本地维护管理时，需要使用本地维护串口电缆连接网元与维护台 PC。电缆的一端为 8PIN 的 RJ-45 水晶头，连接网元主控板的 CLI 口；另外一端为 DB9 母接插件，连接维护台 PC 串口。本地维护串口电缆结构如图 4-1-5 所示。

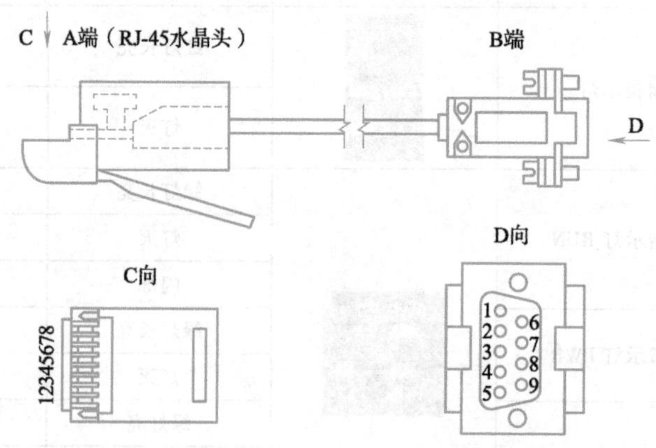

图 4-1-5　本地维护串口电缆结构

本地维护串口电缆接线关系参见表 4-1-5，列出的引脚为已用引脚，其余引脚为空。

表 4-1-5　调试线引脚连接情况

A 端:接主控板 CLI 口	B 端:接本地维护 PC 串口
3	3
4	5
5	4
6	2

三、设备登录

ZXDSL 9806H 支持超级终端和 Telnet 两种登录方式。

配置带内网管前,用户只能通过超级终端的方式登录 ZXDSL 9806H。

配置带内网管后,用户可以通过超级终端或者 Telnet 的方式登录 ZXDSL 9806H。不同的登录方式,需要满足不同的前提条件,具体内容如表 4-1-6 所示。

表 4-1-6　设备调试登录方式情况

登录方式	前提条件
超级终端	用本地维护串口线连接维护台 PC 串口至 ZXDSL 9806H 主控板的 CLI 口
Telnet	已经配置设备带内网管的 IP 地址; 具有 Telnet 客户端功能的计算机能 Ping 通设备的带内网管的 IP 地址

1. 超级终端方式登录

在 Windows XP 系统环境下,选择“开始”→“所有程序”→“附件”→“通讯”→“超级终端”命令后,弹出“连接描述”对话框。输入连接名称,单击“确定”按钮,弹出“连接到”对话框。根据串口电缆的连接情况选择 COM1 口,单击“确定”按钮,弹出“COM1 属性”对话框,如图 4-1-6 所示。

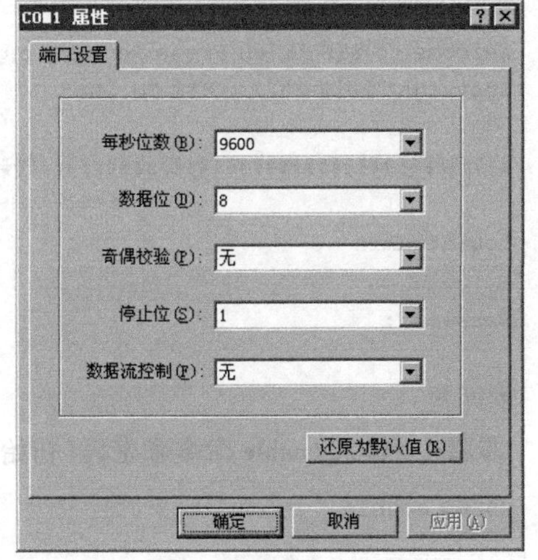

图 4-1-6　超级终端调试基准

步骤 1　选择下列任一方式配置 COM1 属性。

选择每秒位数为 9600,数据位为 8,奇偶校验为无,停止位为 1,数据流控制为无。

直接单击“还原为默认值”按钮进行设置。

步骤 2　单击“确定”按钮,返回“超级终端”窗口。

步骤 3　在“超级终端”的登录页面,输入用户名和密码(初始用户名和密码均为 admin),进入操作员模式。

```
##################################################################
          #                                          #
          #      Welcome to ZTE 9806H                #
          #                                          #
          #      Press Return to get started         #
          #                                          #
          #      Copyright 2012-2022 , ZTE Co. ,Ltd. #
```

```
          ##
##################################################################

Login:admin
Password:

9806 >
```

步骤 4　输入 enable 命令和密码(初始为 admin),即可进入系统管理员模式进行配置。

```
9806 >enable

Please input password:

9806#
```

2. Telnet 方式

配置带内网管以后,用户可以通过 Telnet 的方式对网元进行远程管理。

步骤 1　在 Windows XP 环境下,选择“开始”→“运行”命令,打开“运行”对话框。

步骤 2　输入命令 Telnet ×. ×. ×. ×,其中×. ×. ×. ×为网元的 IP 地址,单击“确定”按钮,启动 Telnet 客户端。

步骤 3　输入用户名和密码(初始用户名和密码均为 admin),进入操作员模式。

```
##############################################

Welcome to ZTE 9806H Press Return to get started
Copyright 2012-2022 , ZTE Co. ,Ltd.

##############################################

Login:admin

Password:

9806 >
```

步骤 4　输入 enable 命令和密码(初始为 admin),即可进入系统管理员模式进行配置。

```
9806 >enable

Please input password:

9806#
```

四、CLI 命令模式介绍

ZXDSL 9806H 提供多种命令模式,以实现分级保护。不同级别的用户,即使进入同样的模式,所能执行的命令也会有所不同,从而可以防止未授权用户的非法侵入。命令模式说明参见表 4-1-7。

表 4-1-7　调试命令模式说明

命令模式	说　明
exit	逐级退出
quit	快速退出 Telnet 客户端,可在任意模式下使用该命令
disable	从管理员模式返回操作员模式

1. 智能匹配功能

为了方便用户,避免输入长串的关键字,用户可以在输入不完整的命令关键字后按【Tab】键得到关键字的自动匹配结果,如在操作员模式下输入 en 或 ena 后按【Tab】键,即可得到完整的命令关键字 enable。

当用户输入不完整的命令关键字后按【Tab】键无反应时,有如下两种可能的原因。

①输入的命令错误。例如,在管理员模式下输入 activate-version 时,误输为 act,导致按【Tab】键无反应。

②输入的关键字冲突。例如,在管理员模式下仅输入 re 后不能进行自动匹配,这是因为有两条以 re 开头的命令 reboot 和 reset,系统会对冲突的命令给予提示,以方便用户进行选择。

2. 编辑功能

命令行接口提供了基本的命令编辑功能,支持多行编辑,每条命令的最大长度为 255 个字节。调试命令编辑功能说明如表 4-1-8 所示。

表 4-1-8　调试命令编辑功能说明

按　键	功　能
普通按键	若编辑缓冲区未满,则插入当前光标位置,并向右移动光标
退格键【Backspace】	删除光标位置的前一个字符,光标前移,若到达命令首,则光标停滞
左光标键【←】或【Ctrl + B】	光标向左移动一个字符位置
右光标键【→】或【Ctrl + F】	光标向右移动一个字符位置
【Ctrl + A】	光标回到行首
【Ctrl + D】或【Delete】键	删除光标位置的后一个字符,光标后移
【Ctrl + U】	删除光标前所有字符,光标回到行首
【Ctrl + K】	删除光标后所有字符,光标回到行末
上下光标键【↑】【↓】	显示历史命令,使用【Ctrl + P】可以选择上一条历史命令

3. 帮助功能

ZXDSL 9806H 的命令行系统为用户提供系统命令的简单帮助信息。用户可以在以下三种情况下输入"?",获得帮助信息。

①任一模式下输入"?",系统将显示该模式下的所有系统命令。

```
9806 >

debug- *

enable- Enter the privileged mode
```

```
logout- Exit the login state

no- No debug real-time information

quit- Exit the login state

show- Show running system information

user- User management
```

②命令后【空格键 + ?】,命令行系统将提示可输入的下一个命令及该命令的参数类型。

```
9806(config)# show vlan

cross-connection- Show vlan cross connection 1..4094- vlan-list
< cr >
```

4. 显示功能

在执行查询信息操作时,有时系统信息比较多,往往需要多屏才能显示完毕。为方便用户查看,在一次显示信息超过一屏时,系统提供了暂停功能。

在暂停显示查询信息时,系统为用户提供了如下两种选择。

①输入 Q,停止显示并终止命令的执行。

②输入空格键,继续显示下一屏信息。

保存及查询历史命令功能

命令行系统将用户输入的历史命令自动保存,用户可以随时调用历史命令,并重复执行。查看到的命令记录只对当前用户有效,当该用户重新登录后,历史命令记录被清空。用户可以通过 show history 命令查询历史命令。

5. 命令行错误提示信息功能

当操作用户输入的命令出现错误时,系统会提示错误信息。调试命令出错信息如表 4-1-9 所示。

表 4-1-9 调试命令出错提示信息

英文错误信息	错误原因
Bad command	没有查找到命令
Invalid parameter	参数错误
Param out of range	参数超出范围
Missing parameter	丢失参数
Incomplete command	输入命令不完整
Ambiguous parameter	参数存在歧义

五、配置带内网管

通过本任务,配置网元的带内网管。在带内网管的方式下,网管与网元的交互信息通过网元的业务通道传送。带内网管方式组网灵活,不用附加设备,节约用户成本,但不便于维护。

1. 数据规划

配置网元的带内网管数据规划如表 4-1-10 所示。

表 4-1-10　带内网管数据规划信息

配　置　项	数　　据
网管 VLAN ID	100
上联端口	端口号:5/1　端口类型:GE
带内网管 IP 地址	192. 168. 1. 10/24
NetNumen 网管服务器 IP 地址	10. 61. 84. 66/24 类型:zte-nms
下一跳网关 IP 地址	192. 168. 1. 254

2. 配置步骤

步骤 1　进入全局配置模式。

```
9806# configure 9806(config)#
```

步骤 2　配置网管 VLAN。

```
9806(config)# add-vlan 100
```

步骤 3　将上联端口添加到 VLAN 中。

```
9806(config)# vlan 100 5/1 tag
```

步骤 4　配置带内网管的 IP 地址。

```
9806(config)# ip subnet 192.168.1.10 255.255.255.0 100 name wangguan
```

步骤 5　设置网管服务器的 IP 地址。

```
9806(config)# snmp-server host 10.61.84.66 zte-nms
```

步骤 6　(可选)配置 SNMP 团体名。

```
9806(config)# snmp-server community abc rw
```

步骤 7　(可选)当需要上报告警消息时,打开 Trap 告警上报开关。

```
9806(config)# system trap-control enable
```

步骤 8　(可选)如果网管服务器与网元不在同一个网段,需要配置网管服务器的下一跳网关 IP 地址。

```
9806(config)# ip route 0.0.0.0 0.0.0.0 192.168.1.254
9806(config)# exit
```

步骤 9　保存配置。

```
9806# save
```

—步骤结束—

六、配置带外网管

通过本任务,配置网元的带外网管,实现 NetNumen 以带外网管的方式对网元进行维护管理。带外网管方式利用非业务通道来传送管理信息,使管理通道与业务通道分离,比带内网管方式提供更可靠的设备管理通路。在网元出现故障时,能及时定位网元上的设备信息,实现实时监控。

配置网元的带外网管数据规划如表 4-1-11 所示。

表 4-1-11　带外网管数据规划信息

配　置　项	数　　据
带外网管 IP 地址	192.168.1.10/24
NetNumen 网管服务器 IP 地址	10.63.10.238/24
下一跳网关 IP 地址	192.168.10.254

配置步骤如下:

步骤 1　进入全局配置模式。

```
9806# configure 9806(config)#
```

步骤 2　配置带外网管的 IP 地址。

```
9806(config)# ip host 192.168.10.1 255.255.255.0
```

步骤 3　设置网管服务器的 IP 地址。

```
9806(config)# snmp-server host 10.63.10.238
```

步骤 4　(可选)配置 SNMP 团体名。

```
9806(config)# snmp-server community abc rw
```

步骤 5　(可选)当需要上报告警消息时,打开 Trap 告警上报开关。

```
9806(config)# system trap-control enable
```

步骤 6　(可选)如果网管服务器与网元不在同一个网段,需要配置网管服务器的下一跳网关 IP 地址。

```
9806(config)# ip route 0.0.0.0 0.0.0.0 192.168.10.254
9806(config)# exit
```

步骤 7　保存配置。

```
9806# save
```

—步骤结束—

七、配置静态路由

静态路由是指由网络管理员手工配置的路由信息。静态路由不像动态路由那样根据路由算法建立路由表。当配置动态路由时,有时需要把整个 Internet 的路由信息发送到一个路由器中,使该路由器难以负荷,此时就可以使用静态路由来解决这个问题。配置静态路由数据规划如表 4-1-12 所示。

表 4-1-12　静态路由数据规划信息

配 置 项	数　　据
IP 地址	192.168.5.0/255.255.255.0 192.168.6.0/255.255.255.0
下一跳路由 IP 地址	192.168.4.2

配置步骤如下：

步骤 1　在全局配置模式下，配置静态路由。

```
9806(config)# ip route 192.168.5.0 255.255.255.0 192.168.4.2
9806(config)# ip route 192.168.6.0 255.255.255.0 192.168.4.2
9806(config)# exit
```

步骤 2　保存配置。

```
9806# save
```

—步骤结束—

成功配置静态路由后，可通过 show ip route 命令查看已配置的静态路由的 IP 地址和掩码以及下一跳路由的 IP 地址。

```
9806(config)# show ip route

Dest IP          Mask             Nexthop          Name Status
------------------------------------------------------------------------------------------

192.168.5.0      255.255.255.0    192.168.4.2      ZTEROUTEactive
192.168.6.0      255.255.255.0    192.168.4.2      ZTEROUTEactive
```

八、添加 VLAN

通过本任务添加一个或批量添加多个 VLAN。ZXDSL 9806H 设备中用户可增加的 VLAN 个数为 2 ~4094。

数据规划如下：

①在全局配置模式下，添加 VLAN，可进行配置操作，如表 4-1-13 所示。

表 4-1-13　添加 VLAN 数据信息

操　作	命　令
添加单个 VLAN	9806(config)# add-vlan 200
批量添加多个 VLAN	9806(config)# add-vlan 1010-1019

②保存配置。

```
9806(config)# exit
9806# save
```

结果如下：

成功添加 VLAN 后，可通过 show vlan 命令查看配置结果，本次总共配置了 11 个 VLAN，VLAN ID 分别为 200，1010 ~ 1019。

```
9806(config)# show vlan total number: 11
--------------------200,1010-1019
```

—步骤结束—

任务小结

本任务首先熟悉了 ZXDSL 9806H 设备的硬件结构，然后介绍了利用超级调试终端的方式调试设备，最后介绍了设备基础调试方法，学习时应循序渐进、逐步深入。

任务二　开通 EPON 设备业务

任务描述

图 4-2-1 为 ZXA10 C300 设备典型组网图，该网络拓扑图是利用 PON OLT 设备进行小区光宽带业务接入的典型组网方式（在实验室环境下可以简化利用调试终端设备对 ZXA10 C300 OLT 设备进行直联调试），利用网调试终端可以实现对 OLT 宽带设备的本地命令配置，包括：配置带内/外网管、系统时间配置、设备端口的互连互通等。

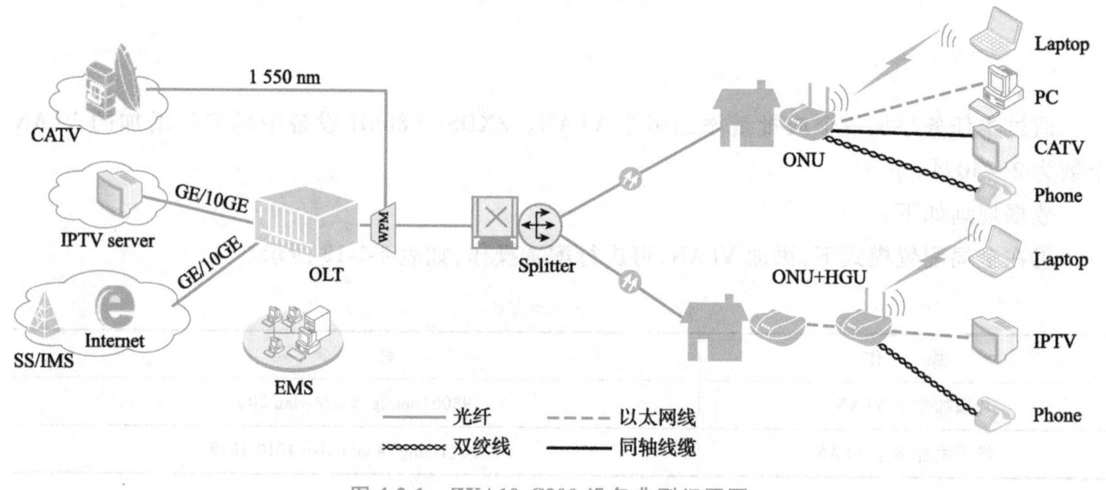

图 4-2-1　ZXA10 C300 设备典型组网图

任务目标

1. 熟悉 ZXA10 C300 OLT 设备的配置流程。
2. 熟悉 ZXA10 C300 OLT 设备配置的软硬件准备。
3. 熟悉 ZXA10 C300 OLT 设备的配置方法。

任务实施

实验操作中建议读者做好以下实验准备，如表 4-2-1 所示。

表 4-2-1　ZXA10 C300 OLT 实验室调试实验准备参考

名　称	型　号	数　量	备　注
PON OLT 设备	ZXA10 C300 OLT	1	
交换机	ZTE ZXR 10 2950-10PC	1	
调试终端	PC 或笔记本电脑	若干	
平行网线	RJ45	若干	
USB 转串口线	PC 客户端	若干	
宽带网管软件	NetNumen U31 R10	8	

一、熟悉配置流程

初始配置的流程如图 4-2-2 所示。

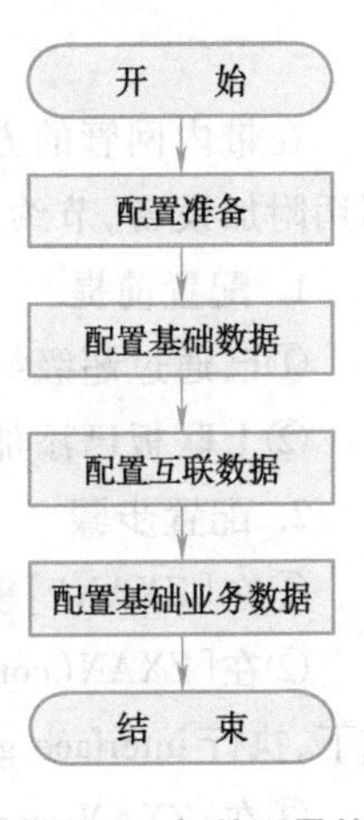

图 4-2-2　初始配置的流程

二、配置准备

1. 配置准备

完成配置前的准备工作:包括进入软硬件要求、配置模式等操作。

2. 配置基础数据

基础数据主要由带内/外网管、物理配置、系统时间、操作用户几部分组成,是配置 ZXA10 C300 业务的基础。

3. 配置互联数据

互联数据用于定义与上层网络设备通信需要的配置数据。

4. 软硬件要求

(1)硬件要求

以下硬件项目已完成:

- 机架、机框、单板已经安装完毕。
- 各单板、机框之间的连线已经连接正常。
- 电源供应到位,设备已经加电开启。

(2)软件要求

以下软件项目已完成:网管软件已安装完毕。

三、进入配置模式

本节介绍如何进入 ZXA10 C300 的数据配置模式。在配置模式下,可以进行初始配置的相关操作。

①通过调试线缆连接主控板的 CLI 口与调试终端(PC)的串口。

②在调试终端打开超级终端,并设置 COM 口参数(默认值)。

③在[ZXAN >]提示符下输入用户名和密码(初始用户名和密码:enable/zxr10),进入管理员模式[ZXAN#]。

④在[ZXAN#]下输入 configure terminal,进入全局配置模式[ZXAN(config)#]。

⑤在[ZXAN(config)#] 下输入 interface vlan 命令,进入 VLAN 接口模式[ZXAN(config-if)#]。

⑥在[ZXAN(config)#]下输入 gpon 命令,进入 GPON 配置模式[ZXAN(config-gpon)#]。

⑦在[ZXAN(config)#]下输入 epon 命令,进入 EPON 配置模式[ZXAN(config-epon)#]。

⑧在[ZXAN(config)#]下输入 pon 命令,进入 PON 配置模式[ZXAN(config-pon)#]。

⑨在[ZXAN(config)#]下输入 interface epon-olt 命令,进入 OLT 接口配置模式[ZXAN(config-if)#]。

⑩在[ZXAN(config)#]下输入 interface epon-onu 命令,进入 ONU 接口配置模式[ZXAN(config-if)#]。

⑪在[ZXAN(config)#]下输入 pon-onu-mng epon-onu 或 pon-onu-mng gpon-onu 命令,进入 ONU 远程管理配置模式[ZXAN(epon-onu-mng)#]或[ZXAN(gpon-onu-mng)#]。

四、配置带内网管业务

在带内网管的方式下,网管交互信息通过设备的业务通道传送。带内网管方式组网灵活,不用附加设备,节约用户成本,但不便于维护。

1. 配置前提

①已通过超级终端方式登录设备,进入管理员模式。

②上联板已添加。

2. 配置步骤

①在[ZXAN#]模式下,执行 configure terminal 命令进入全局配置模式。

②在[ZXAN(config)#]模式下,执行 vlan 命令创建带内网管 VLAN。在[ZXAN(config)#]模式下,执行 interface gei 进入上行端口模式,执行 switchport vlan 命令将上行端口加入网管 VLAN。

③在[ZXAN(config)#]模式下,执行 interface vlan 命令进入 VLAN 接口模式,执行 ip addr ess 命令配置带内管理 IP 地址。

④在[ZXAN(config)#]模式下,执行 ip route 命令配置带内网管路由信息。

⑤在[ZXAN(config)#]模式下,执行 snmp-server community 命令配置 SNMP 团体名。

⑥在[ZXAN(config)#]模式下,执行 snmp-server host 命令配置网管服务器的 IP 地址。

⑦在[ZXAN#]模式下,执行 write 命令保存配置数据。

—步骤结束—

例举带内网管的配置数据如表 4-2-2 所示。

表 4-2-2 ZXA10 C300 OLT 实验室带内网管的配置数据参考

配 置 项	数 据
上行口	gei_1/20/1
带内网管 VLAN	VLAN ID:1000
带内网管 IP 地址	10.1.1.1/24
下一跳 IP 地址	10.1.1.254/24
网管服务器(SNMP server)	IP 地址:10.2.1.1/24 版本:V2C 团体名:public(默认值) 告警级别:NOTIFICATIONS

配置命令输入如下：

```
ZXAN#configure terminal
Enter configuration commands, one per line. End with CTRL/Z.
ZXAN(config)#vlan 1000 ZXAN(VLAN)#exit
ZXAN(config)# ZXAN(config)#interface gei_1/20/1
ZXAN(config-if)#switchport vlan 1000 tag
ZXAN(config-if)#exit
ZXAN(config)#interface vlan 1000
ZXAN(config-if)#ip address 10.1.1.1 255.255.255.0
ZXAN(config-if)#exit
ZXAN(config)#ip route 10.2.1.0 255.255.255.0 10.1.1.254
ZXAN(config)#snmp-server community public view allview rw
ZXAN(config)#snmp-server host 10.2.1.1 trap version 2c public enable NOTIFICATIONS
server-index 1
ZXAN(config)#exit ZXAN#write
```

五、配置带外网管业务

带外网管方式利用非业务通道来传送管理信息，使管理通道与业务通道分离，比带内网管方式提供更可靠的设备管理通路。在 ZXA10 C300 发生故障时，能及时定位网上设备信息，并实时监控。

步骤 1　通过超级终端方式登录设备，进入管理员模式。

步骤 2　在[ZXAN#]模式下，执行 configure terminal 命令进入全局配置模式。

步骤 3　在[ZXAN(config)#]模式下，执行 interface mng1 命令进入接口模式，执行 ip address 命令配置带外管理 IP 地址。

步骤 4　在[ZXAN(config)#]模式下，执行 ip route 命令配置带内网管路由信息。

步骤 5　在[ZXAN(config)#]模式下，执行 snmp-server community 命令配置 SNMP 团体名。

步骤 6　在[ZXAN(config)#]模式下，执行 snmp-server host 命令配置网管服务器的 IP 地址。

步骤 7　在[ZXAN#]模式下，执行 write 命令保存配置数据。

—步骤结束—

例举带外网管的配置数据如表 4-2-3 所示。

表 4-2-3　ZXA10 C300 OLT 实验室带外网管的配置数据参考

配　置　项	数　　据
带内网管 IP 地址	11.1.1.1/24
下一跳 IP 地址	11.1.1.254/24
网管服务器(SNMP server)	IP 地址：11.2.1.1/24 版本：V2C　团体名：public(默认值)　告警级别：NOTIFICATIONS

```
ZXAN#configure terminal
Enter configuration commands, one per line. End with CTRL/Z.
ZXAN(config)#interface mng1
ZXAN(config-if)#ip address 11.1.1.1 255.255.255.0
```

```
ZXAN(config-if)#exit
ZXAN(config)#ip route 11.2.1.0 255.255.255.0 11.1.1.254
ZXAN(config)#snmp-server community public view allview rw
ZXAN(config)#snmp-server host 11.2.1.1 trap version 2c public enable NOTIFICATIONS server-index 1
ZXAN(config)#exit
ZXAN#write
```

六、基本物理配置

1. 配置内容

ZXA10 C300 的物理配置主要包括：配置机架、配置机框、增加单板、配置自动识别添加单板功能(PnP)、删除单板、复位单板、倒换主备交换控制板、配置风扇、显示单板信息。

机架、机框、单板、风扇等硬件安装完成后，在 ZXA10 C300 新开局时，需要配置机架。ZXA10 C300 支持两种类型的机架 ETSI 21(21 英寸室内型机架)和 IEC 19(19 英寸室内型机架)。

ZXA10 C300 支持两种类型的机框 ETSI_SHELF 21 英寸机框和 IEC_SHELF 19 英寸机框。

21 英寸机框的单板配置说明如表 4-2-4 所示。

表 4-2-4　ZXA10 C300 OLT 实验室单板及槽位配置说明表

槽　　位	单板类型
0/1	电源板
2 ~ 9	PON 接口板、TDM 接口板、以太网接口板和 P2P 接口板
10/11	交换控制板
12 ~ 19	PON 接口板、TDM 接口板、以太网接口板和 P2P 接口板
20	通用公共接口板
21/22	上联板

ZXA10 C300 的单板状态说明如表 4-2-5 所示。

表 4-2-5　ZXA10 C300 OLT 实验室单板状态说明表

状　　态	含　　义
INSERVICE	单板正常工作
CONFIGING	单板处于业务配置中
CONFIGFAILED	单板业务配置失败
DISABLE	已经添加该单板，单板硬件上线，但是没有收到单板的信息
HWONLINE	单板插在机框中，但版本不对，没有正常运行
OFFLINE	已经添加该单板，但是该单板硬件离线
STANDBY	单板处于备用工作状态
TYPEMISMATCH	单板实际类型和配置类型不一致
NOPOWER	电源板未通电

2. 基本物理配置步骤

步骤 1　在[ZXAN#]模式下，执行 configure terminal 命令进入全局配置模式。

步骤 2　在[ZXAN(config)#]模式下,执行 add-rack 命令添加机架。

步骤 3　在[ZXAN(config)#]模式下,执行 add-shelf 命令添加机框。

步骤 4　ZXA10 C300 目前只支持一个机框,参数 shelfno 只能为 1。

步骤 5　在[ZXAN(config)#]模式下,执行 add-card 命令添加单板。

步骤 6　在[ZXAN(config)#]模式下,执行 set-pnp enable 命令激活 PnP 功能。

步骤 7　在[ZXAN(config)#]模式下,执行 del-card 命令删除单板。

步骤 8　在[ZXAN#]模式下,执行 swap 命令进行主备主控板的倒换作业。

步骤 9　在[ZXAN(config)#]模式下,执行 fan control 命令配置风扇工作模式;执行 fan speed-percent-set 命令配置各个挡位的转速百分比;执行 fan high-threshold 命令配置高温阈值。

步骤 10　在任意模式下,执行 show card 命令查看所有单板信息;执行 show card slotno 命令查看某个单板信息;执行 show fan 命令查看风扇配置信息。

—步骤结束—

3. 配置步骤及命令

步骤 1　配置机架。

```
ZXAN#configure terminal
Enter configuration commands, one per line. End with CTRL/Z. ZXAN(config)#
ZXAN(config)#add-rack rackno 1 racktype IEC19
```

步骤 2　配置机框。

```
ZXAN(config)#add-shelf shelfno 1 shelftype IEC_SHELF
```

步骤 3　配置单板。

```
ZXAN(config)#add-card slotno 5 GTGO ZXAN(config)#add-card slotno 19 GUSQ
```

步骤 4　配置 PnP 功能。

```
ZXAN(config)#set-pnp enable
```

步骤 5　删除单板。

```
ZXAN(config)#del-card slotno 5
If the card is deleted, the service data related to the card will also be deleted.
Do you want to delete the card? [yes/no]:y
```

步骤 6　倒换主备主控板。

```
ZXAN#swap
Confirm to master swap? [yes/no]:y
```

步骤 7　配置风扇。

```
ZXAN(config)#fan control temp_level 30 40 50 60
ZXAN(config)#fan speed-percent-set 30 45 60 80
ZXAN(config)#fan high-threshold 70
```

步骤 8　查看风扇配置信息。

```
ZXAN(config)#show fan
FanControlType : temperature-control TemperatureThreshold : 30 40 50 60(Celsiur scale)
```

```
    FanSpeedLevelPercent : 30% 45% 60% 80% HighTemperatureThreshold : 70(Celsiur scale)
Environment Temperature : 37(Celsiur scale)
    HighTemperatureProtection : Threshold : N/A (Celsiur scale)RestartTime: N/A (Minute)
    Upper Fanboard Status : online Lower Fanboard Status : offline Filter Status : normally
    Fan SN : Invalid.
    Environment Card Device : N/A. All fan status:
    Upper Fan Tray
    ------------------------------------------
    fan Speed
    ------------------------------------------
    1 0
    2 0
    3 0
    ------------------------------------------
    Lower Fan Tray
    ------------------------------------------
    fan Speed
    ------------------------------------------
    unknown
    unknown
    unknown
    ------------------------------------------
```

步骤 9　查看所有单板信息。

```
    ZXAN#show card
    Rack Shelf Slot CfgType RealType Port HardVer SoftVer Status
    --------------------------------------------------------------------------
    1 1 0 PRWG PRWG 0 NOPOWER
    1 1 1 PRWG PRWG 0 INSERVICE
    1 1 5 GTGO GTGOE 8 091200 V1.2.5 INSERVICE
    1 1 10 SCXL SCXL 0 090600 V1.2.5 INSERVICE
```

步骤 10　查看某个单板信息。

```
    ZXAN#show card slotno 10
    Config-Type : SCXL Status : INSERVICE Real-Type : SCXL Serial-Number :
    Port-Number : N/A BootROM-VER : V1.2.3 2012-06-06 13:05:27
    PCB-VER : 090601 Software-VER : V1.2.5 2013-01-23 06:42:12 Cpld-VER : V1.7
    Phy-Mem-Size : 510MB Main-CPU : PowerPC Processor Cpu-Usage : 19% Cpu-Alarm-Threshold
: 100%
    Mem-Usage : 57% Mem-Alarm-Threshold : 100%
    Uptime : 5 Day , 0 Hours , 5 Minutes , 15 Second
```

步骤(11)配置系统时间。

配置系统时间后,用户可以查看命令行日志和告警中记录的对应时间,以便定位故障。

C300 设备已加电,并运行正常。ZXA10 C300 的系统时间由内部软件维护。每当网元加电时,系统将读取硬件时钟,并初始化网元的系统时间。

在[ZXAN(config)#]模式下,执行 clock timezone 命令配置时区。

在[ZXAN#]模式下,执行 clock set 命令配置系统时间。

—步骤结束—

举例如下：

```
ZXAN(config)#clock timezone utc 8                //配置时区
ZXAN(config)#exit
ZXAN#clock set 08:00:00 mar 7 2011               //配置系统时间
ZXAN#show clock//查看 clock 配置 08:01:55 Mon Mar 7 2011 utc
```

任务小结

本任务首先熟悉了 ZXAN C300 设备的硬件结构，然后介绍了利用超级调试终端的方式调试设备，最后学习了设备基础调试方法，学习时应循序渐进、逐步深入。

任务三　开通 GPON 设备业务

任务描述

某高校实验室安装了一套 ZXA10 C300 设备，并要求实现三层楼实验室及办公室共 20 个信息点的高速上网、视频、语音功能，如图 4-3-1 所示。GPON 网络网元释义如表 4-3-1 所示。

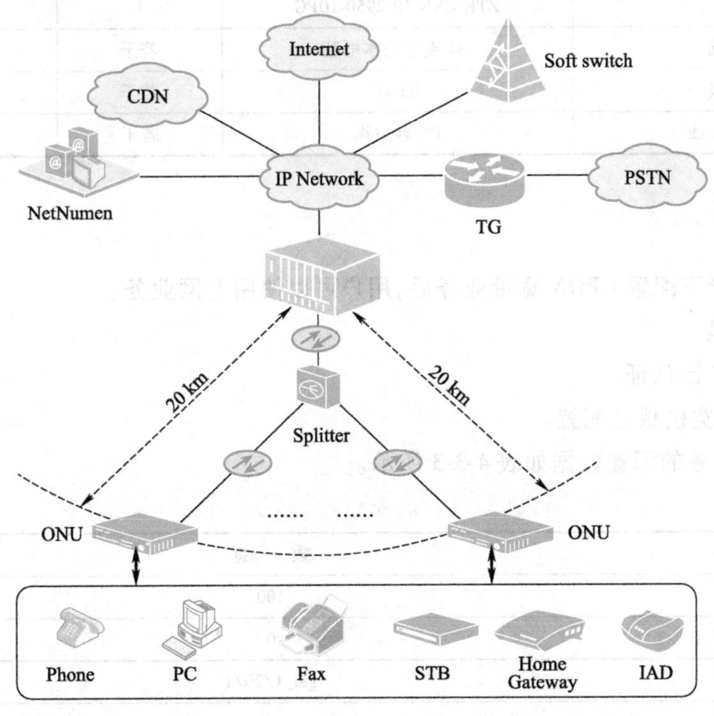

图 4-3-1　GPON 典型业务开通组网图

表 4-3-1 GPON 网络网元释义

网　元	释　义	网　元	释　议
CDN	内容分发网络	TG	中继网关
PSTN	公共交换电话网络	ONU	光网络单元
STB	机顶盒	IAD	综合接入设备

任务目标

1. 通过组网熟悉 ZXA10 C300 设备的基本网络定位。
2. 熟悉各拓扑图中各网元设备的网络定位、设备的基本作用和功能。
3. 通过对设备配置,熟悉设备调测命令,根据设备不同的调试方法实现设备的不同功能。

任务实施

实验操作中建议读者做好以下实验准备,如表 4-3-2 所示。

表 4-3-2 GPON 网络实验材料准备

名　称	型　号	数　量	备　注
光宽带 PON 设备	ZXA10 C300 OLT	1	
交换机	ZTE ZXR 10 2950-10PC	1	
调试终端	PC 或笔记本电脑	若干	
平行网线	RJ-45	若干	
USB 转串口线	PC 客户端	若干	

一、配置 GPON 宽带业务

在实验室环境下配置 GPON 宽带业务后,用户可以使用上网业务。

1. 配置的前提

①GPON ONU 已认证。

②T-CONT 带宽模板已配置。

GPON 宽带业务的配置数据如表 4-3-3 所示。

表 4-3-3 GPON 宽带业务的配置数据

配　置　项	数　据
业务 VLAN ID	100
业务优先级	0
上行端口	gei_1/20/1
业务端口	ONU 接口:gpon-onu_1/5/1:1　Service-port ID:1　虚端口 ID:1
T-CONT	索引:1　名称:T1 T-ONT 模板:10M

续表

配　置　项	数　　据
GEM Port	索引:1　名称:gemport1 T-CONT 索引:1
业务通道	名称:HSI　业务类型:internet　GEM Port 索引:1　优先级:0 VLAN ID:100
用户端口 VLAN	端口:eth_0/1　VLAN 模式:tag(untag 报文上行添加 PVID 通过)　VLAN ID:100

2. 配置操作步骤

步骤 1　在 ONU 接口模式下,使用 tcont 命令配置 T-CONT。

```
ZXAN(config)#interface gpon-onu_1/5/1:1
ZXAN(config-if)#tcont 1 name T1 profile 10M
```

步骤 2　使用 gemport 命令配置 GEM Port。

```
ZXAN(config-if)#gemport 1 name gemport1 unicast tcont 1
ZXAN(config-if)#exit
```

步骤 3　在上行接口配置模式下,使用 switchport 命令配置上行端口 VLAN。

```
ZXAN(config)#interface gei_1/20/1
ZXAN(config-if)#switchport vlan 100 tag
ZXAN(config-if)#exit
```

步骤 4　在 ONU 接口模式下,使用 service 命令配置业务端口 VLAN。

```
ZXAN(config)#interface gpon-onu_1/5/1:1
ZXAN(config-if)#service-port 1 vport 1 user-vlan 100 vlan 100
ZXAN(config-if)#exit
```

步骤 5　在 ONU 远程管理模式下,使用 service 命令配置业务通道。

```
ZXAN(config)#pon-onu-mng gpon-onu_1/5/1:1
ZXAN(gpon-onu-mng)#service HSI type internet gemport 1 cos 0 vlan 100
```

步骤 6　使用 vlan port 命令配置用户端口 VLAN。

```
ZXAN(gpon-onu-mng)#vlan port eth_0/1 mode tag vlan 100 priority 0
ZXAN(gpon-onu-mng)#end
```

步骤 7　在管理员模式下,使用 write 命令保存配置数据。

```
ZXAN#write
```

—步骤结束—

二、配置 GPON 组播业务

配置 GPON 组播业务后,用户可以收看组播节目。

1. 配置的前提

①GPON ONU 已认证。

②T-CONT 带宽模板已配置。

GPON 组播业务的配置数据如表 4-3-4 所示。

表 4-3-4　GPON 组播业务实验数据配置规划

配　置　项	数　　据
组播 VLAN(MVLAN)ID	200
业务优先级	5
MVLAN 工作模式	Proxy(默认值)
配置项	数据
MVLAN 组播组	224.1.1.1 ~ 224.1.1.3
上行端口	gei_1/20/1
业务端口	ONU 接口:gpon-onu_1/5/1:1 Service-port ID:2 虚端口 ID:2
T-CONT	索引:2　名称:T2 T-CONT 模板:5M
GEM Port	索引:2　名称:gemport2 T-CONT 索引:2
业务通道	名称:mulitcast　业务类型:iptv GEM Port　索引:2　优先级:5 VLAN ID:200
用户端口 MVLAN	MVLAN ID:200 MVLAN tag 剥离:enable
用户端口 VLAN	端口:eth_0/2　VLAN 模式:tag(untag 报文上行添加 PVID 通过)　VLAN ID:200

2. 配置步骤

步骤 1　在 ONU 接口模式下,使用 tcont 命令配置 T-CONT。

```
ZXAN(config)#interface gpon-onu_1/5/1:1
ZXAN(config-if)#tcont 2 name T2 profile 5M
```

步骤 2　使用 gemport 命令配置 GEM Port。

```
ZXAN(config-if)#gemport 2 name gemport2 unicast tcont 2
ZXAN(config-if)#exit
```

步骤 3　在上行接口配置模式下,使用 switchport vlan 命令配置上行端口 VLAN。

```
ZXAN(config)#interface gei_1/20/1
ZXAN(config-if)#switchport vlan 200 tag
ZXAN(config-if)#exit
```

步骤 4　在 ONU 接口模式下,使用 service-port 命令配置业务端口 VLAN。

```
ZXAN(config)#interface gpon-onu_1/5/1:1
ZXAN(config-if)#service-port 2 vport 2 user-vlan 200 vlan 200
ZXAN(config-if)#exit
```

步骤 5　(可选)使用 igmp enable 命令使能全局 IGMP 协议。

```
ZXAN(config)#igmp enable
```

步骤 6　使用 igmp fast-leave enable 命令配置端口 IGMP 参数。

```
ZXAN(config)#interface gpon-onu_1/5/1:1
ZXAN(config-if)#igmp fast-leave enable vport 2
ZXAN(config-if)#exit
```

使用 igmp mvlan 命令配置 MVLAN。

```
ZXAN(config)#igmp mvlan 200
```

步骤 7　(可选)使用 igmp mvlan work-mode 命令配置 MVLAN 工作模式。

```
ZXAN(config)#igmp mvlan 200 work-mode proxy
```

步骤 8　使用 igmp mvlan group 命令配置 MVLAN 组播组。

```
ZXAN(config)#igmp mvlan 200 group 224.1.1.1 to 224.1.1.3
```

步骤 9　使用 igmp mvlan source-port 命令配置 MVLAN 源端口。

```
ZXAN(config)#igmp mvlan 200 source-port gei_1/20/1
```

步骤 10　使用 igmp mvlan receive-port 命令配置 MVLAN 接收端口。

```
ZXAN(config)#igmp mvlan 200 receive-port gpon-onu_1/5/1:1 vport 2
```

步骤 11　在 ONU 远程管理模式下,使用 service 命令配置业务通道。

```
ZXAN(config)#pon-onu-mng gpon-onu_1/5/1:1
ZXAN(gpon-onu-mng)#service multicast type iptv gemport 2 cos 5 vlan 200
```

步骤 12　使用 multicast vlan 命令配置用户端口 MVLAN。

```
ZXAN(gpon-onu-mng)#multicast vlan add vlanlist 200
ZXAN(gpon-onu-mng)#multicast vlan tag-strip port eth_0/2 enable
```

步骤 13　使用 vlan port 命令配置用户端口 VLAN。

```
ZXAN(gpon-onu-mng)#vlan port eth_0/2 mode tag vlan 200 priority 5
ZXAN(gpon-onu-mng)#end
```

步骤 14　在管理员模式下,使用 write 命令保存配置数据。

```
ZXAN#write
```

—步骤结束—

三、调试 GPON 语音业务(H.248)

配置 GPON 语音业务后,接入运营商的语音业务服务器,用户可以拨打、接听电话。

1.配置的前提

①GPON ONU 已认证。

②T-CONT 带宽模板已配置。

③GPON VoIP IP 模板已配置。

④GPON VoIP VLAN 模板已配置。

⑤GPON MGC 模板已配置。

2.配置数据规划

GPON 语音业务的配置数据如表 4-3-5 所示。

表 4-3-5　GPON 语音业务实验数据配置规划

配　置　项	语　　音
业务 VLAN ID	300
业务优先级	7
上行端口	gei_1/20/1
业务端口	ONU 接口:gpon-onu_1/5/1:1 Service-port ID:3 虚端口 ID:3
T-CONT	索引:3　名称:voip T-CONT 模板:2M
GEM Port	索引:3 名称:gemport3 T-CONT 索引:3
业务通道	名称:voip-h248　业务类型:voip GEM Port　索引:3　优先级:7 VLAN ID:300
VoIP 协议	H. 248
域名	iad. zte. com. cn
VoIP 地址	IP 地址方式:static VoIP　IP 模板:ip-test　IP 地址:1. 2. 3. 4/24 VoIP VLAN 模板:vlan-test
VoIP 业务	端口:pots_0/1　MGC 模板:mgc-test

3. 配置步骤

步骤 1　在 ONU 接口配置模式下,使用 tcont 命令配置 T-CONT。

```
ZXAN(config)#interface gpon-onu_1/5/1:1
ZXAN(config-if)#tcont 3 name voip profile 2M
```

步骤 2　使用 gemport 命令配置 GEM Port。

```
ZXAN(config-if)#gemport 3 name gemport3 unicast tcont 3
ZXAN(config-if)#exit
```

步骤 3　在上行接口配置模式下,使用 switchport vlan 命令配置上行端口 VLAN。

```
ZXAN(config)#interface gei_1/20/1
ZXAN(config-if)#switchport vlan 300 tag
ZXAN(config-if)#exit
```

步骤 4　在 ONU 接口配置模式下,使用 service-port 命令配置业务端口 VLAN。

```
ZXAN(config)#interface gpon-onu_1/5/1:1
ZXAN(config-if)#service-port 3 vport 3 user-vlan 300 vlan 300
ZXAN(config-if)#exit
```

步骤 5　在 ONU 远程管理模式下,使用 service 命令配置业务通道。

```
ZXAN(config)#pon-onu-mng gpon-onu_1/5/1:1
ZXAN(gpon-onu-mng)#service voip-h248 type voip gemport 3 cos 7 vlan 300
```

步骤 6　使用 voip protocol 命令配置 VoIP 协议类型。

```
ZXAN(gpon-onu-mng)#voip protocol h248 domain iad. zte. com. cn
```

步骤 7　使用 voip-ip mode 命令配置 VoIP 地址。

```
ZXAN(gpon-onu-mng)#voip-ip mode static ip-profile ip-test ip-address 1.2.3.4 mask
255.255.255.0 vlan-profile vlan-test
```

步骤 8　使用 mgc-service 命令配置 VoIP 业务。

```
ZXAN(gpon-onu-mng)#mgc-service pots_0/1 profile mgc-test
ZXAN(gpon-onu-mng)#end
```

步骤 9　在管理员模式下,使用 write 命令保存配置数据。

```
ZXAN#write
```

—步骤结束—

任务小结

本任务首先介绍了典型场景下 GPON 设备的组网,利用超级调试终端的方式开通 GPON 宽带业务,最后学习了设备组播及语音的调试方法,学习时应循序渐进、逐步深入。

工程篇

引言

PON的业务透明性较好，适用于任何制式和速率的信号。与点到点的有源光网络相比，PON技术的主要特点在于维护简单、成本较低（节省光纤和光接口）、传输带宽较高和高性能价格比。这些特点会使其在很长时间内保持竞争优势，PON一直被视为接入网未来的发展方向，也是目前光通信宽带工程实施过程中非常好的选择。

PON最适合的应用是：接入网络靠近客户的末端的部分；ONU服务的客户不强调必须要冗余或迂回保护；OLT可以设立在生存性能好的节点处（例如，有迂回保护的节点），用户地理位置相对集中的地方。PON主要有三种应用模式。

①替代现有的二层汇聚网络：PON可以替代现有的二层交换机和光纤收发器，将LAN的接入网引至IP城域网。

②替代相关段落的接入光缆：PON系统可以替代现有的部分光缆和光交换设备，从而节省相关段落的接入光缆。

③多业务接入方式（实现FTTH）：PON系统可以提供满足不同QoS要求的多业务、多速率接入，能适应用户的多样性和业务发展的不确定性的要求。

学习目标

1. 掌握PON产品组网的实际应用。
2. 掌握PON产品故障时的应急处理方法。

知识体系

项目五

某小区 PON 设备工程业务开通

某住宅小区包括一期 1～10 栋居民楼在内的约 360 家用户，光宽带网络主要解决整个小区用户的高速数据网络访问及网络电话的使用，建成后的小区光网络将为这 360 户住户提供信息服务。

任务　某小区 PON 设备业务开通实践

任务描述

小区的建设包括区域内接入网机房的建立、各楼光纤到户信息点的布放、小区网络拓扑图的设计规划、OLT 设备按规划的数据配置、ONU 设备的数据配对及分发、网管系统中的各节点设备的调试及数据的配置等主要工作内容。本项目重点工作是在熟悉 OLT 设备网管配置方式和方法的基础上进行 OLT 设备网管配置。

任务目标

1. 本任务是针对某住宅小区用户实现高速宽带上网、语音通话业务的同时实现设备开通方案。

2. 通过对小区的情况分析，选用合适的网络产品，合理构建网络拓扑组网图，根据用户的需求，利用网管系统完成语音、宽带等业务的开通。

任务实施

工程项目网络基本拓扑结构如图 5-1-1 所示。

小区中心接入网机房有一套中兴 PON 设备 NetNumen U31 网管设备，本工程项目网管 NetNumen U31 负责完成对 OLT 及 ONU 模块的配置，利用 PON 设备语音、数据业务的应用领域，通过实验室搭建的网管平台对小区网管系统进行模拟，使 PON 设备完成基本的语音 VoIP

业务基础配置,掌握语音类各业务模板配置的方法。

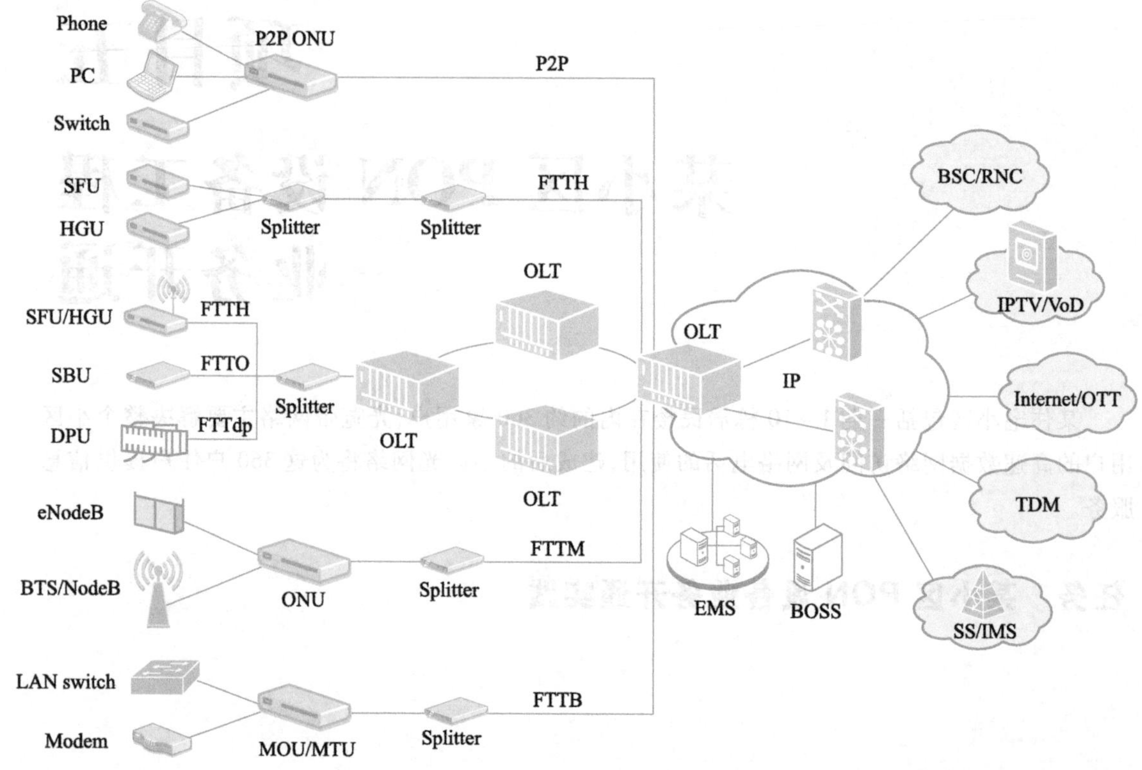

图 5-1-1　典型小区 PON 设备组网图

一、配置 ONU 类型模板

通过配置 ONU 类型模板,在创建新的 ONU 网元时,可以通过选择 ONU 类型模板来指定 ONU 类型。

1. 配置准备

必须配置正确的接口模板,才能通过扩展 OAM(Operation, Administration and Maintenance,操作管理维护)或 OMCI 对 ONU 进行对应槽位和端口的业务配置。即使是同一种 ONU 网元类型,若单板的槽位号和类型不同,也需要创建新的 ONU 类型接口模板。

2. 配置步骤

①在 NetNumen U31 统一网管系统的拓扑管理视图中,右击 ZXA10 C300 网元,在弹出的快捷菜单中选择“模板配置”命令,打开“模板配置”窗口。

②在“模板配置”窗口左侧的模板导航树中双击“ONU 类型”→“ONU 类型模板”选项,在窗口右侧的 ONU 类型模板参数区域配置参数,配置窗口如图 5-1-2 所示。

③单击“新建”按钮,在“新建模板”窗口中配置 ONU 模板参数,部分参数如表 5-1-1 所示。配置结束,单击“确定”按钮。

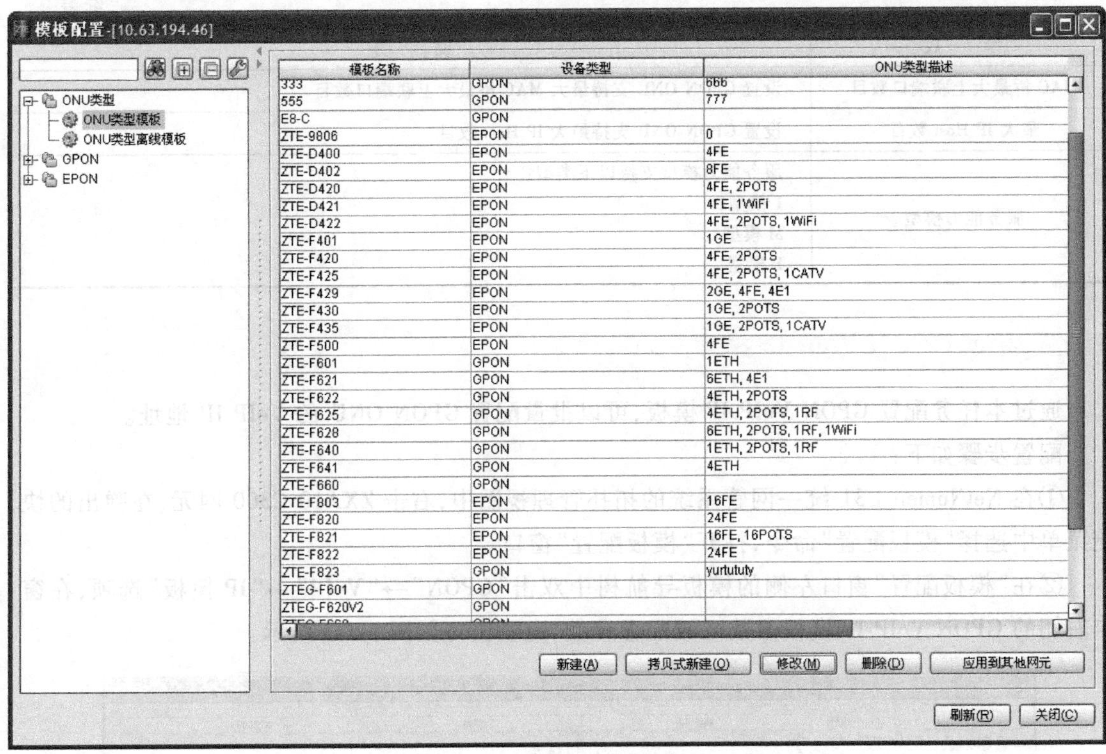

图 5-1-2　ONU 类型模板参数区域配置

表 5-1-1　ONU 类型模板参数说明

参　　数	说　　明
模板名称	ONU 的类型名称，如 ZTE-9806H 或 ZTE-F820 等
模板描述	描述该 ONU 的端口数目和端口类型
PON 类型	EPON/10G EPON 或者 GPON
UNI 类型	ONU 的接口类型
槽位	ONU 接口所在的物理槽位
端口	ONU 接口的物理端口号
保护类型	设置 ONU 上联口的保护类型
PON 口速率	设置 PON 口的速率
自动配置状态	若自动配置状态为禁用，则该类型 ONU 上线时，不会从 OLT 自动更新配置数据。 若自动配置状态为启用，则该类型 ONU 上线时，会从 OLT 自动更新配置数据。 自动配置仅适用于 EPON ONU。通过模板创建 ONU 时，所创建 ONU 的自动配置状态和模板中的自动配置状态一致
最大 TCONT 数目	设置 GPON ONU 支持最大 TCONT 数目
最大 GEM Port 数目	设置 GPON ONU 支持最大 GEM Port 数目
最大 MAC 桥数目	设置 GPON ONU 支持最大 MAC 桥数目

续表

参数	说明
MAC 桥最大上联端口数目	设置 GPON ONU 支持最大 MAC 桥最大上联端口数目
最大 IP Host 数目	设置 GPON ONU 支持最大 IP Host 数目
服务能力模型	服务能力模型支持以下类型： 1 模型； M 模型； P 模型

二、配置 GPON VoIP IP 模板

通过本任务配置 GPON VoIP IP 模板，可以批量配置 GPON ONU 的 VoIP IP 地址。

配置步骤如下：

①在 NetNumen U31 统一网管系统的拓扑管理视图中，右击 ZXA10 C300 网元，在弹出的快捷菜单中选择“模板配置”命令，打开“模板配置”窗口。

②在“模板配置”窗口左侧的模板导航树中双击“GPON”→“VoIP”→“IP 模板”选项，在窗口右侧的 GPON VoIP IP 模板参数区域配置参数，配置窗口如图 5-1-3 所示。

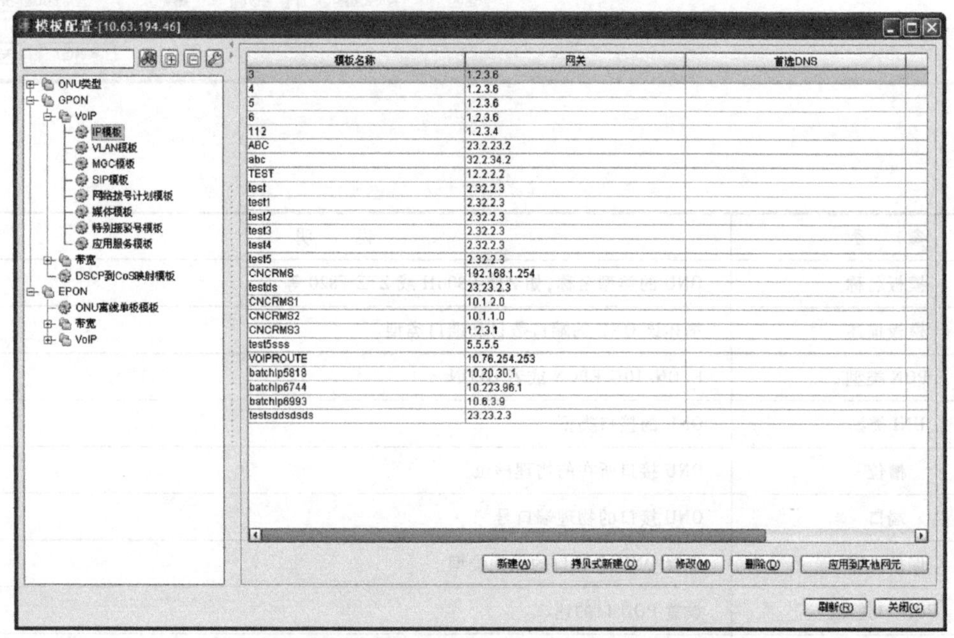

图 5-1-3 GPON VoIP IP 模板参数区域配置

③单击“新建”按钮，在“新建模板”窗口中配置 GPON VoIP IP 模板参数，例如，模板名称、网关和 DNS。配置结束，单击“确定”按钮。

三、配置 GPON VoIP VLAN 模板

通过本任务配置 GPON VoIP VLAN 模板，用于批量配置 GPON ONU 的语音 VLAN。

配置步骤如下：

①在 NetNumen U31 统一网管系统的拓扑管理视图中，右击 ZXA10 C300 网元，在弹出的快捷菜单中选择“模板配置”命令，打开“模板配置”窗口。

②在“模板配置”窗口左侧的模板导航树中双击“GPON”→“VoIP”→“VLAN 模板”选项，在窗口右侧的 GPON VoIP VLAN 模板参数区域配置参数，配置窗口如图 5-1-4 所示。

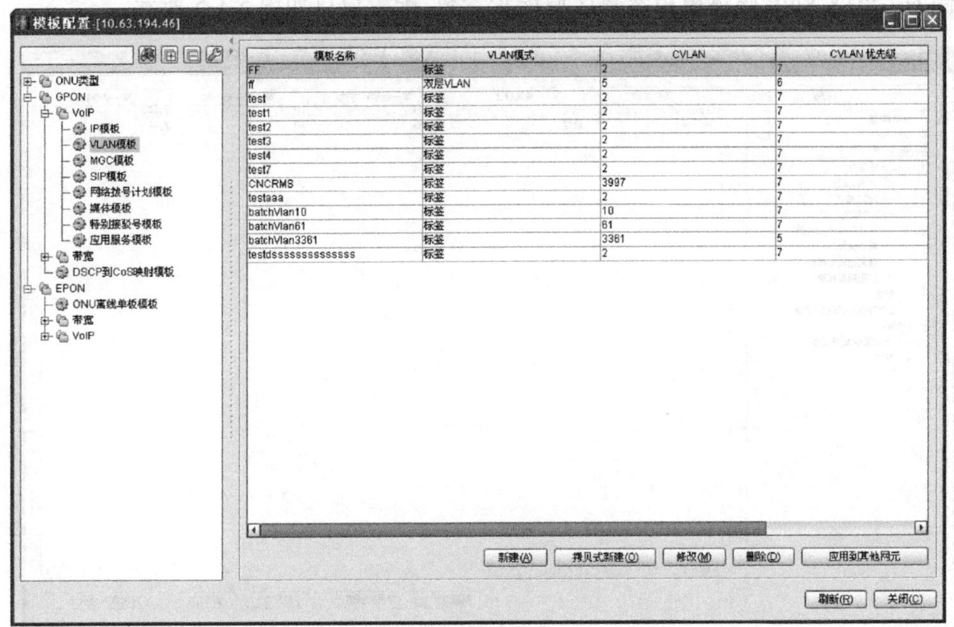

图 5-1-4　GPON VoIP VLAN 模板参数区域配置

③单击“新建”按钮，在“新建模板”窗口中配置 GPON VoIP VLAN 模板参数，部分参数说明如表 5-1-2 所示。

表 5-1-2　GPON VoIP VLAN 模板参数说明

参　数	说　明
模板名称	GPON VoIP VLAN 模板名称
VLAN 模式	包含两种模式： 标签：对 Untagged 的上行报文增加一层 tag，并使用指定的 CVLAN 和 CVLAN 优先级。对于单 Tagged 和双 Tagged 上行包不过滤，下行包剥掉 tag。 双层 VLAN：对上行 Untagged 报文增加两层 tag，分别使用 CVLAN 和 SVLAN 作为内层和外层标签，下行剥掉 tag
CVLAN	双标签 VLAN 中的内层 VLAN
CVLAN 优先级	内层 VLAN 优先级
SVLAN	双标签 VLAN 中的外层 VLAN
应用到网元	将 GPON VoIP VLAN 模板应用到网元

四、配置 GPON VoIP 媒体模板

通过本任务配置 GPON VoIP 媒体模板，该模板定义了 ONU 提供 VoIP 媒体服务时的参数，例如，传真模式、解码方式、语音抖动目标值等。

配置步骤如下：

①在 NetNumen U31 统一网管系统的拓扑管理视图中，右击 ZXA10 C300 网元，在弹出的快捷菜单中选择“模板配置”命令，打开“模板配置”窗口。

②在“模板配置”窗口左侧的模板导航树中双击“GPON”→“VoIP”→“媒体模板”选项，在窗口右侧的 GPON VoIP 媒体模板参数区域配置参数，配置窗口如图 5-1-5 所示。

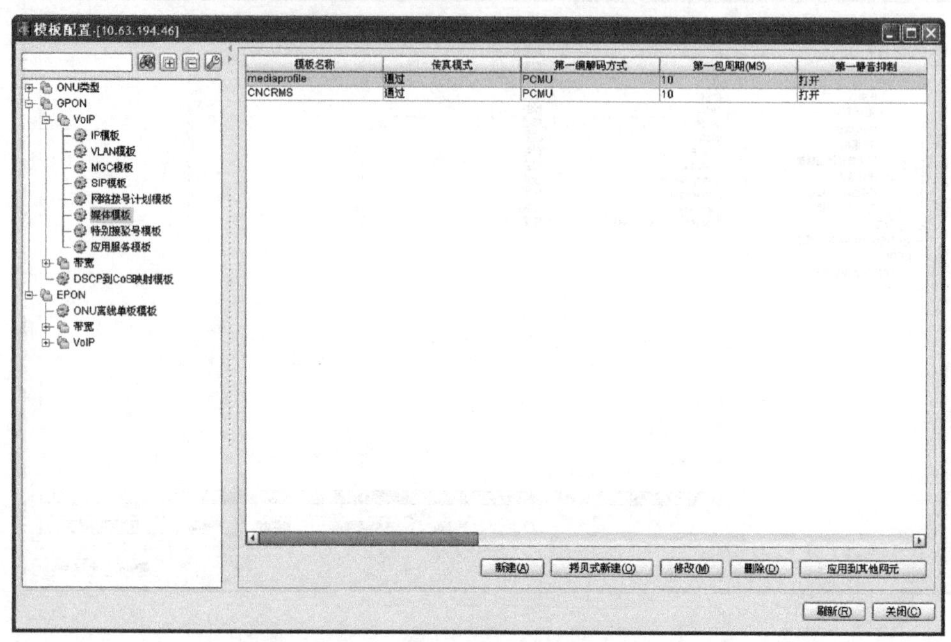

图 5-1-5　GPON VoIP 媒体模板参数区域配置

③单击“新建”按钮，在“新建模板”窗口中配置 GPON VoIP 媒体模板参数，部分参数说明如表 5-1-3 所示。下表配置结束，单击“确定”按钮。

表 5-1-3　GPON VoIP 媒体模板参数说明

参　　数	说　明
模板名称	GPON VoIP 媒体模板名称
传真模式	选择传真模式
带外 DTMF	设置 DTMF 传输模式： 使能：通过 RTP 或相关信令协议带外传输 DTMF 信号； 禁用：DTMF 音在 PCM 流传输
第一解码方式 ~ 第四解码方式	选择解码方式
第一包周期 ~ 第四包周期	设定数据包周期选择间隔，默认值：10 ms
第一静音抑制 ~ 第四静音抑制	设定是否启用静音抑制功能
挂机提示音	当用户挂机并且在拨号音超时间隔期不再打电话时
抖动目标值	设定抖动目标值，系统尽力将抖动值维持在目标值。 0 表示动态抖动缓冲
抖动最大缓冲	与设备相关的最大抖动缓冲

续表

参　　数	说　　明
回声消除	设置是否启用回声消除功能
PSTN 参数	设置 POTS 信令的哪个变量用于相关的 UNI 参数值为 ITU-T E. 164 中规定的国家代码
最小 RTP 端口	设置用于语音数据流的最小 RTP 端口默认值：50000
最大 RTP 端口	设置用于语音数据流的最大 RTP 端口，最大 RTP 端口数字必须大于最小 RTP 端口数值
DSCP 标记(HEX)	用于该模板流出 RTP 数据包的差分服务编码点，默认值是加急转发
Piggyback 事件	设置是否启用 RTP piggyback 事件
语音事件	设置是否启用 RTP 语音事件的处理
DTMF 事件	设置是否启用 RTP DTMF 事件的处理，如果带外 DTMF 功能禁用，该选项不起作用
CAS 事件	设置是否启用 RTP CAS 事件的处理

五、配置宽带组播 IGMP 参数

①在“网元协议管理器”窗口左侧的协议树中双击“组播”→“组播管理”→“IGMP 参数”选项，在窗口右侧的配置管理区域配置 IGMP 参数，配置窗口如图 5-1-6 所示。

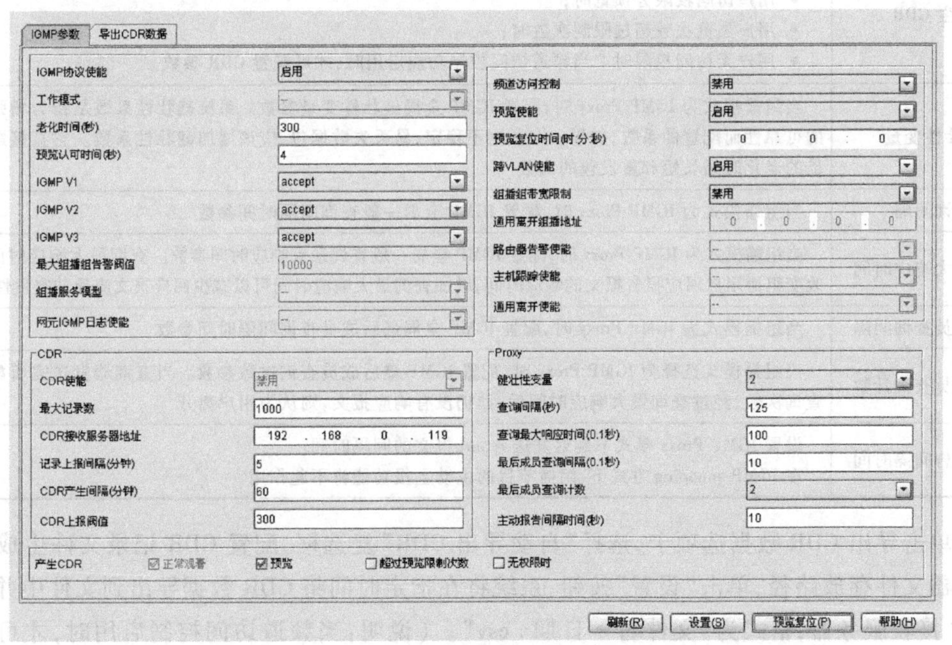

图 5-1-6　配置 IGMP 参数界面

②在 IGMP 参数选项卡，配置 IGMP 参数，部分参数说明如表 5-1-4 所示。

表 5-1-4　IGMP 全局参数说明

参　　数	说　　明
IGMP 协议使能	启用或禁用 IGMP 协议
老化时间	设置 IGMP 组成员存活时间，只在 IGMP Snooping 模式下起作用

续表

参　数	说　明
预览认可时间	认为产生一次预览记录的最短时间长度
频道访问控制	启用或禁用频道访问控制功能。组播为两级控制。若频道访问控制功能启用，则用户端口IPTV业务权限起作用，只有订购套餐的用户可以观看套餐中的频道；若频道访问控制功能禁用，则用户端口权限不起作用，用户可以观看MVLAN中创建的频道（该用户必须是MVLAN中的接收端口）
预览使能	启用或禁用预览功能
预览复位时间	复位用户预览次数的时间点
跨VLAN使能	启用或禁用跨VLAN功能。当用户VLAN与组播VLAN不同时，需要启用跨VLAN功能
组播组带宽限制	启用或禁用带宽控制功能。启用带宽限制后，如果某个组播组的带宽大于当前的可用带宽时，用户就无法加入该组播组
CDR使能	启用或禁用CDR功能。当频道访问控制功能启用时，才可配置CDR使能参数
最大记录数	CDR记录的最大数目。当频道访问控制功能启用时，才可配置CDR参数
CDR上报阈值	配置记录自动上报的门限值，必须小于等于CDR最大记录数。当频道访问控制功能启用时，才可配置CDR参数
产生CDR	开启或关闭以下情况下的CDR产生功能： • 用户访问权限为预览时； • 用户预览次数超过限制次数时； • 用户无访问权限时。当频道访问控制功能启用时，才可配置CDR参数
健壮性变量	当组播模式为IGMP Proxy时，配置IGMP全局健壮性变量参数。系统健壮性系数是指为增强系统的可靠性而配置的系数，如果一个子网不稳定，易丢失数据包，应该增加健壮性系数。它直接影响成员的老化时间长短和重发包的次数
查询间隔	当组播模式为IGMP Proxy时，配置IGMP全局一般查询间隔时间参数
查询最大响应时间	当组播模式为IGMP Proxy时，配置IGMP全局一般查询最大响应时间参数。查询最大响应时间可以改变组播用户回应报告报文的响应时间，增加查询最大响应时间可以减少回应报文流量的突发性
最后成员查询间隔	当组播模式为IGMP Proxy时，配置IGMP全局最后成员查询间隔时间参数
最后成员查询计数	当组播模式选择为IGMP Proxy时，配置IGMP最后成员查询次数参数。当查询器发送完所配置的查询次数，经过查询最大响应时间后，如仍没有响应报文，则认为用户离开
主动报告间隔时间	设置IGMP Proxy模式下延迟发送report报文的间隔时间。 在IGMP snooping方式下，组播节目的主动上报功能将不起作用

③单击导出CDR数据选项卡，选择“自动导出CDR”复选框，配置CDR记录文件生成时间和服务器文件存放路径，单击“设置”按钮，系统将在指定时间将CDR数据导出到文件中并上传到CDR接收服务器，格式为“文件名+日期.csv”。（说明：当频道访问控制启用时，才可进行导出CDR数据参数配置。）

六、配置用户接口参数

通过本任务配置启用用户接口IGMP协议，并配置IGMP接口参数。

配置步骤如下：

①在“网元协议管理器”窗口左侧的协议树中双击“组播”→“组播管理”→“用户接口参数”选项，在窗口右侧的配置管理区域配置IGMP用户接口参数，配置窗口如图5-1-7所示。

②选择显示用户端口。

- 对于 PON 网元，选择用户端口所在的板卡、PON 端口和 ONU。
- 对于 AG 网元，选择用户端口所在的机架、机框和槽位号。

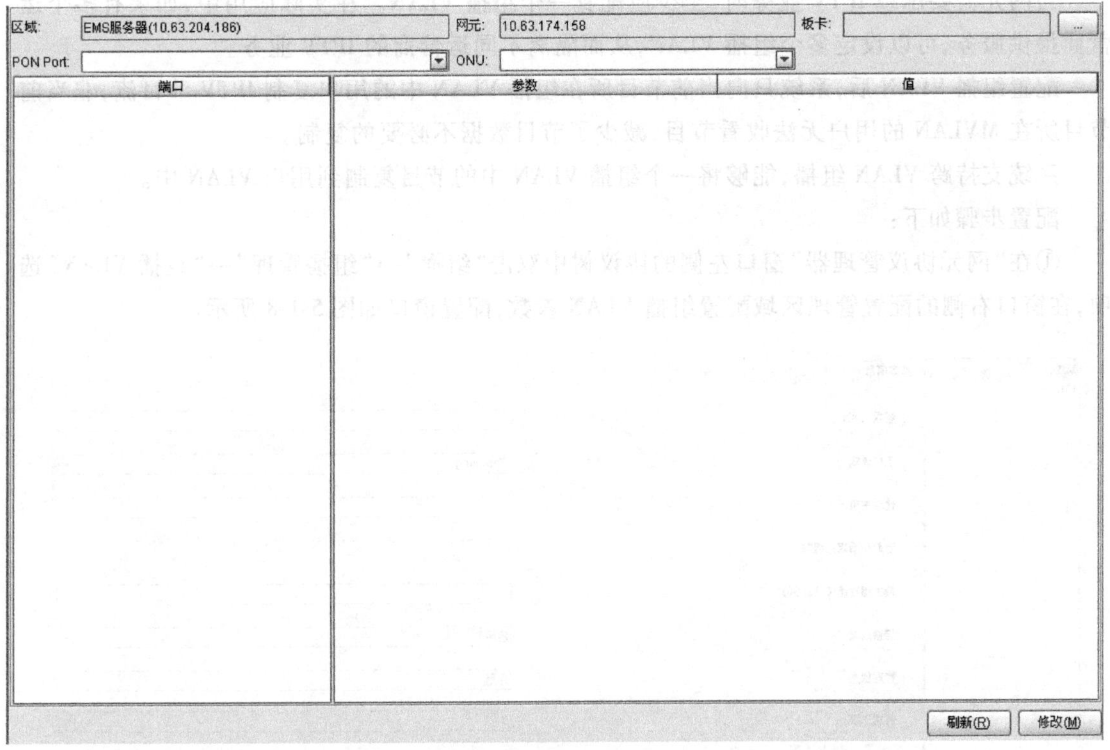

图 5-1-7　配置 IGMP 用户接口参数配置

③在端口区域框中选中需配置的端口号，界面右侧会显示该端口的 IGMP 参数。

④单击“修改”按钮，打开“接口配置”窗口，设置 IGMP 接口参数，部分参数说明如表 5-1-5 所示。

表 5-1-5　IGMP 接口参数说明

参　数	说　明
最大组播组限制	用户接口同时加入组播组的最大个数
管理状态	启用或禁止接口 IGMP 协议
最后成员查询间隔	设置用户接口 IGMP Proxy 最后成员查询间隔
查询响应时间	设置用户接口 IGMP Proxy 最大查询响应时间
快速离开使能	使能该功能后，在用户上报 leave 报文后，端口立刻离开组播组
Proxy IP	设置系统在 IGMP Proxy 模式时下行 query 报文的源 IP 地址
IGMP 版本	设置 IGMP 版本，目前通用的是 IGMPV2 版本

七、配置组播 VLAN 及视频业务

通过本功能配置 IGMP MVLAN。IGMP MVLAN 是承载 IGMP 组播数据的 VLAN，包括业务

VLAN、源端口、接收端口和组播组。

组播 VLAN 是一种特殊的 VLAN，用于隔离 IPTV 业务流，实现组播数据和单播数据的隔离。

当网元需要承载 IPTV 业务时，至少应配置一个组播 VLAN。在实际应用中，如果有多个运营商提供服务，可以设定多个组播 VLAN，从而隔离不同运营商的 IPTV 业务。

配置组播 VLAN 后，系统只向当前节目所在组播 VLAN 中的用户复制 IPTV 节目流，非当前节目所在 MVLAN 的用户无法收看节目，减少了节目数据不必要的复制。

系统支持跨 VLAN 组播，能够将一个组播 VLAN 中的节目复制到用户 VLAN 中。

配置步骤如下：

①在"网元协议管理器"窗口左侧的协议树中双击"组播"→"组播管理"→"组播 VLAN"选项，在窗口右侧的配置管理区域配置组播 VLAN 参数，配置窗口如图 5-1-8 所示。

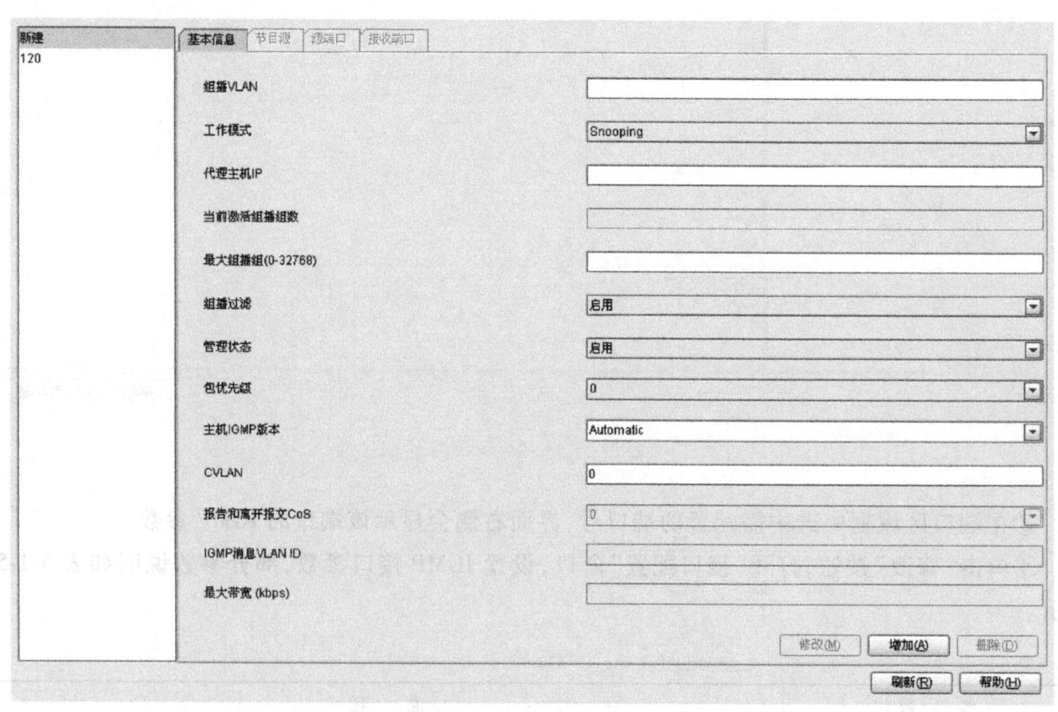

图 5-1-8　管理器窗口的协议树配置

②配置组播 VLAN 基本参数。

选中左边组播 VLAN 列表中的新建，在"基本信息"选项卡中配置 MVLAN 基本参数，部分参数说明如表 5-1-6 所示，单击"增加"按钮。

表 5-1-6　配置 MVLAN 基本参数说明

参　　数	说　　明
组播 VLAN	组播业务 VLAN
工作模式	配置 MVLAN 组播工作模式，支持 Snooping，Proxy 和 Router 三种模式
代理主机 IP	系统在 IGMP Proxy 模式时发送 report/leave 报文的源 IP 地址，默认为 192. 168. 2. 14

续表

参　数	说　明
最大组播组	MVLAN 的最大组播组个数
组播过滤	配置 MVLAN 的管理组使能开关 启用:IGMP 加入报文必须检查组地址是否配置,已配置的组地址称为管理组。 禁用:IGMP 加入报文不用检查组地址是否配置,此时学习到的组地址称为动态组。 如果跨 VLAN 使能启用,MVLAN 的组播过滤参数必须配置为启用
管理状态	设置 MVLAN 的 IGMP 协议使能开关。 启用:系统接受 IGMP 组播包进行处理。 禁用:系统忽略 IGMP 组播包并透传。 丢弃:系统丢弃 IGMP 组播包
包优先级	当 IGMP 模式为 IGMP Snooping 时,网元向网络侧转发的 IGMP 包优先级根据用户所在 IGMP 业务流的优先级进行处理 当 IGMP 模式为 IGMP Proxy 时,网元向网络侧发送的 IGMP 包会根据组播 VLAN 下的 IGMP 包优先级进行处理

③配置组播节目源。

选中新增的组播 VLAN,在“节目源”选项卡中单击“增加”按钮,打开“组播 VLAN 注册配置－添加组播组”窗口。配置组播组参数,部分参数说明如表 5-1-7 所示,单击“确定”按钮。

表 5-1-7　组播 VLAN 注册配置参数说明

参　数	说　明
源 IP 地址	在 IGMP Proxy 模式下,网元回应上游设备的 report 报文的源 IP 地址,默认为 0.0.0.0
节目源地址	MVLAN 组播组地址
预加入	组播预加入功能,默认值为 disable。预加入的组播组在系统启动时即定时发送加入包,组播流直达网元,以减少用户点播延迟。对预加入的组播组 Proxy 将不再转发 IGMP 报告
带宽	组播组带宽

④配置组播源端口。在“源端口”选项卡,选择上联板,选择上联端口,单击“绑定”按钮。

说明:组播 VLAN 的源端口即可以为网元的上联端口,也可以为 SmartGroup 端口。

⑤在“接收端口”选项卡,配置组播 VLAN 接收端口。

- 对于 PON 网元,选择用户板、PON 端口和 ONU,选中业务端口,单击“绑定”按钮。
- 对于 AG 网元,选择用户板所在的机架、机框和槽位号,选中业务端口,单击“绑定”按钮。

⑥保持数据。

—步骤结束—

任务小结

本任务通过对某住宅小区的光宽带网络设备配置的解析,使读者了解怎样在一个小规模区域内利用 ZXA10 C300 设备开通一个满足语音、数据宽带业务的需求。读者可以利用网管服务终端,根据配置步骤,一步一步利用网管系统完成数据的配置,并了解各配置属性的意义,为不同需求的业务进行灵活适当地调整。

附录A 缩略语

缩写	英文全拼	中文全称
BPDU	Bridge Protocol Data Unit	桥接协议数据单元
BRAS	Broadband Remote Access Server	宽带远程接入服务器
CBS	Committed Burst Size	可承诺最大信息帧大小
CDR	Call Detail Record	呼叫详细记录，即话单
CIR	Committed Information Rate	承诺信息速率
CIST	Common and Internal Spanning Tree	公共和内部生成树
CLI	Command Line Interface	命令行界面
CPU	Central Processing Unit	中央处理器
CoS	Class of Service	服务等级
DNS	Domain Name Server	域名服务器
DSCP	Differentiated Services Code Point	差分服务编码点
DSL	Digital Subscriber Line	数字用户线
FTP	File Transfer Protocol	文件传送协议
FTTB	Fiber to the Building	光纤到楼
FTTH	Fiber to the Home	光纤到户
GPON	Gigabit Passive Optical Network	千兆比特无源光网络
IAD	Integrated Access Device	综合接入设备
IGMP	Internet Group Management Protocol	因特网组播管理协议
IP	Internet Protocol	因特网协议
IPTV	Internet Protocol Television	网际协议电视
LACP	Link Aggregation Control Protocol	链路聚合控制协议
MAC	Medium Access Control	媒介接入控制
MGCP	Media Gateway Control Protocol	媒体网关控制协议
MSTP	Multiple Spanning Tree Protocol	多 Th 成树协议
MVLAN	Multicast Virtual Local Area Network	组播虚拟局域网
NTP	Network Time Protocol	网络时间协议
OAM	Operation Administration and Maintenance	操作管理维护

续表

缩　写	英文全拼	中文全称
OLT	Optical Line Terminal	光线路终端
ONU	Optical Network Unit	光网络单元
OSPF	Open Shortest Path First	开放最短路径优先
PBS	Peak Burst Size	峰值突发度
PIM	PA Interface Module	功放接口模块
PIR	Peak Information Rate	峰值信息速率
PON	Passive Optical Network	无源光网络
PVC	Permanent Virtual Channel	永久虚连接
PVID	Port VLAN ID	端口虚拟局域网标识
RSTP	Rapid Spanning Tree Protocol	快速生成树协议
SIP	Session Initiation Protocol	会话初始协议
SMS	Service Management System	业务管理系统
SNMP	Simple Network Management Protocol	简单网络管理协议
SP	Strict Priority	严格优先级
SS	Soft Switch	软交换
SSTP	Single Spanning Tree Protocol	单生成树协议
TCP	Transfer Control Protocol	传输控制协议
TLS	Transport Layer Security	传输层安全
TPID	Tag Protocol Identifier	标签协议标识符
ToS	Type of Service	服务类型
UDP	User Datagram Protocol	用户数据报协议
VLAN	Virtual Local Area Network	虚拟局域网
VRRP	Virtual Router Redundancy Protocol	虚拟路由器冗余协议
VoIP	Voice over Internet Protocol	在 IP 协议上传送语音
WRR	Weighted Round Robin	加权轮循

参 考 文 献

[1] 原荣. 宽带光接入网[M]. 北京:电子工业出版社,2010.

[2] 中国联合网络通信有限公司北京市分公司. 宽带光接入网络构建与实施[M]. 北京:人民邮电出版社,2011.

[3] 张中荃. 接入网技术[M]. 北京:人民邮电出版社,2013.

[4] 李元元,张婷. 接入网技术[M]. 北京:清华大学出版社,2013.

[5] 孙维平,郁建生. FTTx 与 PON 系统工程设计与实例[M]. 北京:人民邮电出版社,2013.